国家社会科学基金"十一五"规划课题

"以就业为导向的职业教育教学理论与实践研究"研究成果

全国高等职业教育旅游大类专业规划教材

酒水服务与管理

盖艳秋　王金茹　主　编

王　伟　童　江　王丽华　副主编

中国铁道出版社
CHINA RAILWAY PUBLISHING HOUSE

内 容 简 介

　　为了进一步突出高职高专院校的特色，根据"以全面素质为基础，以能力为本位"的指导思想，依据"工作过程系统化"的职业教育理念，以岗位职业能力培养为教学目标，进一步突出"教学做一体化"的教学模式，在对企业调研及分析的基础上，编写了这本教材。

　　本书以工作过程为导向，以"酒吧认知→单饮类酒水调制与服务→鸡尾酒调制与服务→酒吧管理"为主线，通过实践带动酒水知识、调酒技能、酒水服务技能的学习与职业素养的养成。全书共分为4个项目，每个项目又分为一个或多个任务，把酒水服务及酒吧管理的必备知识分解到相应的任务中，真正做到"在做中学，在学中做"。

　　本书既适合作为高等职业院校旅游酒店类相关专业的教材，又适合作为相关从业人员的参考用书。

图书在版编目（CIP）数据

酒水服务与管理/盖艳秋，王金茹主编.—北京：
中国铁道出版社，2012.8
全国高等职业教育旅游大类专业规划教材
ISBN 978-7-113-14634-4

Ⅰ.①酒… Ⅱ.①盖… ②王… Ⅲ. ①酒-基本知识
-高等职业教育-教材 ②饮料-基本知识-高等职业教育
-教材 ③酒吧-商业管理-高等职业教育-教材 Ⅳ.
①TS262 ②F719.3

中国版本图书馆CIP数据核字（2012）第124729号

书	名：酒水服务与管理
作 者：盖艳秋　王金茹　主编	

策　　划：祁　云	读者热线：400-668-0820
责任编辑：赵　鑫	
编辑助理：赵　迎	
封面设计：刘　颖	
责任印制：李　佳	

出版发行：中国铁道出版社（100054，北京市西城区右安门西街8号）
网　　址：http://www.51eds.com
印　　刷：北京米开朗优威印刷有限责任公司
版　　次：2012年8月第1版　　2012年8月第1次印刷
开　　本：787 mm×1 092 mm　1/16　印张：17.75　字数：427千
印　　数：1～3 000册
书　　号：ISBN 978-7-113-14634-4
定　　价：49.80元

全国高等职业教育旅游大类专业规划教材

编委会

主　任：邓泽民

副主任：邸卫民　杜学森　王海涛　严晓舟

成　员：（按姓氏笔画为序）

于　玥　于建澄　王　钰　王　湜　王　瑜

王立职　王金茹　师清波　朱　捷　刘　菊

刘占明　刘秀丽　祁　云　李广成　李永臣

李仕敏　杨红波　吴洪亮　张建宏　欧阳卫

尚书清　赵　鑫　胡　华　姜　松　宫　兵

秦绪好　徐文苑　康　陆　韩　敏　薛丽华

酒水服务与管理

国家社会科学基金（教育学科）"十一五"规划课题"以就业为导向的职业教育教学理论与实践研究"（课题批准号 BJA060049）在取得理论研究成果的基础上，选取了高等职业教育十个专业类开展实践研究。高职高专旅游类专业是其中之一。

本课题研究发现，高等职业教育在专业教育上承担着帮助学生构建起专业理论知识体系、专业技术框架体系和相应的职业活动逻辑体系的任务，而这三个体系的构建需要通过专业教材体系和专业教材内部结构得以实现，即学生的心理结构来自于教材的体系和结构。为此，这套高职高专旅游类专业系列教材的设计，依据不同课程教材在其构建知识、技术、活动三个体系中的作用，采用了不同的教材内部结构设计和编写体例。

承担专业理论知识体系构建任务的教材，强调了专业理论知识体系的完整与系统，不强调专业理论知识的深度和难度。追求的是学生对专业理论知识整体框架的把握和应用，不追求学生只掌握某些局部内容的深度和难度。

承担专业技术框架体系构建任务的教材，注重让学生了解这种技术的产生与演变过程，培养学生的技术创新意识；注重让学生把握这种技术的整体框架，培养学生对新技术的学习能力；注重让学生在技术应用过程中掌握这种技术的操作，培养学生的技术应用能力；注重让学生区别同种用途的其他技术的特点，培养学生职业活动过程中的技术比较与选择能力。

承担职业活动体系构建任务的教材，依据不同职业活动对所从事人特质的要求，分别采用了过程驱动、情景驱动、效果驱动的方式，形成了"做中学"的各种教材的结构与体例。由于旅游大类专业毕业生的职业活动，基本上是情景导向的，因此多数旅游大类的教材都采用了情景导向的教材结构。这对于培养从事旅游业高技能型人才的个性化服务理念，情景导向的思维方式，规范而又不失灵活的行为方式，富有情感的语言和交往沟通能力，特别是对游客的情感和旅游管理与服务情景的敏感特质，是十分有效的。

　　本套教材从课程标准的开发、教材体系的建立、教材内容的筛选、教材结构的设计，到教材素材的选择，均得到了旅游业行业专家的大力支持。他们依据旅游业不同职业的职业资格标准，对课程标准提出了十分有益的建议；他们根据课程标准要求，提供了大量的典型职业活动案例，使教材素材鲜活起来。国内知名职业教育专家和一百多所高职高专院校参与本课题研究，他们对高职高专旅游类高技能人才培养提出了宝贵的意见，对高职高专旅游类专业教学提供了丰富的素材和鲜活的教学经验。

　　这套教材是我国高职教育近年来从只注重学生单一职业活动逻辑体系构建，向专业理论知识体系、技术框架体系和职业活动逻辑体系三个体系构建转变的有益尝试，也是国家社会科学研究基金课题"以就业为导向的职业教育教学理论与实践研究"项目成果的具体应用之一。

　　如本套教材有不足之处，敬请各位专家、老师和广大同学不吝赐教。希望通过本套教材的出版，为我国高等职业教育和旅游业的发展做出贡献。

邓泽民

2011 年 11 月

为了进一步突出高职高专院校的特色，根据"以全面素质为基础，以能力为本位"的指导思想，依据"工作过程系统化"的职业教育理念，以岗位职业能力培养为教学目标，进一步突出"教学做一体化"的教学模式，在对企业调研及分析的基础上，编写了这本教材。

本教材主要突出项目教学。依据酒吧的工作任务、工作过程的行动体系，将调酒与酒水服务体系知识进行解构，打破了原有的具有明显学科化倾向的课程内容的组织形式，重新整合、序化、构建了"以工作过程为导向、以实际项目为载体"的课程结构，贯彻"以典型工作任务为主线，以职业能力为核心"的指导思想，开展项目教学，教学内容的组织与项目工作过程相一致，按照实际的工作过程，分析各阶段所需的知识、能力及对素质的要求，对内容进行有效的整合、优化和重构，从而形成了具体的学习任务。以工作过程为导向，以"酒吧认知→单饮类酒水调制与服务→鸡尾酒调制与服务→酒吧管理"为主线，通过实践带动酒水知识、调酒技能、酒水服务技能的学习与职业素养的养成。

全书共分为 4 个项目，每个项目又分为一个或多个任务，把酒水服务及酒吧管理的必备知识分解到相应的任务中，真正做到"在做中学，在学中做"。

在结构上，每个项目由导言、学习目标及任务组成。每个任务由任务描述、情境引入、任务分析、必备知识、拓展知识、完成任务、能力拓展及评价、课后任务等部分组成。

• 导言：自然引入要讲解的内容。

• 学习目标：在学、做之前了解要达到的目标。

• 任务描述：描述客人需求，其中暗示酒水的特点、客人特点、饮用要求等学习目标。

• 情境引入：以酒吧酒水典型实例引出典型的工作任务。

• 任务分析：通过分析，自然引出要完成对客服务应具备的知识及能力要求等，培养学生分析问题的能力。

• 必备知识：介绍完成此次对客服务，必须掌握的知识及能力。

• 拓展知识：在完成此次任务的同时，掌握更全面的酒水知识，让学生能够更好地完成对客服务。

• 知识链接：主要介绍相关知识，让学生能够扩大知识面。

• 完成任务：根据操作要求和标准，分组完成任务。

• 能力拓展及评价：能力拓展是指学生完成对客服务的相关能力；评价是以小组为单位，共同完成对客服务，考查学生在工作中的专业能力及团队分工与合作等各种能力，从而提升学生的综合素质。

• 课后任务：更好地巩固已学知识及相关知识，提出新的学习任务。

本书由盖艳秋、王金茹担任主编，王伟、童江、王丽华担任副主编。赵玉琴、李倩、崔久玉、盖陆祎、田翠娥、卫婷婷、韩余参加编写。全书最后由盖艳秋、王金茹统稿。

本书为校企合作开发课程，在编写过程中考察了大量酒店及酒吧，得到业内人士的广泛支持和帮助，特别是北京中国大饭店、北京香港马会会所、北京新云南皇冠假日酒店的行业专家提出了中肯建议，同时也参考了国内外相关书籍和资料，在此表示衷心的感谢！由于时间所限，难免存在不妥之处，请读者提出宝贵意见，以便再版时补充提高。

编者衷心希望这本书能够帮助广大现已从事或有志于从事酒吧管理与服务的人员提高管理和服务技能，提升职业发展能力。

编 者

2012 年 2 月

CONTENTS **目 录**

目录 CONTENTS

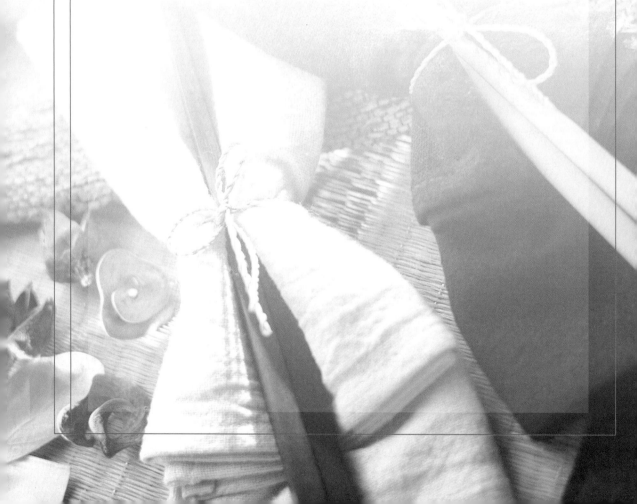

酒吧认知

 导言

　　随着人们生活水平的不断提高和生活方式的改变，酒吧逐渐受到人们的欢迎，成为大众休闲娱乐和社会交际活动的重要场所。有关调查结果表明，目前国内酒吧业已经进入了高速发展阶段，下面就让我们一起走进酒吧，了解酒吧吧！

学习目标

- 了解酒吧概况
- 掌握酒吧常用器具及设备
- 熟悉调酒师的特点及要求

任务 酒吧认知

任务描述

通过对不同类酒吧行业的调研，使学生对酒吧具备感性认识，了解酒吧经营风格、经营项目，酒吧组织结构，酒吧各岗位职责，不同酒吧工作的共性与异性，使学生准确、熟练地掌握酒吧的功能分类，从而更加了解酒吧行业发展的动态和前景。并认识到如今用人单位对调酒师的专业要求，激发学生学好本专业的兴趣，明确学习目标。

酒吧是很多人理想的社交场所，也是人们休闲放松的理想去处，酒吧的灵魂——调酒师要通过酒水服务传播文化、传递感情。通过岗前培训的形式，对酒吧具备感性认识，初步掌握酒吧与调酒、调酒师与酒水文化等相关知识。

情境引入

刚来酒吧实习的小王在上岗前对酒吧概况进行了全面培训，其对调酒师的素质要求及酒吧有了更具体的了解……

任务分析

刚刚走上工作岗位，应该：

• 深刻认识调酒师职业
• 熟悉调酒师素质要求及工作规范
• 能够熟练使用酒吧常用设备及器具

必备知识

一、调酒师职业

（一）调酒师简介

调酒师：在酒吧或餐厅专门从事配制酒水、销售酒水，并让客人领略酒的文化和风情的人员。但在美国调酒师还释为：丧失了希望和梦想的人赖以倾诉心声的最后对象。可见其深刻含义。

在国外，调酒师上岗需要经过专门职业培训并获得技术执照。例如在美国有专门的调酒师培训学校，经过专门培训的调酒师不但就业机会很多，而且享

有较高的工资待遇。一些国际性饭店管理集团的内部也专门设立对调酒师的考核规则和标准。而在国内，随着近几年酒吧行业的兴旺，调酒师也渐渐成为一个热门的职业。改革开放之后，中华人民共和国人力资源和社会保障部也开展了"调酒师职业资格等级证书认证考试"，规范了培训和考核细则，经过多年的培育和发展，目前也仅有上万人获得中华人民共和国人力资源和社会保障部颁发的"调酒师职业资格等级证书"。总的来说，调酒师职业是一个年轻的职业，是一个充满活力、充满生机、充满激情、前途灿烂光明的职业。

（二）调酒师的工作内容

酒吧调酒师的工作内容包括酒吧清洁、酒吧摆设、调制酒水、酒水补充、应酬客人和日常管理等。小规模的酒吧一般只有一个调酒师，所以要求调酒师具备较广泛的知识，能够回答客人提出的各类问题和处理各种突发事件。

1. 营业前的准备

营业前的准备工作俗称"开吧"，主要包括清洁卫生、领取物品、存放酒水、酒吧摆设、调酒准备等工作。

（1）酒吧内清洁工作

① 清洁吧台。先用湿毛巾擦拭吧台，再将清洁剂喷洒在吧台表面，用毛巾擦抹干净，使台面光洁明亮。

② 清洁地面。吧台地面如果用大理石铺砌，应经常用拖把擦洗，以保持干净；如果铺设地毯，应用清洁剂和吸尘器进行清理。

③ 清洁冰箱冰柜。定期清洁冰箱冰柜，先用湿布和清洁剂将冰箱冰柜内部的污迹擦拭干净，再用清水擦洗一遍。此外，每天应擦拭冰箱冰柜表面，做到冰箱冰柜表面无污渍污迹。

④ 清洁酒瓶与罐装饮料外包装。用湿毛巾将瓶装酒、罐装饮料表面擦拭干净，确保无灰尘、无残留酒液痕迹等。

⑤ 清洁用具器皿。清洁、清洗各种用具、器具和杯具，消毒后擦拭光亮。

⑥ 清扫室内环境。主要是清洁墙面、门窗、灯饰、桌椅等。

（2）领取物品

① 领取酒水原料。根据酒吧库存量，按需要填写酒水领料单，并注意核对酒水的种类、名称和数量。

② 领取日常用品。定期领取各种表格、记录本、杯垫、餐巾纸、棉纺织品等。

③ 领取调酒用的辅助基酒。

（3）存放酒水

将领来的酒水按要求分类存放，把需要冷藏的酒水放到冷藏箱内。

（4）酒吧摆设

酒吧摆设应以美观大方、方便操作为原则。瓶装酒要分类摆放，瓶与瓶之间要有空隙；常用酒品要放在操作台前伸手可及的位置，以方便取用；不常用的酒水饮料可放置在酒架的高处。

酒杯的摆放采用悬挂式或摆放式。悬挂式的酒杯悬挂在吧台上方的杯架上，一方面方便取用，另一方面可以装饰酒吧；摆放式酒杯常摆放在展示柜中或操作台上，有些则放在冰柜内冷藏，以便随时取用。

（5）调酒准备

① 准备新鲜冰块。从制冰机中取出制成的冰块，放在操作台上的冰块盒中。

② 准备调味品。将豆蔻粉、盐、糖等常用的调味品放在操作台上，以备取用。

③ 准备装饰物。准备好柠檬、青柠、橙子、樱桃，并根据营业需求切成所需的形状，将所有装饰物按保鲜要求放在冷藏箱内备用。

④ 准备调酒用具。将酒杯洗净、消毒、擦干后，按次序摆放在展示柜和操作台上；将调酒用具放置在操作台上；其他用具分类摆放在适宜的位置。

2. 营业中的工作程序

营业中的工作程序包括酒水供应与结账、酒水调拨、调酒操作服务、待客服务等工作程序。

（1）酒水供应程序

酒水供应程序一般有以下几个环节：顾客点要酒水，调酒师或服务员开单，收款员立账，调酒师配制酒水，供应酒品。不同形式的酒吧在酒水供应程序上会存在差异。下面以服务酒吧为例进行说明。

① 顾客点要酒水。顾客点要酒水时，调酒师要耐心细致。有些顾客会询问酒水品种、质量、产地和鸡尾酒的配方等内容，调酒师要简单明了地予以介绍，注意不要表现出不耐烦的样子。有些顾客会请调酒师介绍酒水品种，调酒师在介绍前须先询问顾客所喜欢的口味，然后再介绍可供应的品种。如果一张吧台前有若干名顾客，调酒师务必对每一位顾客点要的酒水做出记号，以便正确地为每名顾客送上酒水。

② 调酒师或服务员开单。酒吧中，有时会由于顾客讲话不清楚或调酒师精神不集中而制错饮品，所以调酒师或服务员要特别注意听清顾客的要求。调酒师或服务员在填写酒水供应单时，要重复顾客所点的酒水名称、数量，避免出现差错。有些酒吧酒水供应单一式三联，填写时要清楚地写上日期、经手人、酒水品种、数量、顾客的特征或位置及顾客的特别要求，填好后交给收款员。

③ 观察、询问与良好服务。调酒师要注意观察酒吧台面，看到客人的酒水快喝完时，要向客人询问是否再加一杯；注意客人使用的烟灰缸是否需要更换；注意吧台表面有无酒水残迹，最好经常用干净的湿毛巾擦抹台面；要经常为客人斟倒酒水；客人吸烟时，要主动为客人点烟。优秀的服务在于留心观察和必要而及时的行动。在调酒服务中，因各国客人的口味、饮用方法不尽相同，有时客人会对酒水提出一些特别要求或特别配方。有时调酒师甚至酒吧经理也不一定会调制，这时调酒师可以向客人询问、请教配制的方法。

④ 酒水单处理。收款员拿到酒水供应单后，须马上立账单，将第一联供应单与账单钉在一起，第二联盖章后交给调酒师（当日结算时送交成本会计），第三联由调酒师自己保存备查。

⑤ 调制与供应酒水。调酒师凭借经过收款员盖章后的第二联供应单才可配制酒水，没有供应单的调酒属于违反酒吧规章制度，不管理由如何充分，都不应该提倡。在操作过程中因不小心调错或浪费的酒水，须填写损耗单，列明项目、规格、数量后，送交酒吧经理签名认可，再送到成本会计处核实入账。配制好酒水后，按服务标准递送给顾客。

（2）结账程序

结账程序主要有以下几个环节：顾客要求结账，调酒师或服务员检查账单，收取现金、信用卡或签账，收款员结账。

顾客打招呼要求结账时，调酒师或服务员要立即做出反应，不能让顾客久等。许多顾客的不满情绪都是因为结账等待时间太长造成的。当顾客要求结账时，调酒师或服务员要仔细检查账单，核对酒水数量、品种有无遗漏。账单项目关系到顾客的切身利益，调酒师必须认真地核对。核对完账单后，将账单递交顾客，顾客认可后，收取账单上的现金。如果是信用卡结账，则按银行提供的机器滚压单办理，然后交给收款员结账。结账后将账单的副本和零钱交给顾客。

（3）酒水调取程序

酒吧经常因特别的营业情况而导致营业中间某些品种酒水不足，影响酒吧的正常营业，这时需要马上从库房或酒水供应商处调取所需的酒水。调酒师调拨酒水要填写一式三份的酒水调取单，上面写明领取酒水的数量、品种，经手人与领取人签名后，交给酒吧经理签名。第一联送至成本会计处，第二联由调酒师保存备查，第三联由库房或酒水供应商保存。

（4）酒杯的清洗与补充

在营业过程中，调酒师要及时收集顾客使用过的空杯，立即送至清洗间清洗消毒或自己清洗消毒，不能等积攒到一定数量再收杯。清洗后的酒杯要马上取回，以备取用。在操作中，要有专人不停地运送、补充酒杯。

（5）清理吧台与操作台台面

调酒师要注意经常清理吧台和操作台面，将吧台上顾客用过的空杯、吸管、杯垫收下来。将一次性使用的吸管、杯垫扔到垃圾桶中，将空杯送去清洗。台面要经常用湿毛巾擦拭，不能留有污渍痕迹。回收的空瓶要放回筛中，以免长时间放置产生异味。顾客用的烟灰缸也要经常更换，换下后要清洗干净。严格来说，烟灰缸里的烟头不能超过两个。

（6）调酒工作注意事项

① 注意调酒姿势和动作，要求如下：

调酒时姿势要端正，不要弯腰或蹲下调制。

尽量面对客人，不要掩饰。

动作要潇洒、轻松、自然、准确，不要紧张。

用手拿杯时，要握杯子的底部，不要握杯子的上部，更不能用手指触碰杯口。

调制过程中尽可能使用各种工具，不要用手代替冰夹夹取冰块。

不做摸头发、揉眼、擦脸等小动作，也不在酒吧中梳头、照镜子、化妆。任何不雅的动作都将直接影响客人的情绪。

② 注意主动与顾客沟通，要求如下：

调酒师要主动与顾客交谈、聊天，以增进调酒师与顾客之间的友谊。

③ 注意先后顺序与时间，要求如下：

调制出品时，要注意客人的先后顺序，要先为早到的客人调制酒水。

对同时来的客人，要先为女士、老人和小孩配制饮品。

调制任何酒水的时间都不能太长，以免客人不耐烦。

调制动作要快捷熟练，一般的果汁、汽水、矿泉水、啤酒在 1 min 内完成，混合饮料 1～2 min 完成，鸡尾酒包括装饰品 2～4 min 完成。

有时会有五六位客人同时点要酒水，调酒师也不能慌张忙乱，可先一一答应下来，再按次序调制。

一定要先应答客人，不能不理睬客人的酒水要求而专注于酒水配制操作。

④ 注意卫生标准，要求如下：

调酒师一定要注意卫生标准，要用冷开水稀释果汁和调制饮料。

无冷开水时，先用容器盛满冰块，再倒入开水，等冰块融化后即可使用，绝对不允许使用自来水。

配制酒水时，有些过程允许用手直接操作，所以调酒师要经常洗手，保持手部清洁。

过期、变质的酒水不能使用。

其他卫生标准可参看《中华人民共和国食品卫生法》。

3. 营业后的工作程序

调酒师在营业后的工作主要包括清理酒吧、填写每日工作报告、清点酒水、检查火灾隐患、关闭电器开关等。

（1）清理酒吧

营业时间结束，调酒师要等顾客全部离开后才能开始清理酒吧，绝对不允许赶顾客离开。顾客全部离开后，调酒师先要把用过的酒杯全部送至清洗间，酒杯清洗消毒后再全部取回酒吧，摆放到相应的位置。

清理工作还包括：要清空污物桶和杂物桶，并清洗干净，否则第二天早上，酒吧就会因桶中物品而充满异味；要把所有陈列的酒水小心取下，放入柜中，开瓶后的瓶装酒，要用湿毛巾把瓶口擦拭干净，密封后再放入柜中；要将水果装饰物放回冰箱中保存，并用保鲜膜封好；凡是开了罐的汽水、啤酒和其他非果汁罐装饮料都要处理掉，不能放到第二天再用；收拾完酒水后，要将酒水存放柜上锁，以防止失窃；要清洗一遍酒吧台、工作台、水池；酒吧台、工作台用湿毛巾擦抹，水池槽用洗洁精清洗，单据表格夹好后放入柜中。

（2）填写每日工作报告

调酒师填写的每日工作报告有几个项目，如当日营业额、顾客人数、平均消费额、特别事件和顾客投诉等。每日工作报告主要供酒吧经营者掌握酒吧的营业状况和服务情况。

（3）清点酒水

清点酒水是指把当天销售的酒水按供应单数目及吧台现存酒水数量依次填写到酒水记录簿上。清点酒水工作要细心，不准弄虚作假，否则会影响第二天的营业管理，也会给调酒师带来很大的麻烦。在清点贵重的瓶装酒时要精确到 0.1 瓶。

（4）检查火灾隐患

完成全部清理、清点工作后，调酒师要把整个酒吧检查一遍，查看是否存在火灾隐患，特别是掉落在地毯上的烟头。消除火灾隐患是调酒师和酒吧的其他工作人员都必须重视的工作，每名员工都要担负起责任。

（5）关闭电器开关

除冰箱冰柜外，所有的电器开关都要关闭，包括照明灯、咖啡机、咖啡炉、生啤机、电动搅拌机、空调和音响设备等。

（6）锁好门窗

离开酒吧时，要留意把所有的门窗锁好，再将当日的酒水供应单、酒水领料单与工作报告送到酒吧经理处。酒水领料单通常由酒吧经理签名后，提前投入食品仓库的领料单收集箱内，以便库房人员及早准备供应。

（三）调酒师的素质要求

调酒是具有很强的艺术性和专业性的技能型工种，调酒师的艺术作品就是鸡尾酒。作为一名调酒师，心态要平和，要能够做到对每位顾客都一视同仁。热情、礼貌、彬彬有礼是调酒师所必须具备的素养。从事这一行业不仅要有丰富的酒水知识和高超的调酒技能，而且要善于与顾客交流，这些都要靠自己在工作中去钻研和探索。下面从以下 3 方面来介绍调酒师必须具备的素质。

1. 道德素质

（1）忠于职守，礼貌待人

忠于职守，礼貌待人是酒吧调酒师在履行职业活动时必须遵守的行为规范，酒吧业的职业特点也体现了服务行业的义务在于服务顾客。在服务过程中，应该做到礼貌待人、平等待客，尊重顾客的人格，不能因为顾客职位的高低和经济收入的不同而使顾客受到不平等的礼遇和服务。而且在整个服务过程中要一直注意礼貌礼节。

（2）清洁卫生，保证安全

安全是顾客在酒吧等消费场所要求得到的基本需求。注意饮食卫生、环境清洁，加强保卫措施，完善防盗、防火等安全设施等都是保证顾客安全所必需的。所以一定要加强教育和定期检查，防微杜渐。特别是在加工鸡尾酒等酒品的过程中，要按照《中华人民共和国食品卫生法》等相关法律法规的要求去加工、制作和销售。

（3）团结协作，顾全大局

团结协作、顾全大局是酒吧从业人员职业道德规范的又一个重要方面。酒吧的服务涉及方方面面，不是依靠调酒师个人就能得到保证的，要各个工作岗位、各个环节的工作人员通力协作来完成，这也是各个酒吧从业人员所需要的"团队精神"。

（4）爱岗敬业，遵纪守法

遵纪守法是每个公民必须具备的素质。在这样的前提下，本着诚实待人、公平守信、合理盈利的原则守法经营，注意酒吧本身的经济效益和社会效益，不得采用色情等违法手段，引诱顾客消费。同时，每个调酒师要做到爱岗敬业，认真做好每一件事。

（5）钻研业务，精益求精

调酒业不断发展，调酒师要不断地储备新知识才能满足酒吧业市场的需要。不肯学习，不能接受新事物、新知识的人最终将被淘汰。酒吧企业也必须注重调酒师的培训和学习，提倡以集体学习和个人学习相结合，宏观知识和本身业务相结合的方式，进行灵活多样的培训，培养出一批酒吧调酒师骨干，从而提高从业人员的素质。

2. 基本素质

调酒师的基本素质主要包括身材、容貌、服装、仪表、风度等。总的要求是：容貌端正，举止大方；端庄稳重，不卑不亢；态度和蔼，待人诚恳；服装庄重，整洁挺括；打扮得体，淡妆素抹；训练有素，言行恰当。

（1）身材与容貌

调酒师要和顾客面对面交流，良好的外在形象是打开与顾客对话的一扇窗口，所以身材与容貌在服务工作中起着较为重要的作用。

（2）服饰与打扮

调酒师的服饰与穿着打扮体现着不同酒吧的独特风格和精神面貌。服装体现个人仪表，影响着客人对整个服务过程的最初和最终印象。打扮是调酒师上岗之前自我修饰、完善仪表的一项工作。

（3）仪表与风度

仪表即人的外表，注重仪表是调酒师的一项基本素质，酒吧调酒师的仪表直接影响着客人对酒吧的感受，良好的仪表是对宾客的尊重。调酒师整洁、卫生、规范化的仪表能烘托服务气氛，使客人心情舒畅。

风度是指人的言谈、举止、态度。一个人的正确站立姿势、雅致的步态、优美的动作、丰富的表情、甜美的笑容及服装打扮都涉及风度。要想让服务获得良好的效果和评价，就要使自己的风度仪表端庄、高雅，调酒师的一举一动都要符合审美的要求。所以在酒吧服务过程中，酒吧工作人员尤其是调酒师的任何一个动作都会直接对宾客产生影响，因此调酒师行为举止的规范化是酒吧服务的基本要求。

（4）礼貌和礼节

礼貌是人与人之间的接触交往中相互表示尊重和友好的行为。礼节是人们在日常生活中相互表示尊敬、问候、慰问、致敬，以及给予必要协助和照料的惯用形式，是礼貌的语言、行为、仪态等方面的具体规定。

在酒吧中，调酒师的礼貌待客不仅对饭店的名誉有直接影响，而且体现了调酒师本身的修养和受教育水平。

3. 专业素质

调酒师的专业素质是指调酒师的服务意识、专业知识及专业技能。

（1）服务意识

调酒师的服务意识是从事服务高度自觉性的表现。主要体现以下 3 方面：

① 预测并解决客人遇到的问题。

② 为客人提供规范化及个性化的服务。

③ 遇到特殊情况能够灵活、合理地处理，能够满足客人的特殊需要。

（2）专业知识

调酒师必须具备丰富的专业知识，以更准确、完善地服务于客人。一般来说，调酒师应掌握的专业知识包括：

① 酒水知识：调酒师的工作离不开酒，对酒品的掌握程度直接决定着工作的开展。作为一名调酒师，要掌握各种酒的产地、物理特点、口感特性、制作工艺、品名及饮用方法，并能够鉴定出酒的质量、年份等。

② 原料贮存保管知识：要了解原料的特性，以及酒吧原料的领用、保管使用、贮藏知识。

③ 设备、用具知识：掌握酒吧常用设备的使用要求、操作过程及保养方法，以及用具的使用、保管知识等。

④ 酒具知识：掌握酒杯的种类、形状及使用要求、保管知识。

⑤ 营养卫生知识：了解饮料的营养结构、酒水与菜肴的搭配，以及饮料操作的卫生要求。

⑥ 安全防火知识：掌握安全操作规程，注意灭火器的使用范围及要领，掌握安全自救的方法。

⑦ 酒单知识：掌握酒单的结构，所用酒水的品种、类别，以及酒单上酒水的调制方法、服务标准。

⑧ 酒谱知识：熟练掌握酒谱上每种原料的用料标准、配制方法、用杯及调配程序。

⑨ 酒水的定价原则和方法：根据行业标准和市场规则合理定价，保证酒吧企业有适当的盈利，因此必须掌握酒水的定价原则和方法。

⑩ 习俗知识：掌握一些基本的习俗知识。

⑪ 英语知识。

（3）专业技能

调酒师娴熟的专业技能不仅可以节省时间，使客人增加信任感和安全感，而且是一种无声的广告。熟练的操作技能是快速服务的前提，专业技能的提高需要通过专业训练和自我锻炼来完成。

① 设备、用具的操作使用技能：正确使用设备和用具，掌握操作程序，不仅可以延长设备、用具的寿命，而且是提高服务效率的保证。

② 酒具的清洗操作技能：掌握酒具的冲洗、清洗、消毒方法。

③ 装饰物制作及准备技能：掌握装饰物的切分形状、薄厚、造型等方法。

④ 调酒技能：掌握调酒的动作、姿势等以保证酒水质量和口味的一致。调酒师除了调酒工作外，还应主动做好酒吧的卫生工作，如擦洗酒杯、清洁冰柜、清理工作台等。

⑤ 沟通技巧：善于发挥信息传递渠道的作用，进行准确、迅速的沟通。同时要注意提高自己的口头和书面表达能力，善于与宾客沟通和交流，能熟练处理客人的投诉。

⑥ 计算能力：要求调酒师具有较强的经营意识，尤其是对酒吧内部的各项工作、填写各类表格、计算价格和成本、书写工作报告等。

⑦ 解决问题的能力：要善于准确合理地分析问题，对紧急事件及宾客投诉有从容不迫的处理能力。

⑧ 自我表现能力：调酒师直接与客人打交道，调酒就像艺术表演，无论是调酒动作还是调酒技巧，都会给客人留下深刻印象，所以应做到轻松、自然、潇洒，操作准确熟练。

总之，调酒师只有具备专业的素质，才能给人以自信。

二、酒吧常用的设备及调酒用具

（一）常用的调酒设备

1. 果肉榨汁机（Juicer）

果肉榨汁机是用来榨取西瓜、苹果、梨、草莓、黄瓜、苦瓜、胡萝卜等各种水果、蔬菜汁液的设备。此设备多为小型台式机，与家用榨汁机相差无几。

果肉榨汁机使用简单，操作方便。在使用之前应先接通电源，开机运转一下，看机器有无异常。确认无异常反应后，才可进行操作。

操作前，应先将所榨水果清洗干净，需要去皮的水果如橘子、西瓜等应将皮剥去。有的水果果核坚硬，在榨汁前必须先去除果核，不能直接放入机内，以免损坏刀片及机器。将果肉切成小于进料口的块或条状，存放在消毒后的容器内。开机后，即可将要榨的水果放入榨汁机内榨汁。

如果酒吧的果汁用量很大，可预先榨汁。原则上果汁不宜搁置太久，这样才能保证果汁的新鲜度。

2. 橙子榨汁机（Squeezer）

橙子榨汁机是专门用于榨取橙、橘、柠檬类水果汁液的榨汁机。也有全能型的榨汁机，这种全能型的榨汁机由于功率不够，在榨橙类水果时，圆锥形钻头容易抱死，所以只适合家庭或用量较少的酒吧使用。用量较大的酒吧应置备专用的橙子榨汁机。

3. 冰柜（Refrigerator）

冰柜是酒吧中用于冷藏酒水饮料，保存适量酒品和其他调酒用品的设备。冰柜的大小型号可根据酒吧规模、环境等条件选用，冰柜内温度要求保持在 4～8℃。冰柜内部需要分层分隔，以便存放不同种类的酒品和调酒用品。通常白葡萄酒、玫瑰葡萄酒、香槟、啤酒需要放入冰柜中冷藏。

4. 立式冷柜（Wine Cooler）

立式冷柜是专门存放香槟和白葡萄酒的设备，其全部材料都是木质的，内部分成横竖成行的格子，将酒插入格子存放。此类冷柜温度可调节，贮藏温度根据酒的种类不同，柜内温度可保持在 4～8℃。

5. 制冰机（Ice Cube Machine）

冰块是酒吧用量较大的调制酒水原料。99% 以上的鸡尾酒和花式冰咖啡在制作过程中甚至制作完成后，都需要用到冰块。有些酒吧可以购买冰块，但许多酒吧只能由自备的制冰机供应冰块。

制冰机可制作不同形状的冰块，如四方体、圆体、扁圆体和长方条等多种。四方体状的冰块不容易融化，对鸡尾酒味道影响不太明显。制作什么形状的冰块，要根据具体情况而定。

制冰机属于连续运行设备，应由固定使用人员负责日常管理。不得在制冰机的储冰箱内放置任何其他物品，也不得在制冰机顶部和周围堆放物品，还要保持取冰用具的清洁，以免影响通风和冰的质量。开关储冰箱门和取冰动作要轻缓，以防储冰箱和出冰口变形。要及时清理出冰口的结冰，防止堵塞、冻结出冰口。

6. 碎冰机（Crushed Ice Machine）

酒吧在调制酒水时，经常会用到冰屑或冰粒，如制作奶昔、冰沫玛格丽特等。碎冰机就是粉碎大块冰块，提供冰屑或冰粒的专用设备。未配备碎冰机的酒吧临时需少量碎冰时，可将整冰放入硬质器皿中捣碎，或放入搅拌机中打碎，但效果都不如碎冰机。

有的碎冰机直接制作出细小的冰粒，还有的碎冰机是将冰块研磨成冰沫状，就像雪一样。同样是碎冰，第二种碎冰机更受酒吧的欢迎。

在使用碎冰机时，冰粒的出口不能堵塞，否则会卡死刀盘，烧坏电机。碎冰机使用完毕后，应关掉开关，拔除电源插头，用干净毛巾擦去机身上的冰粒，放置于干燥通风处。

7. 冰杯机（Frozen Glass Machine）

冰杯机用于冰镇鸡尾酒杯、冰激凌杯、啤酒杯等多种杯具。冰杯机温度应该控制在 4 ～ 6℃左右。当杯具从冰杯机中取出时，杯具上应有雾霜，但不可结有水滴。

8. 生啤机（Draught Beer Machine）

生啤酒为桶装，一般客人喜欢喝冰啤酒，生啤机就是专为此设计的。

生啤机又称扎啤机，由二氧化碳气瓶、啤酒桶、接口、输酒管、制冷机组、出酒口组成。输酒管一端连接啤酒桶，一端接通二氧化碳气瓶，有开关控制气压大小，工作时输出气压常保持在 25 个大气压（有气压表），当气压不足时需要及时更换。制冷机组是急冷型的，由于输酒管与制冷器相通，所以输出来的啤酒就是冰冻的生啤酒，生啤酒泡沫厚度可由开关控制。无论啤酒桶贮存时是否冷藏，它的保质期都是 30 天左右。生啤机不用时，必须断开电源并取出插入生啤酒桶口的管子。生啤机每 15 天需要由专业人员彻底清洗消毒一次。

9. 洗杯机（Washing Machine）

洗杯机用于清洗各种杯具，包括玻璃杯、瓷杯等。洗杯机有高压喷水器，一般先将酒杯放入杯筛中，再放进洗杯机里，调好程序后按下按钮即可清洗。除此之外，洗杯机还有高温气管，用来配合消毒液对杯具进行彻底消毒。较先进的洗杯机有自动输入清洁剂和催干剂装置，可直接放入消毒药品，打开电源，喷水器即会喷出混有消毒液的高温水，杯子冲洗干净后还可自动将酒杯烘干。洗杯机有一个输水口，用于排水，这样才能保证洗杯机中不会有污水和残留物，所以安装清洗机时应连接上、下水管。

洗杯机有很多种，酒吧可根据需要选用。如一种较小型的旋转式洗杯机，每次只能洗一个杯子，一般装在吧台的边上。许多酒吧因资金和空间等方面的限制，还要手工清洗酒杯，手工清洗酒杯需要有清洗槽盘。

10. 奶昔机（Blend Milk Shaker）

奶昔的英文为 Milk Shake，是蛋白混合饮料与脱脂奶混合而成的甜品。将奶昔盛装在纸杯或塑料杯中，盖上带有十字形缝隙的薄塑料盖，吸管可以从盖上的十字缝中方便地插入。

奶昔最早出现在美国，主要有"机制奶昔"和"手摇奶昔"两种。传统奶昔是机制的，一般都是用奶昔机现做现卖，顾客现买现饮，通常有香草、草莓和巧克力 3 种风味。

11. 咖啡机

咖啡机用于研磨咖啡、加热牛奶、提供开水，制作一些人们常见的意式特浓咖啡、卡布基诺等。咖啡机有很多型号，用量不大的酒吧可选用人工加水的小型咖啡机，反之，则需较大型的咖啡机。

12. 咖啡保温炉

咖啡保温炉是为煮好的咖啡保温的设备。将研磨煮好的咖啡装入与咖啡保温炉配套的咖啡保温壶中，置于炉上，可以使咖啡保持适宜的饮用温度。通常的咖啡保温炉有加热、保温两个温度调节档，选定温度，接通电源即可保温。咖啡保温炉适用于大型酒吧，以接待大量顾客为主。咖啡保温炉虽然可为煮好的咖啡保温，但咖啡的质量会随时间的推移而下降，一般保温的咖啡最多保留 8 小时。除此之外，咖啡保温炉还适合保温红茶等饮品。

13. 电动搅拌机（Blender）

电动搅拌机为不锈钢制品，由底座、器身（长桶形）、电线插头和桶盖组成，用于制作鸡尾酒和奶昔。电动搅拌机的桶身中设有 3 ～ 5 个钢制的螺旋扇面，可将原料迅速混合。机器设有低、中、高 3 个转速按钮，用于调制份量多或基酒中有固体物难以充分混合的饮料。

14. 碳酸饮料机（Carbonated Machine）

碳酸饮料机由冷凝器等组成，并集中了多种不同饮料的疏导管，下接饮料和二氧化碳气瓶，上接饮料出口。当按不同的按钮时，会打出不同的饮料，同市面上的可乐机原理一样。

15. 微波炉（Microwave Oven）

酒吧的微波炉与家用微波炉的外形、构造一样，用于加热饮料和制作爆米花等。因为酒吧内只使用加热功能，所以选购时不用选择带有过多功能的高档微波炉。

（二）常用调酒用具

1. 摇酒器（Standard Shaker）

摇酒器又称调酒壶或摇桶，是由银或不锈钢制成的饮料混合器，也有少数为玻璃制品。摇酒器是一种能将各种不同的基酒和调酒原料充分混合并制冷的工具。

摇酒器由壶身、过滤器、壶盖 3 部分组成，型号有 250 ml、350 ml、530 ml 等几种。另外有一种实用的不锈钢制计量杯，一端可以量 20 ml 的分量，另一端可以量 40 ml 的分量。摇酒器主要用于绅士法调制鸡尾酒，所以又称绅士调酒壶。

使用摇酒器时，先放入冰块、基酒等原料，再合上摇酒器，用力摇动数秒。透过隔冰器把调好的酒倒进杯中，即制成一杯鸡尾酒。

使用摇酒器时，要尽量保持仪态的美观大方。摇动时间按摇动次数计算，一般摇 15 次左右，接触摇壶器的指尖发冷，壶身表面出现白霜就可以了。如果使用鸡蛋、鲜奶油等不易混合的原料，或者用大摇酒器混合成倍的基酒，以摇动 20 次左右为标准。摇后可打开顶盖，用食指按住过滤器向酒杯里倾倒饮料，这时另一只手扶在酒杯的下部。

2. 波士顿摇酒器（Boston Shaker）

波士顿摇酒器由不锈钢壶身和厚壁强化玻璃杯组成。波士顿摇酒器比小、中型绅士摇酒器容量大，且一般只有一种型号，是花式专业调酒师多使用的摇酒器。

波士顿摇酒器可直接通过玻璃杯看到酒液混合的过程，便于花式调酒表演，所以又称花式调酒壶。波士顿摇酒器一般还包括两只锥形杯。

3. 量酒器（Jigger）

量酒器又称量杯或盎司杯，由不锈钢制成，形状为两个大小不一的对尖圆锥形用具，是用来量取各种液体的标准容量杯。使用量酒器时，先将冰放到杯子里，再把量酒器放在杯子旁，量好酒即可倒入杯子中。

量酒器的两端是圆锥形容器，容量分别为 1 oz 和 1.5 oz、1.5 oz 和 2 oz 或者 1 oz 和 2 oz 等几种组合，调酒师在制作鸡尾酒时通过这种容器量取准确的用料。

一定要按照配方比例来制作鸡尾酒。有些鸡尾酒需要很多的冰霜或新鲜水果来调制，所以经常使用到量酒器。

量酒器最常用于调制"彩虹"类酒水，因为"彩虹"类或者其他分层酒水对计量要求比较严格。使用量酒器时，酒水先从酒瓶进入量酒器，然后沿长勺直接倒入酒杯，以此完成"彩虹"类酒水的调制。

量酒器型号		
1/2 oz+1 oz	1 oz+2 oz	7/8 oz+11/4 oz
1/2 oz+3/4 oz	3/4 oz+1 oz	1 oz+11/4 oz
3/4 oz+11/4 oz	5/8 oz+1 oz	3/2 oz+2 oz
3/4 oz+11/2 oz	5/8 oz+11/4 oz	
酒具的容量习惯用盎司（oz）来计算，现在又统一按 ml 来计算，1 oz=28 ml。		

4. 吧匙（Bar Spoon）

吧匙一般由不锈钢制成，其一端为匙，另一端为叉，中间部分呈螺旋状，分大、中、小 3 个型号。吧匙一般在调和饮料及取放装饰物时使用，叉状一端通常用于叉柠檬片及樱桃，匙状一端主要用于计量和搅拌混合，或捣碎配料。吧匙通常用于制作分层鸡尾酒，以及一些需要搅拌法调制的鸡尾酒。

使用吧匙时，用中指和无名指夹住吧匙的螺旋状部位，用拇指和食指握住吧匙的上部。搅动时，用拇指和中指轻轻扶住吧匙，

以免吧匙倾倒，用中指指腹和无名指背部按顺时针方向转动吧匙。向调酒杯里放入吧匙或取出吧匙时，应使吧匙背面朝上；搅拌时，应保持吧匙背面朝着调酒杯外侧，以免吧匙碰到冰块。搅动的次数以 7 ～ 8 次为标准，搅动时还应注意手腕处子母扣的节奏。搅动结束后，将吧匙背面朝上轻轻取出。

5. 调酒棒（Mixing Stirrer）

调酒棒大多是由塑料或玻璃制成的细棒，也是一种搅拌工具。棒的一端为球根状，常用来捣碎饮料中的薄荷类原料。大的调酒棒通常搭配调酒杯使用，小一点的则饮用者使用，具有装饰鸡尾酒的作用。

6. 滤冰器（Strainer）

滤冰器又称滤网，是一种带网眼的滤冰工具，大多为不锈钢制品。滤冰器呈扁平状，上面均匀排列着滤孔，边缘围有弹簧。倒酒时，放在摇酒器中的过滤网可以过滤冰块，与调酒杯搭配使用，防止调酒杯中的冰块滑落在鸡尾酒杯中。倒饮料时，滤冰器可以防止冰块或柠檬籽进入杯中。滤冰器有一圈螺旋形钢丝，使其可适用多种尺寸的调酒杯。滤冰器规格有很多种，常见的有 168 ml、500 ml、1 000 ml 等。

7. 冰桶（Ice Bucket）

冰桶由不锈钢或玻璃制成，桶口边缘有 2 个对称提手，呈原色或镀金色。冰桶主要用于装冰块、温烫米酒和中国白酒。玻璃制成的冰桶体积小，用于盛放少量冰块，满足顾客不断加冰的需要。用冰桶盛冰可减缓冰块融化的速度。

8. 冰夹（Ice Tong）

冰夹由不锈钢或塑料制成，夹冰部位呈齿状，以便于夹取冰块。调酒师主要用冰夹加冰块、水果和鸡尾酒装饰物。有时冰夹附在冰桶上面，供顾客或服务人员加冰块使用。

9. 冰铲 / 冰勺（Ice Scoop）

冰勺由不锈钢或塑料制成，用于从制冰机或冰桶内勺取冰块，每次取用量较多。冰勺有 24 oz 大冰铲和 12 oz 小冰铲等规格。

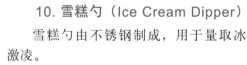

10. 雪糕勺（Ice Cream Dipper）

雪糕勺由不锈钢制成，用于量取冰激凌。

11. 香槟桶（Champagne Cooler）

香槟桶由不锈钢制成，由桶和桶架两部分组成。香槟桶桶身较大，主要用于冰镇白葡萄酒、玫瑰葡萄酒、香槟酒和气泡酒。配上桶架置于客人桌旁，可确保酒液的温度不会改变。

12. 砧板 （Cutting Board）

砧板用于切水果和制作装饰品，配合小水果刀使用，防止刀子破坏工作台面。

13. 水果刀 （Knife）

水果刀用于切雕鸡尾酒装饰物和制作水果拼盘。

14. 捣碎器 （Moter&Pestle）

捣碎器由不锈钢、塑料或玻璃制成，通常用来捣碎香草以混合在鸡尾酒内。

15. 吧刀 （Bar Knife）

吧刀由不锈钢制成，体积小，呈柳叶状，类似于西餐厨房用刀，用于制作果盘和鸡尾酒装饰物。

16. 装饰叉 （Pelish Folk）

装饰叉常由竹木制成，用于把装饰物放置在鸡尾酒杯边上。

17. 装饰签 （Cocktail Pick）

装饰签穿插着各种水果，如樱桃、橄榄等，起点缀鸡尾酒的作用。

18. 削皮刀 （Zester）

削皮刀是为了装饰饮料而用来削柠檬皮等水果皮的特殊刀。

19. 葡萄酒开瓶器 （Corkscrew）

葡萄酒开瓶器又称木塞拔起器。用该工具可以割取瓶颈上的铅皮，以便拔取葡萄酒瓶上的木塞。

20. 开瓶器 （Bottle&Can Opener）

开瓶器是用不锈钢制成的开瓶工具，以具有螺丝钻、开瓶、开罐等多种功能为佳。开瓶器通常一端为扁形钢片，另一端为镂空钢圆，专用于开瓶盖及罐头，如啤酒瓶盖子、灌装果汁或水果罐头等。

21. 铝箔松开器 （Foil Clipper）

铝箔松开器用于打开瓶盖上的铝箔。将铝箔松开器置于瓶盖上，压紧旋转一圈后，瓶盖上的铝箔会自动脱落。

22. 吸管 （Straw）

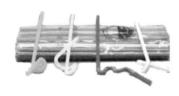

吸管是用塑料制成的管状物，适用于冰镇饮料，能帮助调酒师和客人品尝酒水，有单色或多色之分。吸管常用于吸饮量大而清淡的混合酒水，异形杯子或杯上有装饰物时，也需要使用吸管。

23. 杯垫（Coaster）

杯垫一般以吸水性能好的硬纸、硬塑料、胶皮、布等制成，有圆形、方形、三角形等多种形状，主要起隔热、隔冷作用。一般都垫在鸡尾酒杯的下方，预防杯壁上的水珠流到桌上，保持桌面干净。

24. 糖盅（Sugar Bowl）

糖盅用于放置砂糖，多由陶瓷或玻璃制成。

25. 糖 / 盐边盒

糖 / 盐边盒有两个盒子，一个放糖，一个放盐，主要用于制作糖 / 盐霜。

26. 托盘（Tray）

托盘用于取送或放置酒水、饮料。

27. 奶盅（Milk Jug）

奶盅用于盛放淡奶或牛奶。

28. 瓶嘴（Mouth of Bottle）

瓶嘴在倒酒时用于控制酒液的流量，减少酒液的冲击力。

29. 水壶（Water Jug）

水壶用于装饮用水。有些酒必须附带一杯冰水，有些酒吧已改用自动供应水枪。

30. 口布（Napkin）

口布用于擦杯子，材质为麻布和棉布较好，易吸水。

31. 酒针（Cocktail Stick）

酒针用于穿插各种水果及点缀品，一般由塑料制成，有多种颜色及造型，是一种很好的装饰品。

32. 漏斗（Funnel）

漏斗是用来将酒液或饮料从一个容器倒入另一个容器时用到的工具，其优点是快捷、准确、无浪费。为保证酒的气味及口味的纯正，一般使用不锈钢制品。

33. 温度计（Wine Thermometer）

温度计用于测量酒水温度。

34. 真空酒瓶塞（Wine Savor）

真空酒瓶塞用于将没喝完的葡萄酒盖起来，以防止葡萄酒变味。

35. 酒单（Winelist）

酒单用于向客人展示酒吧所提供的消费酒水品名、价格和数量。

36. 结账夹（Nip）

结账夹是给客人夹送账单和找零钱时使用的，常用塑料或皮革制成。

37. 盘碟（Dish）

盘碟用于盛放佐酒小吃、食品、水果拼盘等。盘和碟的类别是以盘口直径划分的，5 寸及以上为盘，4 寸及以下为碟。宽边浅底的圆盘称为平盘。鱼盘多为圆形，在酒吧中多用于水果拼盘。

38. 练习瓶

练习瓶是供调酒师练习花式调酒动作时使用的。有些酒吧还有夜光表演瓶，用于在昏暗的灯光下表演花式调酒。

另外，有些类型的酒吧在每个桌台上还备有烛台、花瓶等。

（三）酒吧常用器具及设备的清洗和消毒

1. 器具的清洗与消毒

器具包括酒杯、碟、咖啡杯、咖啡匙、点心叉、烟灰缸、滤酒器等（烟灰缸只用自来水冲洗干净即可）。

清洗时通常分为 4 个程序：冲洗、浸泡、漂洗、消毒。

（1）冲洗

用自来水将用过的器皿上的污物冲掉，冲洗时必须注意将污物冲干净，不得留有任何点、块状的污物。

（2）浸泡

将冲洗干净的器皿（带有油迹或其他冲洗不掉的污物）放入洗洁精溶液中浸泡，然后擦洗到没有任何污迹为止。

（3）漂洗

把浸泡后的器皿用自来水漂洗，使其不带有洗洁精的味道。

（4）消毒

消毒方法主要有用开水消毒、高温蒸汽消毒或化学消毒（又称药物消毒）等。常用的消毒方法是高温消毒法和化学消毒法，凡有条件的地方都要采用高温消毒法，其次才考虑化学消毒法。

煮蒸消毒法：是公认的简单而又可靠的消毒法。将器皿放入水中后，将水煮沸并持续 2 ～ 5 min 就可以达到消毒的目的。但要注意：器皿要全部浸没在水中；消毒时间从水沸腾后开始计算；水沸腾后不能降温。

蒸汽消毒法：消毒柜（车）上插入蒸汽管，管中的流动蒸汽是过饱和蒸汽，一般温度在 90℃ 左右。消毒时间为 10 min。消毒时要尽量避免消毒柜漏气。器皿堆放要留有一定的空间，以便于蒸汽穿透流通。

远红外线消毒法：远红外线消毒法属于热消毒，使用远红外线消毒柜，在 120 ～ 150 ℃ 高温下持续 15 min，基本可达到消毒目的。

化学消毒法：一般情况下，不提倡采用化学消毒法，但在没有高温消毒的条件下，可考虑采用化学消毒法。常用的药物有氯制剂（种类很多，使用时用其 0.1% 溶液浸泡器皿 3 ～ 5 min）和酸制剂（如过氧乙酸，使用 0.2% ～ 0.5% 溶液浸泡容器 3 ～ 5 min）。

2. 用具和设备的清洗与消毒

用具是指酒吧常用工具，如酒吧匙、量杯、摇酒器、电动搅拌机、水果刀等。用具通常只接触酒水，不接触客人，所以只需要用自来水冲洗干净就可以了。但要注意：酒吧匙、量杯不用时一定要浸泡在干净的水中，水要经常换。摇酒器、电动搅拌机每使用一次就要清洗一次。消毒方法也采用高温消毒法和化学消毒法。

常用的洗杯机是将浸泡、漂洗、消毒 3 个程序结合起来，使用时先将器皿用自来水冲洗干净，然后放入筛中推入洗杯机里即可。但要注意经常更换机内缸体中的水。旋转式洗杯机是由一个带刷子和喷嘴的电动机组成，把杯子倒扣在刷子上，一开机就有水冲洗，注意不要用力把杯子压在刷子上，否则杯子会被压破。

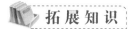 **拓展知识**

一、酒吧的起源

酒吧产生于 17 世纪 70 年代，英文为 Bar，原意是长条的木头或金属，像门把或栅栏之类的东西。据说，从前美国中西部的人骑马出行，到了路边的一个小店，就把马缰绳系在门口的一根横木上，进去喝上一杯，略作休息，然后继续赶路，这样的小店就称为 Bar。进酒吧消费成了一种休闲方式。

酒吧代表一种新型的娱乐文化。在酒吧里，无须讲究社会地位、等级等问题。相反，举止得体才是基本的交往准则。这样，人们能够跨越出身、等级和地位进行交流沟通，他们不管对方是谁，都尊重彼此的看法。因此，酒吧的社交能培育出一种尊重和宽容别人思想的新态度。

一般情况下，酒吧是专门为客人提供酒水和服务的场所。酒吧本身须具备一些特征才能使客人一看便知是饮用酒水的地方。除了装修的格调外，第一是要配备一定数量和种类齐全的酒水，并有陈列摆设；第二是有各种用途不用的酒杯；第三是供应酒水必备的用具和调酒用具。

二、酒吧的分类及特点

酒吧的种类很多，根据不同标准，可以分为不同类型。根据酒吧服务方式的不同，一般可分为立式酒吧、主酒吧、服务酒吧、鸡尾酒廊、宴会酒吧、多功能酒吧及其他类型的酒吧。不同类型的酒吧对调酒师有不同的要求。

（一）立式酒吧（Bar）

立式酒吧是最典型、最有代表性的酒吧之一，也是传统意义上的酒吧。

立式酒吧在吧台前设有吧椅或吧凳，供客人饮酒小憩。这类酒吧的特点是客人直接面对调酒师坐在酒吧台前，和调酒师聊天，当面欣赏调酒师的操作，调酒师从准备材料到酒水调制的服务全过程都在客人的目光下完成。该类型酒吧一般都由调酒师单独工作，因为不仅要负责酒类及饮料的调制，还要负责收款工作，同时必须掌握整个酒吧的营业情况，所以立式酒吧也是以调酒师为中心的酒吧。

立式酒吧对调酒师有以下基本要求：

1. 素质要求较高

立式酒吧的周转率较高，对调酒师素质要求也很高。调酒师只有提供了高标准调酒和迅捷的服务，才能留住客人，增加消费，提高酒吧营业额。

2. 调酒具有艺术性和表演性

在立式酒吧，调酒师的各项工作都在客人的目光之下，调酒师不仅要正确地调制饮料和收款，而且在某种程度上还在为顾客做表演。只有调酒师的调酒操作和服务动作具有很强的艺术性和表演性，才能调动客人的消费兴趣，提高酒吧的营业额。

3. 吧台整洁、服务快捷

立式酒吧的吧台工作面积很小，调酒师的操作服务大多在吧台内狭小的空间完成。为了保证服务工作有序进行，吧台台面和操作空间必须在任何时候都要保持整洁有序。调酒师对客人的要求要迅速做出反应，服务动作要干净利落，这样才能给客人留下良好的印象。

4. 服务态度友好温和

在立式酒吧中，调酒师与客人直接接触。为了给客人留下良好印象，调酒师应始终保持友好、温和的服务态度。

5. 具有丰富的酒水知识

具有丰富的酒水知识是立式酒吧对调酒师的一个基本要求。当客人提出酒水方面的话题时，调酒师要能够顺利地同客人交流，解答客人关于酒水方面的疑问。

调酒师的职责之一是向管理者提出常规酒水需求变化的情况，以便管理者及时补充调整，使酒水有一个合适的储备量，因此调酒师要非常熟悉客人消费的常规酒水，并在时尚饮料的配制中恰当使用。

6. 调酒师独立工作

通常情况下，立式酒吧的调酒师需要独立地为客人服务，不需要与其他服务人员配合。调酒师除了要认真负责地销售酒水、收款和其他例行工作外，还必须积极地促销酒水，掌握整个酒吧的营业情况。

（二）主酒吧（Main Bar or Pub）

主酒吧又称 Open Bar 或英美正式酒吧，在外国有时也称 English Pub 或 Cash Bar。

主酒吧以供应各类烈性酒、鸡尾酒和混合饮料为主，酒吧大多装修得高雅、美观、格调别致，而且在酒水摆设和酒杯摆设中要创造气氛，吸引客人，并使客人觉得置身其中饮酒是一种享受。

主酒吧一般备有足够的靠台吧椅、吧凳，酒水、载杯及调酒器具等种类齐全，摆设得体，特点突出。客人坐在吧台前的吧椅、吧凳上，面对调酒师并欣赏调酒师的操作技艺，因此对调酒师的业务技术和文化素质要求较高。

到主酒吧消费的客人大多是来享受音乐、美酒及无拘无束的人际交流带来的乐趣的，所以主酒吧的视听设备都比较完善。许多主酒吧还有各自风格的乐队表演，或向客人提供台球、飞镖、室内攀岩等娱乐设施。

（三）服务酒吧（Service Bar）

服务酒吧通常出现在酒店餐厅及大型独立的中西餐厅中，服务对象以用餐客人为主，所以又称餐厅酒吧。由于服务酒吧主要为餐厅用餐的客人服务，因而佐餐酒的销量比其他类型的酒吧要大得多。

在餐厅就餐过程中，客人一般通过餐厅服务员获得酒水服务，所以调酒师必须与餐厅服务人员合作，按照餐厅服务人员所开的酒单配酒或提供各种酒水饮料。

中餐厅服务酒吧的服务项目相对容易，酒水种类也以国产为主。西餐厅服务酒吧较为复杂，除要具备种类齐全的洋酒外，调酒师还要具有全面的酒水保管和服务知识。

同其他类型酒吧相比，服务酒吧有以下特点：

1. 调酒师与客人不直接接触

服务酒吧在提供酒水服务时，一般先由餐厅服务员接受客人酒水方面的要求，并将所点的酒水记录在客人的账单上，然后将此账单中的一联送到吧台。当吧台调酒师调制好酒水后，由餐厅服务员将酒水送到就餐客人的桌上。

2. 酒水品种多

服务酒吧比其他类型酒吧提供的酒水品种要多，酒吧调酒师在服务时必须熟悉各种酒水。

3. 调酒师工作相对轻松

服务酒吧的调酒师只负责酒水调制和管理工作，不负责酒水推销，也不直接面对客人服务，所以工作相对轻松。

酒店餐厅中一般都设有专职的收款员，调酒师不负责酒类饮料的收款工作。收款工作通常都由餐厅收款员负责，所以调酒师一般不接触现金。

（四）鸡尾酒廊（Lounge）

较大型的酒店中都设有鸡尾酒廊这种类型的酒吧。鸡尾酒廊通常设于酒店门厅附近，或是门厅的延伸空间，可用墙壁将其与酒店门厅隔开。鸡尾酒廊气氛比较高雅，对灯光、音响、家具、环境等方面均有较高的要求。

鸡尾酒廊一般比立式酒吧宽敞，常有钢琴、竖琴或者小乐队为客人演奏，有的还有小型舞池，供客人即兴起舞。

鸡尾酒廊大多设有高级的桌椅、沙发，环境比立式酒吧优雅舒适、安静，节奏也较缓慢。鸡尾酒廊的客人一般多在酒吧逗留较长时间，所以酒廊除供应各种鸡尾酒和清凉饮料外，一般还备有精美小食。

鸡尾酒廊的营业过程与服务酒吧大致相同，每一组客人都有一位服务员提供服务，如为客人开票、送酒等，如果酒廊规模不大，收款工作一般可由服务员自行负责。在较大和较正式的鸡尾酒廊中，一般多设有专门的收款员，并有专门收拾酒杯、桌椅并负责原料补充的服务员。

（五）宴会酒吧（Banquet Bar）

宴会酒吧又称临时性酒吧，是酒店、餐馆为宴会业务专门设立的酒吧设施。

宴会酒吧的特点是临时性强、营业时间较短、客人集中、营业量大、服务速度相对较快。宴会酒吧通常要求酒吧服务人员每小时能够服务 100 位左右的客人，因而服务人员必须头脑清晰，工作有条理，具有接待大批客人的能力。

宴会酒吧营业前，要求服务人员做好充分的准备工作。各种酒类、原料、配料、酒杯、冰块、工具等，必须有充足的储备，以防营业中因原料短缺而影响服务。由于宴会酒吧要求服务快速，因此供应的饮料种类会受到限制，混合饮料一般都可以事先配制成成品。

宴会酒吧的大小和格局由各种宴会、酒会的规模和形式决定，营业时间通常比较灵活。宴会酒吧的吧台可以随时拆卸移动，当然也可以永久性地固定安装在宴会场所。

常见的宴会酒吧的营业方式有外卖酒吧、现金酒吧和一次性结账酒吧。

外卖酒吧是指根据客人要求，在某一地点如大使馆、公寓、风景区等临时设置的酒吧。

现金酒吧是指参加宴会的客人取用酒水时须随付现金，宴会举办者不负责客人在酒吧饮用酒水的费用。

一次性结账酒吧是指客人在宴会上可随意取用酒水，所有费用在宴会结束后，由宴会举办者结账。

（六）多功能酒吧（Grand Bar）

多功能酒吧大多设置在综合性娱乐场所。这类酒吧不仅能为中午和晚上用餐的客人提供用餐、酒水服务，还能为赏乐、练歌（卡拉 OK）、健身等不同需要的客人提供种类齐全、风格迥异的酒水及服务。例如歌舞厅酒吧一般附设在歌舞厅中，主要经营各种酒品、冷热饮料、小食品。歌舞厅内设有舞池供客人跳舞使用，此外还可以举办一些文艺表演和服饰表演，有小乐队为客人表演。

在多功能酒吧，客人的消费不仅限于酒水方面，对服务设施及其他各种要求都很高，要求酒吧能较全面地满足他们的消费需求。多功能酒吧的调酒师还负责促销酒水，而且在通常情况下还兼任收银员。有良好的英语基础、技术水平高超、比较全面地了解娱乐方面的知识和信息是考核调酒师能否胜任多功能酒吧服务工作的 3 个基本条件。

（七）其他类型的酒吧

有一些酒店还根据自己的特点设置各种酒吧及经营酒水的设施，如游泳池酒吧为游泳客人提供酒水服务，保龄球馆酒吧为打保龄球的客人提供酒水服务，客房小酒吧则是在酒店房间内的小酒柜和小冷藏箱里存放各种酒水和小食品，以方便客人随时取用。

近年来出现了和快餐结合在一起的酒吧。这种酒吧吧台内侧装有简单的烹调设备，如电磁炉、微波炉等，客人在饮酒的同时，可以点一些简单的快餐。

三、酒吧吧台机构设计

吧台是调酒师工作的空间。酒吧的硬件通常由吧台、操作台、酒柜、酒水冷藏柜、制冰机、碎冰机、搅拌机、咖啡机、洗杯机、消毒池、洗涤槽等设施构成。其中，吧台是酒吧的中心，也是调酒师工作的空间。一般酒吧的各种调酒设备和用具都安置在吧台或附近的区域，以便调酒师为客人提供高效的服务。

（一）吧台（Bar Counter）

吧台是客人饮用酒水的地方，通常位于酒吧的中心部位或正对门口。吧台由前吧、中心吧（操作台）、后吧（展示柜）组成。

1．前吧

每个酒吧前吧的长度、宽度、高度都会有所不同。通常前吧的高为 120 ～ 130 cm，最高不能超过 130 cm，宽为 70 ～ 75 cm。前吧多采用大理石或较容易擦拭且耐磨、不易腐蚀的材料制成。

为了方便服务客人，前吧一般有 3 种形式。

（1）直线形吧台

直线形吧台两端封闭，是立式酒吧中最常见的一种吧台设计形式。

（2）马蹄形吧台

马蹄形吧台又称 U 形吧台。马蹄形吧台的两端挨着酒吧一侧的墙壁，中间凸入酒吧室内，一般可安排 3 个或更多的操作点。马蹄形吧台中间可以设置一个岛形贮藏柜，用来存放酒水或其他日常用品。

（3）环形吧台

环形吧台又称中空的方位吧台，吧台中间一般设有一个"小岛"，供陈列酒水和储存物品用。

根据吧台的高度，吧凳高度一般为 90 ～ 100 cm，多为木质或金属材料制成。吧凳也可选用海绵材料，这样客人靠在椅背上会感到更加舒适。

2．中心吧（Making Table）

中心吧又称操作台，位于前吧的后下方。中心吧的高度通常根据前吧来定，原则上应比前吧低 40 ～ 50 cm，高为 70 ～ 90 cm，宽为 40 ～ 50 cm。中心吧主要摆放调酒用具，是调酒师制作鸡尾酒和果盘的地方。

3．后吧（Wine Board）

后吧即酒吧的展示柜。展示柜高度最高不能高过 180 cm，最下层不能低于 120 cm，这样才能方便调酒师取酒与摆放酒品。

展示柜上面几层大多摆放一些较名贵的酒品，以显示酒吧的档次和接待能力；下层则摆放较常见且用量大、使用频率高的酒品，以方便调酒师取用。

后吧与中心吧的距离应保持在 90 ～ 110 cm。如果酒吧较大、吧台较长、客人较多时，调酒师们需要经常在吧台内交差换位，这时宽度要适合两个人同时半侧身通过才行。如果酒吧安排有花式调酒表演，那么后吧与中心吧的距离还要更大一些，距离一般在 150 ～ 200 cm，这个距离才能满足花式调酒的需要。

（二）洗涤槽（Dishwasher）

洗涤槽是吧台必备设施。洗涤槽通常由 3 个水池组成：一个用于清洗杯具、用具；一个用于浸泡消毒杯具、用具；一个用于清洗其他物品。洗涤槽通常被安置在操作台的中心部位，这样无论调酒师从吧台哪个位置撤回用具，都能方便、快捷地对其进行冲洗。

（三）冷藏设备（Refrigerator）

因为大多数酒水都需要冷藏，而且冷藏后的酒水口感颇佳，所以冷藏设备是酒吧必不可少的一项设施。冷藏设备通常有卧式、立式两种，两种形式各有利弊。

完成任务

一、调酒师仪容仪表训练

（一）分组练习

每 5 人为一小组，按调酒师素质要求整理自己的仪容仪表。仔细观察每个人的动作及效果。

（二）讨论、对比

对每个人的表现进行组内分析讨论、组间对比互评，加深对调酒师整体仪容仪表要求的理解与掌握。

（三）综合评价

教师对各小组成员进行讲评。然后要求每个人找到自己的不足和差距，并按标准严格要求自己，使自己能够胜任调酒师的工作。

二、酒吧常用器具认知

图	名　称	用　途	清洁保养	其　他

图	名　称	用　途	清洁保养	其　他

能力拓展及评价

一、分组练习

每 6 人为一小组，给每人分配任务，然后按要求完成酒吧调研任务并完成调研报告。调研过程中发挥学生不同特点，培养学生团队合作能力及市场调研能力。

二、讨论、对比

对每个人的表现进行组内分析讨论、组间对比互评，学生之间互相指正、互相学习。

三、综合评价

教师对各小组的调研过程、报告、讲解进行讲评。然后把个人评价、小组评价、教师评价简要填入评价表中。

被考评人					
考评地点					
考评内容	酒吧调研能力				
考评标准	内　　容	分值 / 分	自我评价 / 分	小组评议 / 分	实际得分 / 分
	调研记录内容全面、准确性高	25			
	调查书面总结及时、认真	25			
	调查报告能体现出对酒吧共同性的认识，且具有合理性的见解	20			
	调查报告能体现出对酒吧不同性的认识，且具有合理性的见解	20			
	调查过程中表现良好，穿着、仪态、礼节合乎标准	10			
	合　　计	100			

课后任务

1. 通过市场调查，加深了解酒吧的类型、特点。
2. 熟悉酒吧常用设备及用具。
3. 掌握调酒师的素质要求。
4. 了解并宣传酒吧文化。

项目二
单饮类酒水调制与服务

 导言

　　酒水是酒吧的主要产品，调酒师要通过专业标准的技能为客人调制出成百上千种酒水，通过丰富的专业知识、规范的服务为客人提供高品质的服务，传播、发扬酒水文化。

学习目标

- 独立完成单饮类单份无酒精饮料服务
- 独立完成单饮类整瓶酒水服务
- 独立完成单饮类单份酒水服务

任务一 鲜榨果汁服务——单饮类单份（无酒精饮料）

任务描述

　　非酒精饮料是很多女士的最爱，调酒师要能独立完成以鲜榨果汁为代表的非酒精饮料制作与服务，并根据客人需求结合酒水特点，有针对性地进行促销。

情境引入

　　3位女士来到酒吧，因为一会要参加一个会议，所以想在这里喝一些无酒精的饮料。调酒师为她们推荐了3杯鲜榨果汁，下面请看调酒师是如何为客人推荐与提供服务的……

任务分析

　　要完成为客人服务单份无酒精饮料，应熟练掌握：
- 榨汁机的使用
- 鲜榨果汁的服务

　　要完成为客人推荐单份无酒精饮料，应熟练掌握：
- 无酒精饮料的概念
- 无酒精饮料的种类及特点
- 鲜榨果汁的营养价值

必备知识

一、榨汁机的使用

（一）榨汁机的使用方法和操作步骤

① 将中机架竖直对准主机，放下，装配到位。

② 将榨汁网底部对准电机轮按压下，两手用力要均匀，确认压到位，旋转几下看有无刮中机架（提起则为拆开）。

③ 装入顶盖并扣上安全扣（扣安全扣时请先将扣的上部扣上，再往下压，即可扣到位。拆时刚好相反，请先将扣的底部打开，即可打开安全扣）。

④ 试用一下榨汁机，看工作是否正常，如噪声或震动偏大，可重新安装，将榨汁网换个方位压入会有好的效果。

⑤ 拆卸机器清洗要注意由上至下拆，不可用力过猛。

（二）榨汁操作方法

① 先将蔬菜水果去皮去核，洗净备用，如果大小大于加料口的则切成小于加料口的大小。

② 将果汁杯放于出汁口，大集渣斗放于出渣口。

③ 开启机器，将水果蔬菜放入榨汁机，用推料杆压下，即可榨出新鲜美味的果汁。

二、常见鲜榨果汁的做法及功效

（一）芦笋果菜汁

材料：芦笋 80 g、荷兰芹 80 g、苹果 1 个、柠檬半个。

作法：

① 将芦笋与荷兰芹洗净，切成小段，加入少许冷开水放入榨汁机中榨成汁。

② 将苹果、柠檬去皮，切成小块放入如上的菜汁中一起打成果汁。

功效：这种饮料富含丰富维生素 B1、B2，能强化心脏功能。

（二）综合健康果菜汁

材料：苹果 1 个、青椒 80 g、苦瓜 110 g、荷兰芹 120 g、黄瓜 150 g。

作法：

① 将青椒、苦瓜、荷兰芹洗净，切成小块，加些冷开水一起放入榨汁机榨成汁。

② 将苹果、黄瓜洗净去皮，切成小块放入如上的菜汁中一起打成果菜汁。

功效：可增强抵抗力，降血压，整肠及减肥，美容养颜。

（三）柳橙牛乳汁

材料：柳橙半个、牛乳 140 ml、绿豌豆 60～70 g、蜂蜜适量。

作法：将柳橙切成小块，与牛乳、绿豌豆、蜂蜜一起放入榨汁机榨成汁即可。

功效：此果汁含丰富的维生素与钙质，是运动后的好饮料。

（四）西瓜汁

材料：西瓜 200 g、柠檬半个、蜂蜜适量、冰块适量。

作法：将西瓜去皮去籽后切成小块，将柠檬去皮后也切成小块，与蜂蜜和冰块一起放入榨汁机榨成西瓜汁。

功效：有消除浮肿、利尿等作用。也是炎夏消暑的好饮料。

（五）奇异果汁（奇异果即猕猴桃）

材料：奇异果 2 个、牛奶 200 ml、蜂蜜适量、冰块适量。

作法：奇异果削皮切成小块，与牛奶、蜂蜜及冰块一起放入榨汁机榨成汁即可。

功效：奇异果含大量的维生素 C，能消除疲劳，有利于消除食欲不振，适合高血压患者饮用。

（六）哈密瓜毛豆汁

材料：毛豆（煮熟后去壳）50 g、哈密瓜 200 g、柠檬半个、蜂蜜适量、冰块适量。

作法：将哈密瓜、柠檬切皮去籽后切成小块，与其他材料一起放入榨汁机榨成汁即可。

功效：此果汁含有维生素 C，是营养非常丰富的果汁。

（七）马铃薯苹果汁

材料：马铃薯（土豆）2 个、苹果 1 个、蜂蜜适量。

作法：将马铃薯和苹果洗净去皮切成小块，加些冷开水与蜂蜜放入榨汁机榨成汁即可。

功效：可预防高血压、中风、动脉硬化，可舒缓精神压力。

（八）奇异果水梨汁

材料：奇异果（猕猴桃）2 个、水梨 1 个、柠檬 1/4 个、冰块适量。

作法：将奇异果去皮切成小块，再将梨子去皮去核切成小块，与柠檬汁、冰块一起放入榨汁机榨成汁即可。

功效：含丰富维生素 C，有养颜，美容及利尿等作用。

（九）番茄小黄瓜汁

材料：番茄 1 个、小黄瓜 3 条、蜂蜜适量。

作法：

① 将小黄瓜洗净切成小块，加入少许冷开水，放入榨汁机榨成汁。

② 将番茄洗净切成小块，与蜂蜜一起放入如上的黄瓜汁中打成果汁。

功效：含维生素 A、B1、B2 及维生素 C，对身体虚肿有利尿作用，能净血，调节身体机能，是夏天美容保健圣品。

拓 展 知 识

一、鲜榨果汁的营养价值

鲜榨果汁营养的确不错。它进入人体消化系统后，会使血液呈碱性，把积存在细胞中的毒素（如铅、铝、汞等重金属）和自由基等排出体外，因此有解毒排毒、净化机体的作用。

此外，它还具有促进消化、增进食欲、美白肌肤、健美减肥的作用。对病人、老年人和婴幼儿来说，其胃肠功能较弱，胃肠蠕动缓慢，肠内乳酸菌较少，食物残留在胃肠中难以消化，通过喝鲜榨果汁来补充膳食中营养成分的不足是非常适合的。成年人如果不能保证合理膳食，喝些鲜榨果汁也可以适当补充一些营养；还有那些不爱喝白开水的人，味道香甜的鲜榨果汁能使他们的饮水量增加，特别在夏季保证了身体对水分的需要。

虽然喝鲜榨果汁时人体所获取的糖分、脂肪、微量元素等营养成分和食用新鲜的水果差不多，但其最大的不足在于，水果在鲜榨的过程中损失了很多人体必需的膳食纤维。以果胶为代表的水溶性纤维有预防和减少糖尿病、心血管病的保健功效，而不溶性纤维则更多地用于防止胃肠系统的病变，具有刺激肠道蠕动和促进排便的作用。此外，膳食纤维还可影响血糖水平，减少糖尿病患者对药物的依赖性，还有防止热量过剩，控制肥胖、预防胆结石、降血脂的功效。解决果汁中膳食纤维少的最好方法就是把榨汁后剩余的固体残渣一起吃掉，这样营养成分就不会有任何损失了。

另外，不要将水果榨汁后再加热，这样会使维生素受到不同程度的破坏。空腹不宜喝浓度较高的果汁，以免胃受到损伤。午餐和晚餐也不宜多喝，因为大量果汁会冲淡胃液浓度，果汁中的果酸还会与膳食中某些营养成分结合，影响这些营养成分的消化吸收。

二、优质鲜榨果汁的鉴别

（一）看颜色

真正的鲜榨果汁色泽自然，而勾兑的饮料则颜色鲜艳。如果用餐巾纸擦拭盛装果汁的器皿内壁，发现餐巾纸上留下的颜色鲜艳，而且长时间不退色，则十之八九是勾兑的产品。

（二）闻气味

真正的鲜榨果汁有自然的香味，而勾兑的产品往往含有丰富的香精，使得产品香气浓郁。

（三）尝口味

鲜榨果汁在品尝时甜味较淡，像木瓜这种本身含糖量不高的水果，制作成鲜榨果汁后基本上没有甜味，而勾兑的产品往往甜味十足。

另外，真正的鲜榨果汁通常粘稠度较高，而勾兑的产品往往更清澈、流动性好。

三、酒吧常见鲜榨果汁种类

酒吧中常见的鲜榨果汁有如下几种：

野性亚马逊（橙汁＋草莓＋香蕉＋瓜拉纳果汁）；

巴西红宝石（橙汁＋草莓＋西瓜＋瓜拉纳果汁）；

热带俱乐部（椰子＋芒果＋香蕉＋瓜拉纳果汁）；

巴纳海滩（鲜橙＋草莓＋奇异果＋瓜拉纳果汁）；

迷情桑巴（橙汁＋菠萝＋香蕉＋瓜拉纳果汁）；

日出（鲜橙＋胡萝卜＋哈密瓜＋瓜拉纳果汁）；

激情芒果（雪梨＋草莓＋芒果＋柠檬＋瓜拉纳果汁）；

雪白美肌（西瓜＋雪梨＋奇异果＋柠檬＋瓜拉纳果汁）；

西柚之美（西柚＋草莓＋苹果＋柠檬＋瓜拉纳果汁）；

仟秀美体（苹果＋草莓＋奇异果＋柠檬＋瓜拉纳果汁）；

青春洋溢（西瓜＋草莓＋香蕉＋柠檬＋瓜拉纳果汁）；

力量之源（椰汁＋西柚＋草莓＋柠檬＋瓜拉纳果汁）。

知识链接

一、软饮料

软饮料（Soft Drink）又称无酒精饮料，是指不含乙醇或酒精含量低于 0.5%（质量比）的天然或人工配制的饮料。软饮料也常称为清凉饮料、无醇饮料。所含酒精是指溶解香精、香料、色素等用的乙醇溶剂或乳酸饮料生产过程的副产物。软饮料的主要原料是饮用水或矿泉水、果汁、蔬菜汁或植物的根、茎、叶、花和果实的抽提液，有的含甜味剂、酸味剂、香精、香料、食用色素、乳化剂、起泡剂、稳定剂和防腐剂等食品添加剂，其基本化学成分是水分、碳水化合物和风味物质，有些软饮料还含维生素和矿物质。

根据 GB 10789—2007 及 GB/T 10792—2008 的规定，我国软饮料的分类按原料或产品性状分为乳酸饮料类、果汁（浆）及果汁饮料类、蔬菜汁及蔬菜汁饮料、含乳饮料类、植物蛋白质饮料、瓶装饮用水类、茶饮料类、固体饮料类、特殊饮料类和其他饮料类共 10 大类。世界各国家和地区通常采用这种分类方法，但在美国、英国等国家和地区，软饮料不包括果汁和蔬菜汁。

二、软饮料的种类

（一）果汁饮料类

果汁（浆）及果汁饮料（品）类是指用新鲜或冷藏水果为原料，经加工制成的制品。果汁（浆）及果汁饮料（品）类也可以细分为果汁、果浆、浓缩果浆、果肉饮料、果汁饮料、果粒果汁饮料、水果饮料浓浆、水果饮料8种类型，其大多采用打浆工艺，将水果或水果的可食部分加工制成未发酵但能发酵的浆液，或在浓缩果浆中加入果浆在浓缩时失去的天然水分等量的水，制成的具有原水果果肉的色泽、风味和可溶性固形物含量的制品。

各种不同水果的果汁含有不同的维生素等营养，而被视为是一种对健康有益的饮料，但其缺乏水果所有的纤维素和过高的糖分有时被视为其缺点。各种常见果汁如下：苹果汁、葡萄柚汁、奇异果汁、芒果汁、凤梨汁、西瓜汁、葡萄汁、蔓越莓汁、柳橙汁、椰子汁、柠檬汁、哈密瓜汁、草莓汁、木瓜汁。

1. 果汁

果汁是以水果为原料经过物理方法（如压榨、离心、萃取等）得到的汁液产品，一般是指纯果汁或100%果汁。果汁按形态分为澄清果汁和混浊果汁。澄清果汁澄清透明，如苹果汁等；而混浊果汁均匀混浊，如橙汁等。按果汁含量分为纯果汁和果汁饮料。

2. 浓缩果汁

浓缩果汁是在水果榨成原汁后再采用低温真空浓缩的方法，蒸发掉一部分水分做成的，在配制100%果汁时须在浓缩果汁原料中还原进去果汁在浓缩过程中失去的天然水分等量的水，制成具有原水果果肉的色泽、风味和可溶性固形物含量的制品。

3. 果肉果汁

果肉饮料又称"带果肉果汁"，是将果肉经打浆、粉碎后（呈微粒混悬液）再添加适量的糖、香料、酸味剂调剂而成的。一般要求其成品中原果浆含量在45%以上，果肉细粒含量在20%以上，并具有一定的稠度。"粒粒橙"即属此类饮料。

4. 发酵果汁

发酵果汁是指在果汁中加入酵母进行发酵，得到酒精含量5%左右的发酵液，再添加适量的柠檬酸、糖、水调制成的酒精含量低于0.5%的软饮料。这种饮料具有鲜果的香味，又略带醇香的味道，常加入碳酸气体，使口感爽适，如苹果汽酒等。

5. 天然果浆

果浆是指用新鲜水果的可实用部分打成的水果原浆，富含果肉、果纤维，最大程度的保证了水果的营养成分，保留了较多的水果纤维。水果纤维对人体有益，所以果浆饮料比果汁饮料更加营养健康。香瓜果浆、蜜桃果浆、红枣＋枸杞混合原浆等都是新品绿色饮品，起到保健作用，健康营养。

（二）蔬菜汁饮料

蔬菜汁饮料是指将一种或多种新鲜蔬菜汁或冷藏蔬菜汁发酵后，加入食盐或糖等配料，经脱气、均质及杀菌后所得到的饮品。鲜果、鲜菜汁常常能解除体内堆积的毒素和废物，因为鲜果汁或鲜菜汁进入人体消化系统后，会使血液呈碱性，把积存在细胞中的毒素溶解并排出体外。

（三）蛋白饮料类

蛋白质饮料是从蛋白质含量较高的植物果实、种子或核果类、坚果类的果仁等为原料，与水按一定比例磨浆去渣后调制所得的乳浊状液体制品。豆乳、椰奶、杏仁露等都属于蛋白质饮料。

（四）茶饮料类

茶饮料是指将茶叶用水浸泡后经抽提、过滤、澄清等工艺制成的茶汤，或在茶汤中加入水、糖、酸、香精、果汁或植（谷）物抽提液等调制加工而成的制品。它包括茶汤饮料、果汁茶饮料、果味茶饮料和其他茶饮料。

（五）咖啡饮料类

咖啡：以咖啡提取液或速溶咖啡粉为主要原料制成的液体饮料称为咖啡。

咖啡饮料：以咖啡提取液或速溶咖啡粉为原料制成的液体饮料称为咖啡饮料。

去咖啡因咖啡饮料：以去咖啡因的咖啡提取液或去咖啡因的速溶咖啡粉为原料制成的液体饮料称为去咖啡因咖啡饮料。

（六）固体饮料类

固体饮料是指以糖、食品添加剂、果汁或植物抽提物等为原料，加工制成的水分含量在5%以下，具有一定形状（粉末状、颗粒状、片状或块状），须经水冲溶后才可饮用的饮料。按原料组分不同，固体饮料可分为果香型、蛋白型和其他型。

（七）特殊用途饮料类

特殊用途饮料是指通过调整饮料中天然营养素的成分和含量比例，以适应某些特殊人群营养需要的制品。此类饮料基本上是以水为基础，添加氨基酸、牛磺酸、咖啡因、电解质、维生素等调制而成。它包括运动饮料、营养素饮料和其他特殊用途饮料。

（八）植物饮料类

① 食用菌饮料：在食用菌子实体的浸取液或浸取液制品中加入水、甜味料、酸味剂等调制而成的饮料制品，或在食用菌及其可食用培养基的发酵液中加入甜味料、酸味剂等调制而成的饮料。

② 藻类饮料：将海藻或人工繁殖的藻类经浸取、发酵或酶解后所制得的液体中加入水、甜味料、酸味剂等调制而成的饮料，如螺旋藻饮料等。

③ 蕨类饮料：用可食用的蕨类植物（如蕨的嫩叶）加工制成的饮料。

④ 可可饮料：以可可豆、可可粉为主要原料制成的饮料。

⑤ 谷物饮料：以谷物为主要原料调配制成的饮料。

⑥ 竹（树）木饮料：以竹（或树）木的汁液为主要原料调配制成的饮料。

⑦ 其他植物饮料：以符合国家相关规定的其他植物原料加工制成的饮料。

（九）风味饮料类

① 果味饮料：以甜味料、酸味剂、果汁、食用香精、茶或植物抽提液等全部或其中部分为原料调制而成的饮料，如橙味饮料、柠檬味饮料等。

② 乳味饮料：以甜味料、酸味剂、乳或乳制品、果汁、食用香精、茶或植物抽提液等全部或其中部分为原料调制而成的饮料。

③ 茶味饮料：以茶或茶香精为主要赋香成分，茶多酚达不到茶饮料类标准的饮料。

④ 咖啡味饮料：以咖啡、或咖啡香精为主要赋香成分，达不到咖啡饮料类标准的饮料。

三、茶

茶原为中国南方的嘉木，茶叶作为一种著名的保健饮品，是古代中国南方人民对中国饮食文化的贡献，也是中国人民对世界饮食文化的贡献。

茶类的划分可以有多种方法。根据制造方法不同和品质上的差异，可将茶叶分为绿茶、红茶、乌龙茶（即青茶）、白茶、黄茶和黑茶6大类。

（一）红茶

红茶创制时称为"乌茶"，英文为Black tea。红茶在加工过程中发生了以茶多酚酶促氧化为中心的化学反应，鲜叶中的化学成分变化较大，茶多酚减少90%以上，产生了茶黄素、茶红素等新成分。香气物质明显增加，所以红茶具有红茶、红汤、红叶和香甜味醇的特征。我国红茶品种以祁门红茶最为著名，祁门红茶为我国第二大茶类，出口量占我国茶叶总产量的50%左右，客户遍布60多个国家和地区。其中，销量最多的是埃及、苏丹、黎巴嫩、叙利亚、伊拉克、巴基斯坦、英国及爱尔兰、加拿大、智利、德国、荷兰及东欧各国。

（二）绿茶

绿茶是指采取茶树新叶，未经发酵，经杀青、揉捻、干燥等典型工艺制成的茶，其制成品的色泽和冲泡后的茶汤保存了较多鲜茶叶的绿色主调。绿茶味道清新鲜醇，清爽宜人。因工法不同，绿茶又可分为以锅炒而成的炒菁绿茶（如龙井、碧螺春）和以高温蒸汽蒸煮的蒸菁绿茶（如日本的煎茶、玉露），前者香气浓，后者新鲜有新绿感。

绿茶中较多地保留了鲜叶的天然物质。其中茶多酚和咖啡碱保留鲜叶的85%以上，叶绿素保留50%左右，维生素损失也较少，从而形成了绿茶"清汤绿叶，滋味收敛性强"的特点。科学研究表明，绿茶中保留的天然物质成分，对防衰老、防癌、抗癌、杀菌、消炎等均有一定效果。

（三）花茶

花茶又称香片，利用茶善于吸收异味的特点，将有香味的鲜花和新茶一起闷，茶将香味吸收后再把干花筛除，制成的花茶香味浓郁、茶汤色深，深受偏好重口味的中国北方人的喜爱。最普通的花茶是用茉莉花制的茉莉花茶，普通花茶都是用绿茶制作，也有用红茶制作的。花茶主要以绿茶、红茶或乌龙茶作为茶坯，配以能够吐香的鲜花作为原料，采用窨制工艺制作而成的茶叶。根据其所用的香花品种不同，花茶可分为茉莉花茶、玉兰花茶、桂花花茶、珠兰花茶等，其中以茉莉花茶产量最大。

（四）乌龙茶

乌龙茶又称青茶、半发酵茶，是中国几大茶类中独具鲜明特色的茶叶品类。乌龙茶是经过杀青、萎雕、摇青、半发酵、烘焙等工序后制出的品质优异的茶类。乌龙茶由宋代贡茶龙团、凤饼演变而来，创制于1725年（清雍正年间）前后。品尝后齿颊留香、回味甘鲜。乌龙茶的药理作用突出表现在分解脂肪、减肥健美等方面，在日本被称为"美容茶"、"健美茶"。乌龙茶为中国特有的茶类，主要产于福建的闽北、闽南及广东、台湾地区。近年来，四川、湖南等省也有少量生产。乌龙茶除了内销广东、福建等省外，主要出口日本、东南亚和港澳地区。

（五）紧压茶

紧压茶是指为了长途运输和长时间保存方便，将茶压缩干燥，压成方砖状或块状的茶叶。为了防止途中变质，紧压茶通常都采用红茶或黑茶制作。它是以黑毛茶、老青茶、做庄茶及其他适合的毛茶为原料，经过渥堆、蒸、压等典型工艺过程加工而成的砖形或其他形状的茶叶。紧压茶的多数品种比较粗老，干茶色泽黑褐，汤色橙黄或橙红，在少数民族地区非常流行。紧压茶有防潮性能好，便于运输和储藏，茶味醇厚，适合减肥等特点。

四、咖啡（Coffee）

"咖啡"（Coffee）一词源自埃塞俄比亚的一个名为卡法（Kaffa）的小镇，在希腊语中Kaweh的意思是"力量与热情"。茶叶与咖啡、可可并称为世界3大饮料。咖啡树是茜草科常绿小乔木，日常饮用的咖啡是用咖啡豆配合各种不同的烹煮器具制作出来的，而咖啡豆就是指咖啡树果实内的果仁，再用适当的烘焙方法烘焙而成。

（一）咖啡的起源

关于咖啡的起源有多种不同的传说。其中，最普遍且为大众所乐道的是牧羊人的故事。传说有一位牧羊人，在牧羊的时候，偶然发现他的羊蹦蹦跳跳手舞足蹈，仔细一看，原来羊是吃了一种红色的果子才导致举止滑稽怪异。他试着采了一些这种红果子回去熬煮，没想到满室芳香，熬成的汁液喝下以后更是精神振奋，神清气爽，从此，这种果实就被作为一种提神醒脑的饮料，且颇受好评。

（二）咖啡的分类

1. 咖啡按产地分类

（1）巴西（南美洲）	（2）哥伦比亚（南美洲）	（3）墨西哥（北美洲）
（4）危地马拉（中美洲）	（5）萨尔瓦多（中美洲）	（6）洪都拉斯（中美洲）
（7）哥斯达黎加（中美洲）	（8）古巴（西印度群岛）	（9）牙买加（西印度群岛）
（10）肯尼亚（非洲）	（11）埃塞俄比亚（非洲）	（12）也门（亚洲）
（13）印度尼西亚（东南亚）	（14）夏威夷（夏威夷群岛）	

2. 咖啡按品种分类

（1）麝香猫咖啡（Kopi Luwak）　（2）蓝山（Blue Mountain Coffee）　（3）摩卡（Mokha）

（4）苏门答腊曼特宁（Sumatran Mandheling）　（5）夏威夷科纳（Hawaii Kona）

（6）巴西咖啡（Brazilian Coffee）　（7）哥伦比亚特级（Colombian Superme San Agustin）

（8）肯尼亚 AA　　　　　　　　（9）埃塞俄比亚哈拉尔（Ethiopia Harar）

（10）危地马拉安提瓜（Guatemalan Antigua）

（11）波多黎各尧科特选（Puerto Rico Yauco Selecto）

（12）厄瓜多尔加拉帕戈斯（Ecuador Galapagos）

五、可可

可可豆又称"可可子"，是英文 Cacao 的译音。可可豆是梧桐科常绿乔木可可树长卵圆形坚果的扁平种子，含油 53%～58%。榨出的可可脂有独特香味及融化性能。可可果实呈椭圆形，长度不等，种子埋藏在胶质果肉中，通常为 30～40 粒，呈卵形或椭圆形，长为 1.8～2.6 cm，直径为 1～1.5 cm，每粒种子外面附有白色胶质，种子表面的胶质可以通过发酵除去。每粒种子或可可豆包括席卷的子叶和胚，外面有种皮包围。子叶颜色由白色到深紫色，不同品种的子叶颜色不同。

（一）可可的成分

可可豆（生豆）含水分 5.58%、脂肪 50.29%、氮物质 14.19%、可可碱 1.55%、其他非氮物质 13.91%、淀粉 8.77%、粗纤维 4.93%，其灰分中含有磷酸 40.4%、钾 31.28%、氧化镁 16.22%。可可豆中还含有咖啡因等神经中枢兴奋物质及丹宁，丹宁与巧克力的色、香、味有很大关系。可可脂的熔点接近人的体温，具有入口即化的特性，在室温下保持一定的硬度并具有独特的可可香味，有较高的营养价值，不易氧化，是制作巧克力的主要原料。

（二）可可的种类

1. 克里奥罗（Criollo）

克里奥罗（Criollo）是可可中的佳品，香味独特，但产量稀少，相当于咖啡豆中的阿拉比卡（Arabica）咖啡豆，仅占全球产量的 5%；主要生长在委内瑞拉、加勒比海、马达加斯加、爪哇等地。

2. 佛拉斯特罗（Forastero）

佛拉斯特罗（Forastero）是产量最高的可可，约占全球产量的 80%，气味辛辣、苦、酸，相当于咖啡豆中的罗拔斯塔（Robusta），主要用于生产普通的大众化巧克力；西非所产的可可豆就属于此种，在马来西亚、印尼、巴西等地也有大量种植。这种豆子需要剧烈的焙炒来弥补风味的不足，正是这个原因使大部分黑巧克力带有一种焦香味。

3. 特立尼达（Trinitario）

特立尼达是上述两种的杂交品种，因开发于特立尼达岛而得名，结合了前两种可可豆的优势，产量约占 15%，产地与克里奥罗相同，均被视为可可中的珍品。它常用于生产优质巧克力，因为只有这两种豆子才能提供优质巧克力的酸度、平衡度和复杂度。

非洲可可豆约占世界可可豆总产量的 65%，大部分被美国以期货的形式买断，但是非洲可可豆大部分是佛拉斯特罗，只能用于生产普通大众化的巧克力；而欧洲的优质巧克力生产商会选用优质可可种植园里面所产的最好的豆子，有的甚至还有自己的农场，如法国著名巧克力生产商 Valrhona。

六、矿泉水

水是人体液的主要成分，是人类机体新陈代谢的基础，是生命之源，所以科学饮水就显得格外重要。矿泉水以含有一定量的有益于人体健康的矿物质、微量元素或游离二氧化碳气体而区别于普通的地下水。而人类需要矿物质，但本身却不能制造矿物质，只有通过饮水、摄入食物来获得，以维持正常的生理功能。矿泉水由于没有受到外来人为的污染，不含热量且有益于人体健康，所以是人类理想的保健饮料。

国家标准中规定的九项界限指标包括锂、锶、锌、硒、溴化物、碘化物、偏硅酸、游离二氧化碳和溶解性总固体，矿泉水中必须有一项或一项以上达到界限指标的要求，其要求含量分别为（单位：mg/L）：锂、锌、碘化物均 ≥ 0.2，硒 ≥ 0.01，溴化物 ≥ 1.0，偏硅酸 ≥ 25，游离二氧化碳 ≥ 250 和溶解性总固体 ≥ 1 000。市场上大部分矿泉水属于锶（Sr）型和偏硅酸型。

（一）矿泉水的分类

1. 按矿泉水特征分类

达到国家标准的矿泉水主要分为以下 9 类：

偏硅酸矿泉水　锶矿泉水　锌（补锌产品、补锌资讯）矿泉水　锂矿泉水　硒矿泉水　溴矿泉水　碘矿泉水　碳酸矿泉水　盐类矿泉水

2. 按矿化度分类命名

矿化度是单位体积中所含离子、分子及化合物的总量。

矿化度 <500 mg/L 为低矿化度，在 500 ～ 1 500 mg/L 之间为中矿化度，矿化度 >1 500 mg/L 为高矿化度。

矿化度 <1 000 mg/L 的矿泉水为淡矿泉水，矿化度 >1 000 mg/L 的矿泉水为盐类矿泉水。

3. 按矿泉水的酸碱性分类

酸碱度称 PH 值，是水中氢离子浓度的负对数值，即 PH=-lg[H+]，是酸碱性的一种代表值。根据 GB/T 14157—1993 水文地质术语的定义，PH 的类型可分为以下 3 类。

PH 值	类　型
<6.5	酸性水
6.5 ～ 8.0	中性水
>8.0	碱性水

4. 按阴阳离子分类命名

按阴阳离子分类的命名是以阴离子为主分类，以阳离子划分亚类，阴阳离子毫克当量大于 25% 时才参与命名。

① 氯化物矿泉水，如氯化钠矿泉水、氯化镁矿泉水等。

② 重碳酸盐矿泉水，如重碳酸钙（补钙产品，补钙资讯）矿泉水、重碳酸钙镁矿泉水、重碳酸钙钠矿泉水、重碳酸纳矿泉水等。

③ 硫酸盐矿泉水，如硫酸镁矿泉水、硫酸钠矿泉水等。

（二）世界著名矿泉水

1. 阿波利纳斯（Apollinaris）

阿波利纳斯来自德国的拥有 150 年历史的著名矿泉水品牌。阿波利纳斯矿泉水含有天然的碳酸气体，具有较好的口感。

2. 依云（Evian）

依云又称埃维昂，产自于法国，为重碳酸钙镁型淡矿泉水。依云矿泉水以纯净、无泡、略带甜味而著称于世。

3. 佩里埃（Perrier）

佩里埃又称巴黎水，是法国出产的高度碳酸型矿泉水。它来源于 Gard Bouillens 喷出的"沸滚水"，装在当地朗格多克玻璃厂生产的著名的绿色瓶中，是世界最著名的矿泉水品牌之一。除直接饮用外，还适合与威士忌酒兑饮，甚至在法国的许多酒吧、俱乐部里将其作为苏打水来使用。

4. 维特尔（Vittel）

维特尔是产自于法国的无泡型矿泉水，略带咸味，是世界上公认的最佳天然矿泉水之一。它适合在就餐时饮用，冰镇则口感更佳。

5. 维希（Vichy-Cellestins）

维希是法国著名的重碳酸钙镁型淡矿泉水。维希矿泉水略带咸味，口感上佳，以其医药价值而闻名全球，是世界著名的瓶装矿泉水品牌。

6. 圣·佩里格林诺（San Pelle Grinq）

圣·佩里格林诺是产自于意大利的起泡型天然矿泉水。它富含矿物质，口感甘例而味美。

7. 卡瑞·克斯堡（Garci Crespo）

卡瑞·克斯堡是产自于墨西哥的天然矿泉水。它富含各种矿物质，碳酸气体含量较少，也无其他强烈的味道。

8. 崂山矿泉水

崂山矿泉水产自于中国青岛，是重碳酸钙型矿泉水。它含有极丰富的矿物质元素，口感清纯，质量及品牌居我国矿泉水之冠。

除上述介绍的几种矿泉水外，世界著名的矿泉水品牌还有德国的阿波里纳瑞斯和杰罗斯泰纳、俄罗斯北高加索的纳尔赞矿泉、法国的沃尔沃特和康翠克斯、美国的山谷和魅力、英国的占尔等。

完成任务

调制鲜榨果蔬汁——柳橙牛乳汁。

一、分组练习

每6人为一小组，角色扮演，情景练习。练习过程中仔细观察调酒师的推销技巧、知识掌握和调制手法。

二、讨论、对比

对每个人的表现进行组内分析讨论、组间对比互评，加深对整个对客服务步骤、方法及要求的理解与掌握。

软饮名称	榨汁工具	软饮饰品	材　料	作　法	功　效
柳橙牛乳汁	手动榨汁机	DIY软饮杯、吸管、柠檬片	柳橙半个、牛乳140 ml、绿豌豆60~70 g、蜂蜜适量	柳橙切小块，与牛乳、绿豌豆、蜂蜜一起打汁即可	此果汁含丰富的维生素与钙质，是运动后的好饮料

能力拓展及评价

一、分组练习

每6人为一小组，按照果汁调制要求进行练习。练习过程中仔细观察调酒师的推销技巧、知识掌握和调制手法。

二、讨论、对比

对每个人的表现进行组内分析讨论、组间对比互评，加深对整个对客服务步骤、方法及要求的理解与掌握。

三、综合评价

教师对各小组的制作过程、成品、软饮服务进行讲评。然后把个人评价、小组评价、教师评价简要填入评价表中。

（一）品饮评价

评价项目	评价内容	评价标准	个人评价	小组评价	教师评价
色	颜色	依据与标准成品颜色接近程度可分为A优B良C一般			
	浊度（澄清度）	依据与标准成品浊度接近程度可分为A优B良C一般			
	混合情况	依据与标准成品混合情况接近程度可分为A优B良C一般			

续表

评价项目	评价内容	评价标准	个人评价	小组评价	教师评价
香	香气种类	依香气丰富完美程度可分为 A 优 B 良 C 一般			
	香气和谐情况	依香气和谐精细情况可分为 A 优 B 良 C 一般			
	异杂气味	依异杂气味有或无（强或弱）可分为 A 无 B 弱 C 强			
味	酸	依口感舒适度可分为 A 优 B 良 C 一般			
	甜	依口感舒适度可分为 A 优 B 良 C 一般			
	苦	依口感舒适度可分为 A 优 B 良 C 一般			
味	辣	依口感舒适度可分为 A 优 B 良 C 一般			
	香	依口感舒适度可分为 A 优 B 良 C 一般			
	涩	依口感舒适度可分为 A 优 B 良 C 一般			
	咸	依口感舒适度可分为 A 优 B 良 C 一般			
	其他味	依口感舒适度可分为 A 优 B 良 C 一般			
器	榨汁机的使用	依榨汁机的使用程序与操作手法是否符合要求可分为 A 优 B 良 C 一般			
形	饮品形状	A 优 B 良 C 一般			
	饮品量	依据标准量要求可分为 A 优 B 良 C 一般			
整体评价			改进建议		

（二）能力评价

内　　　容		评　　　价	
学习目标	评价项目和要求	小组评价	教师评价
知识	掌握软饮料的概念及种类		
	掌握单饮类单份软饮操作要求、程序		
	掌握软饮料的适宜人群和营养价值		
	掌握对客服务要求及沟通技巧、促销知识		
专业能力	具备单饮类软饮调制与服务能力		
	榨汁机的使用能力		
	辨认与选择饮杯的能力		
	自制创意软饮的能力		
	现金结账的能力		
社会能力	组织能力		
	沟通能力		
	解决问题能力		
	自我管理能力		
	创新能力		
	敬业精神		
	服务意识		
态　度	爱岗敬业		
	态度认真		
整体评价		改进建议	

课后任务

1．巩固练习软饮料的单饮服务。

2．根据软饮料的种类及适宜人群有针对性进行推销。

3．自创几款软饮料。

任务二 啤酒服务——单饮类整瓶酒水服务

任务描述

啤酒是酒吧畅销的酒品，作为调酒师要能独立完成以啤酒为代表的整瓶酒水的推销及服务，流利回答客人有关发酵酒的相关知识并有效进行啤酒的促销。

情境引入

酒吧来了两位客人，分别为美国和德国客人。他们分别点了一瓶自己国家产的啤酒，下面就看调酒师是如何提供服务的……

任务分析

通过任务描述，调酒师要为两位客人提供准确、高效的啤酒服务，应熟练掌握：

• 熟悉啤酒的著名品牌、产地及特点

• 了解啤酒饮用温度等要求及使用杯具

• 能熟练提供啤酒服务

• 能够进行啤酒品鉴

要完成单饮类整瓶酒水服务，应熟练掌握：

• 单饮类整瓶酒水服务所需的用具

• 单饮类整瓶酒水服务规范

必备知识

一、著名啤酒的产地与品牌

（一）德国啤酒

德国有 1 500 多个啤酒厂，5 000 多个啤酒品牌。其代表品牌有：贝克啤酒（Beck's）、多特蒙德啤酒（Dortmund）、海宁格啤酒（Henninger）、比尔戈啤酒（Bilger）、戴伯啤酒（Dab）、爱德尔啤酒（Eder）、吉弗啤酒（Jever）、卢云堡啤酒（Lowenbrau）、慕尼黑啤酒（Munchen）。

（二）美国啤酒

美国啤酒的生产量和消费量在世界上都居于前列，有多个啤酒品牌行销世界，其中以百威啤酒的销路最好。其代表品牌有：蓝带啤酒（Blue Ribbon）、百威啤酒（Budweiser）、布什啤酒（Busch）、幸运啤酒（Lucky）、米勒啤酒（Miller）。

（三）英国和爱尔兰啤酒

20世纪60年代起，下发酵啤酒就已经风靡世界，但英国和爱尔兰却保持着自己传统的生产方法。英国以生啤和淡啤为主，大部分用上发酵方法生产，因此饮用时不需冷冻。生啤用桶装，酒精度为3.5º～4º，淡啤酒用瓶装。其代表品牌有：健力士（Guinness Stout）、姜汁啤酒（Ginger Ale）、爱尔牌淡啤酒（Pale Ale）。

（四）其他国家啤酒品牌

1. 丹麦啤酒

在丹麦，啤酒的生产最早起源于15世纪。其代表品牌有：嘉士伯（Carlsberg）、图波（Turbog）。

2. 荷兰啤酒

荷兰产啤酒也起源于15世纪。其代表品牌有：阿姆斯台尔（Amstel）、喜力（Heineken）。其中，喜力啤酒产量居世界第四位，占本国啤酒年产量的60%。

3. 比利时啤酒

比利时在1890年开始生产底部发酵啤酒。其代表品牌有：亚多瓦（Amstel）、皮爱伯夫（Piedboenf）。

4. 中国啤酒

中国啤酒的代表品牌是青岛啤酒。该酒采用大麦为原料，用自制酒花调香，并取崂山矿泉水两次糖化，低温发酵而成，酒精度为3.5º左右。

5. 新加坡啤酒

新加坡啤酒的代表品牌有：虎牌（Tiger）、锚牌（Anchor）。虎牌啤酒闻名于世，它是新加坡和荷兰喜力公司合资经营的，在马来西亚设有分厂。

6. 西班牙啤酒

西班牙啤酒的代表品牌是生力（Sanmiguel）。该酒原产于西班牙，后转菲律宾生产，由于菲律宾经常发生动乱，最后转至中国香港生产。

其他国家常见的啤酒品牌如下表所示。

国　　家	啤　酒　品　牌
澳大利亚	富仕达（Foster's Lager）
捷克	皮尔森（Pilsner）
法国	香比祖尔（Champigneulles）、克罗能堡（Kronenbourg）
意大利	德莱赫（Dreher）、弗斯特（Forst）
奥地利	哥瑟啤酒（Gosser Bier）、莫劳厄啤酒（Marauer Bier）
瑞士	红衣主教（Cardinal）、菲尔斯罗森（Feldschlosschen）
瑞典	斯凯尔（Skal）、三王冠（Three Crown）
墨西哥	科罗娜（Corona）
加拿大	摩尔森·加拿大人（Molson Canadian）
新西兰	世好啤酒（Stein Lager）
日本	朝日（Asahi）、麒麟（Kirin）、札幌（Sapporo）、三得利（Suntory）

二、以啤酒为代表的整瓶酒水服务

（一）用具准备

整瓶酒水服务时所用的用具有开瓶器、酒杯、杯垫。

（二）服务过程分析

在酒水服务中，整瓶供应的酒水与单份供应的酒水在服务方法上是有不同的。一般按杯买的酒水是在吧台上为客人斟倒入酒杯中，而整瓶供应的酒水多是把整瓶酒上到客人的酒吧桌上，然后开瓶并向客人提供斟酒服务的。

整瓶酒水的服务过程如下：

1. 服务前的准备工作

客人点了酒水之后，要立即为客人准备酒水，包括从酒架或储存柜中取出客人所点品牌的酒水：

① 由于啤酒有丰富的泡沫，所以在服务中要注意轻取缓放。

② 注意啤酒的最佳饮用温度。啤酒要冰镇后饮用，最佳饮用温度为 8 ～ 10℃。温度过低，啤酒会平淡无味、泡沫较少，甚至消失，而且会破坏啤酒的营养成分；温度过高，啤酒苦味会增强，产生过多的泡沫，尤其是鲜啤酒，而且会失去其特有的风味。

> **熟啤酒**
>
> 啤酒的最佳饮用温度是 8 ～ 10℃，这个温度下的酒液中含有的二氧化碳最为活跃，口感最好，温度过低的啤酒会变得淡而无味，泡沫不丰富，温度过高则会使酒变苦。

> **扎啤**
>
> 扎啤服务前通常在 3 ～ 5℃贮存，正常的饮用温度是 4 ～ 7℃，温度过高会产生过多的泡沫，苦味会加重，温度过低则会平淡无味，并失去泡沫。

③ 注意酒杯的选用。饮用啤酒应该用符合规格要求的啤酒杯。常用的啤酒杯有皮尔森杯、直身杯、带柄的扎啤杯，啤酒一般对酒杯的形状要求不高，但杯具容量不宜过小。杯具须保持清洁无油污，因为油脂能消蚀啤酒的泡沫、口感和味道。服务时，切勿用手指触及杯沿和内壁。

2. 展示酒水和开启酒瓶

整瓶供应的酒水要先向客人展示，目的是让客人对酒水进行确认，避免酒水品牌和容量等方面出现差错。展示后就可以为客人开启酒瓶了。

由于啤酒含有丰富的泡沫，压力很大，所以开启时要注意保持瓶身平稳，不要剧烈摇动酒瓶，剧烈晃动会使二氧化碳活动异常，增加压力，开启时二氧化碳气体会连酒液一起喷出。瓶口不能对着客人，以免溅洒到客人身上。要用干净的口布擦拭瓶身及瓶口。

3. 斟酒服务

斟酒时，应使泡沫缓慢上升，以免泡沫太多，如果泡沫过多，可分两次斟倒，或者将杯子稍倾，缓缓斟倒。倒至杯满，杯子上部带一层泡沫，高出杯沿 1 cm 左右，要控制好每杯扎啤的泡沫高度，扎啤中泡沫过少，客人会认为扎啤不新鲜或是扎啤本身的质量太差，泡沫过多则会认为是为了节省成本，标准的泡沫高度应在 2 ～ 3 cm。

注意斟酒顺序及位置

4. 侍酒服务

客人在饮酒过程中，需要有一些侍酒服务，如撤换烟灰缸、促销酒水等。注意不要向尚有喝剩啤酒的杯内倒入新开瓶的啤酒，这样会破坏新啤酒的味道，最好的办法是喝干后再倒。

5. 结账送客

（1）结账

当客人提出结账时，要迅速打出对账单。结账要快速准确，2 ～ 3 min 内完成。

（2）打印账单

把对账单放入账单夹中，用小圆托盘托送给客人。唱单时，要小声清楚地报出客人的账单金额。

（3）收款找零

① 等待客人确认后，做好收银，并向客人诚恳致谢。

② 所找零钱要用账单夹托送给客人。

③ 收取现金后，当客人面快速清点，并向客人唱出金额。

④ 注意预防假钞。

（4）送别客人

① 客人起身时拉椅协助，提醒客人带好随身物品。

② 真诚欢迎再次光临。

6. 结束工作

（1）调酒师的结束工作

调酒师的结束工作在酒水出品以后开始进行，主要是放回酒水、清洗工具、清理并清洁操作台等。清洗工具和酒水复位时，要轻拿轻放，避免易碎物品的损坏。

（2）服务员的结束工作

酒水服务员饿结束工作主要是收台、重新布置酒吧台面。服务员应使用托盘收取物品。

啤酒的储存：低温避光

储存中的啤酒不宜经受大幅度的温度变化，一般升降幅度不应超过 10℃，否则容易引起酵母的异常活动而产生异味，啤酒必须避光阳光直接照射，哪怕是轻微的照射，也会使酒花中的某些物质产生光合作用而造就一种"臭"味。

金属盖封瓶的啤酒应该直立存放，否则啤酒与瓶盖长期接触会使啤酒产生金属味，软木塞封装的啤酒必须倒放，保持瓶塞与酒液的接触并防止木塞干燥。

拓展知识

啤酒是以大麦麦芽为原料，辅以啤酒花，经酵母发酵而酿造的含二氧化碳、起泡、低酒精度的饮料酒。因其酒精含量很低，在西方一些国家，人们干脆直接把它作为一种饮料。"啤酒"的名称是由外文的谐音译过来的，如德国、荷兰称啤酒为 Bier；英国称啤酒为 Beer；法国称啤酒为 Biere；意大利称啤酒为 Birre；罗马尼亚称啤酒为 Berea 等。这些外文都含有 B，又由于具有一定的酒精，因而翻译成"啤酒"。

一、啤酒的起源与发展

国外学者认为啤酒的酿造始于公元前 8000 到公元前 6000 年，因为根据考古发现，古巴比伦国王有将啤酒作为献祭品的记载。很长一段时间内，啤酒都是在家庭作坊内手工酿制的，生产技术和酿造设备都很落后，生产的酒精都是浑浊的，制成的酒无法久藏。直到公元 8 世纪，德国人首创加入啤酒花来酿制啤酒，酒花给啤酒带来了清爽的苦味和芬芳的香味，并使得酒液变得澄清，这对世界啤酒酿造业是一个巨大的贡献。到了 16 世纪时，亚历山大·诺威（Alexander Nowell）博士把啤酒装入玻璃瓶中，并用软木塞封口，被誉为"瓶装啤酒之父"。1860 年，法国科学家路易斯·巴斯德（Louis Pasteur）研究出了"巴士灭菌法"，解决了酒液变质问题，使啤酒的保质期得以延长。新技术的不断应用使啤酒的工业化、科学化生产成为现实，经过漫长的历史积淀，啤酒形成了现在的美味口感，以及在全世界巨大的销量。

目前，啤酒是世界产量最多、分布最广的酒精饮料，有 150 多个国家和地区生产，世界啤酒年生产量已超过一亿吨。经粗算，世界上生产优级啤酒的牌子已达到 1 万种。主要生产大国以西欧和北美为主，其中啤酒产量最大的国家是德国，中国位居第二，而世界上啤酒产量最大的企业来自于美国——百威。

二、啤酒的生产工艺

（一）生产原料

1. 大麦（Malt）

大麦是啤酒的主要原料之一。在选麦的过程当中，要求大麦颗粒肥大、淀粉丰富、发芽力强，通常是选用二棱或六棱的大麦，且淀粉含量要在 60% 以上。

2. 啤酒花（Hops）

啤酒花又称蛇麻草，被誉为啤酒的灵魂，因为啤酒中的香味和口味均来自啤酒花。啤酒花本身含有丰富的苦味质、单宁及酒花油。其中，苦味质含量占到4%左右，形成酒液中清爽的淡苦味，它还可以防止啤酒中腐败菌的繁殖，杀死啤酒发酵中产生的乳酸菌和醋酸菌，以及增加啤酒泡沫的持久性；单宁含量占啤酒花的13%，它使麦汁中的蛋白质沉淀，起到净化的作用；酒花油是芳香油的混合物，在啤酒花中的含量只有0.3%～1%。

3. 酵母（Yeast）

酵母种类很多，啤酒发酵需要专用的啤酒酵母，啤酒酵母是一种单细胞细菌，它的作用是把麦芽糖转化成酒精、二氧化碳和其他副产品。酵母分为上发酵酵母和下发酵酵母（底部发酵酵母）两种。上发酵酵母应用于上发酵啤酒的发酵，发酵时产生的二氧化碳和泡沫将酵母漂浮于液面，适宜的发酵温度为10～25℃，发酵期为5～7天。下发酵酵母应用于下发酵啤酒的发酵，发酵时悬浮于发酵液中，发酵终结后凝聚沉于底部，适宜的发酵温度为5～10℃，发酵期为6～12天。这两种酵母没有优劣之分，被发酵的啤酒在口味、酒体和酒香上各有千秋。

4. 水

酿造师通常将水称为"酿造水"，水占到成品的90%～95%，影响着啤酒的口味和酿造过程。因此，啤酒酿造中对水的要求要比其他酒类酿造对水的要求高很多。水中六大主要的盐对啤酒的质量有不同的作用：碳酸氢盐的高低会影响麦芽汁的酸性；钠盐是赋予啤酒浓郁、厚泽的物质；氯化物能使麦芽挥发出甜度，提高口感和柔和度；硫酸盐影响着酒花的滋味；钙盐可以在啤酒酿造的沸腾阶段引起蛋白质沉淀；镁盐对啤酒酵母起着滋养作用。

（二）啤酒的生产过程

选麦 → 制浆 → 煮浆 → 冷却 → 发酵 → 陈酿
↓
包装上市 ← 杀菌 ← 过滤
↓
上市（生啤）

1. 选麦及发芽

按照一定的标准选择优质的大麦，并按颗粒大小分类清洗。然后将大麦浸泡3天，送发芽室发芽，经过严格的温度控制和湿度控制，便可生长出麦芽。到麦芽产生的淀粉酶达到要求的量，大约需要1周的时间。

2. 制浆

将麦芽风干之后碾碎，加入热水混合搅拌，制成酿酒师们所说的"麦芽浆"。

3. 煮浆

将麦芽浆经过滤设备过滤后流入酿造罐。然后在酿造罐中煮沸麦芽汁并添加啤酒花，通常要煮1.5～3小时。

4．冷却、发酵

冷却及发酵煮浆完成后，过滤掉啤酒花的沉淀物，用离心法分离掉沉淀的蛋白质，将麦芽浆冷却至发酵温度5℃，输送到初级发酵罐中，加入一定量新酵母，进行初步发酵，这个过程一般要持续5～10天。经过发酵后的浆液中，大部分的糖和酒精都被二氧化碳分解，得到生涩的啤酒。

5．陈酿

将生涩的啤酒送到调节罐中低温（0℃以下）陈酿两个月，啤酒会慢慢成熟，二氧化碳逐渐溶解成调和的味道和芳香，渣滓沉淀，酒液颜色开始变得透明起来。

6．过滤

成熟的啤酒经离心器去除杂质，酒色完全透明成琥珀色，这就是生啤酒。

7．杀菌

对酒液进行低温杀菌（即"巴氏消毒"），就是用60～65℃的热水对啤酒容器进行浸泡或喷淋20～60 min，使酵母停止作用，酒液便能耐久贮藏。

8．包装销售

装瓶或装桶后的啤酒经过检查，就可以贴上标签包装销售了。

三、啤酒的分类

（一）按生产工艺分类

1．生啤酒

生啤酒即人们称的鲜啤酒，是指不经过低温灭菌直接进入销售渠道的啤酒。这种啤酒味道鲜美，但容易变质，保质期为7天左右，因此这类啤酒一般当地销售。因生啤酒中仍有酵母菌生存，所以口味淡雅清爽、酒花香味浓，更利于开胃健脾。"扎啤"是这种啤酒的俗称，即高级桶装鲜啤酒。"扎啤"在生产线上采取全封闭式罐装，在售酒器售酒时冲入二氧化碳，保证了二氧化碳的含量及最佳制冷效果。这种啤酒的出现被认为是啤酒消费史上的一次革命。

2．熟啤酒

熟啤酒是指经过巴氏灭菌的啤酒，保存时间较长，可用于外地销售。对于保质期，我国规定普通11°P、12°P熟啤酒为60天，省优级以上的为120天。

（二）按颜色分类

1．淡色啤酒（Pale Beers）

淡色啤酒为啤酒产量最大的一种。淡色啤酒又分为淡黄色啤酒和金黄色啤酒。淡黄色啤酒口味淡爽，酒花香味突出。金黄色啤酒口味清爽而醇和，酒花香味也突出。

2．浓色啤酒（Brown Beers）

浓色啤酒色泽呈红棕色或红褐色。浓色啤酒麦芽香味突出、口味醇厚、酒花苦味较清。

3. 黑色啤酒（Dark Beers）

黑色啤酒色泽呈深红褐色乃至黑褐色，产量较低。黑色啤酒麦芽香味突出、口味浓醇、泡沫细腻，苦味根据产品类型而有较大差异。

啤酒的度数

很多人将12°的啤酒误认为含有12%的酒精浓度，其实啤酒的度数和白酒度数的含义是两码事，白酒的度数是其酒精含量。而啤酒的度数实际上指的是麦汁浓度，即12°的啤酒是用含糖量为12°的麦芽汁酿造成的啤酒。成品啤酒的含糖量大约在1.5%～2.5%之间，而啤酒的酒精含量多数在3.5%～4%之间。德国啤酒中酒精浓度则较高，大约在5%～9%之间，且苦味比较重。

（三）按麦汁浓度分类

1. 低浓度啤酒

原麦汁浓度6°P～8°P，酒精含量为2%左右。

2. 中浓度啤酒

原麦汁浓度10°P～12°P，酒精含量为3.5%～4.5%。

3. 高浓度啤酒

原麦汁浓度14°P～20°P，酒精含量为4.9%～5.6%。

干啤酒、低醇啤酒、无醇啤酒

干啤酒：酒中所含糖的浓度不同，普通的啤酒还会有一定的糖分残留，干啤酒使用特殊的酵母使剩余的糖继续发酵，把糖降到一定的浓度之下，适合怕发胖和有糖尿病的病人饮用。

低醇啤酒：低醇啤酒适合从事特殊工作的人饮用，如驾驶员、演员等，低醇啤酒属低度啤酒，含有多种微量元素，具有很高的营养成分。

无醇啤酒：低度啤酒，糖化麦芽汁的浓度和酒精度比低醇啤酒还要低，同低醇啤酒营养一样丰富。

（四）按发酵形式分类

1. 上发酵啤酒

在发酵过程中，采用上发酵酵母，因发酵过程中掺进了烧焦的麦芽，所以产出的啤酒色泽较深，酒精含量也相对较高（4.5%左右）。国际上采用此法生产的啤酒越来越少。其主要产地是英国及爱尔兰，其次是比利时、加拿大等国家和地区。上发酵方法有啤酒成熟快、生产周期短、设备周转快、酒品具有独特风格等优点，缺点是产品保存期短。国际著名的上发酵啤酒有以下几种类型：

（1）爱尔啤酒（Ale）

爱尔啤酒是英式上发酵啤酒的总称，其苦味相当突出。爱尔啤酒有浓色和淡色之分。浓色的爱尔啤酒颜色深黑、麦芽香浓、酒精含量为4%～5%，口感较甜润醇厚；淡色的爱尔啤酒颜色浅黄、苦味重，富有酒花香，酒精含量稍高（5% ～ 6%）。英国浓色爱尔啤酒是英国最畅销的爱尔啤酒，其色泽呈琥珀色，麦芽香味浓，口感甜而醇厚，爽口微酸。

（2）司陶特啤酒（Stout）

司陶特啤酒是一种颜色很深的上发酵啤酒，有黑啤酒和棕啤酒两种。使用焙烤麦芽或焙烤过度麦芽，啤酒花用量多，口味偏干，酒花香味极浓，苦味和甜味都较高。主要生产国是爱尔兰和英国。都伯林健力士（Guinness Brewery）公司生产的健力士司陶特（Guinness Stout）是世界上最受欢迎的黑啤酒，被称为"男子汉的饮料"，特点为色泽深褐，酒花苦味重，有明显的焦香麦芽味，口感丰满干醇，泡沫好。酒精度在 4° ～ 7°，夏天可加香槟饮用。

（3）波特啤酒（Porter）

波特啤酒与司陶特啤酒较相似，但口味浅淡很多，色泽也不如其深，是使用焙烤麦芽酿制的黑啤酒。此酒最大的特点是泡沫浓而稠，有奶脂感。现在生产的波特啤酒味道很甜。

2. 下发酵啤酒

下发酵啤酒在发酵过程中采用下发酵酵母。下发酵啤酒酒液澄清度好，呈金黄色，泡沫细腻，口味较重，有啤酒花香味，保存期较长，酒精含量在 4%。世界上大多数啤酒生产国采用此法生产。主要产地有日本、美国、德国。我国的啤酒均为下发酵啤酒。著名的下发酵啤酒有以下几种类型：

（1）拉戈啤酒啤酒（Lager）

所有下发酵啤酒都可称为拉戈啤酒。Lager 一词原意为陈酿，因为拉戈啤酒需贮存在冷冻酒窖中，以便缓慢老熟和澄清。优质拉戈啤酒需要在 0 ～ 2℃ 窖藏贮存 1 ～ 3 个月的时间，才能达到完全成熟。

（2）皮尔森啤酒（Pilsner 又称 Pilsen 或 Bohemian）

皮尔森啤酒原产于捷克斯洛伐克，它是一种下发酵的淡色啤酒，是世界上啤酒的主导产品，也是目前饮用人数最多的一种啤酒。目前我国绝大多数的啤酒为此种啤酒。皮尔森啤酒的特点为色泽浅、泡沫丰富、酒花香味浓、苦味重但不长、口味纯爽。酿造皮尔森啤酒的水极软，减少了谷皮风味物质的浸出，降低了糖化酶、淀粉酶活性。

（3）多特蒙德啤酒（Dortmunder）

多特蒙德啤酒是一种淡色的下发酵酒，颇具有代表性，原产于德国的多特蒙德，现在也以德国为最佳。这种啤酒颜色较浅、味干、苦味轻，酒度较高，用酒花较少，麦芽香味比酒花香味重。酿造水为地表水，硬度很高，使用这样的水，麦皮中的风味物质和酒花中的苦味物质浸出较多。

（4）博克啤酒（Bock）

博克啤酒是一种下发酵的烈性啤酒，棕红色，原产地为德国。此酒为高浓度啤酒，浓度为 16ºP。这种啤酒使用焦香麦芽和黑麦芽，发酵度极低，有醇厚的麦芽香气，口感柔和醇厚，泡沫持久。迈博克（May Bock）啤酒使用浅色麦芽，但因为原麦汁浓度高，颜色略深。双博克（Double Bock）啤酒的原麦汁浓度更高，可为 18ºP 或更高。

（5）贝克啤酒（Beck's）

贝克啤酒酒体较重，味道甜，生产季节性强，通常于每年 5 月至秋季生产，一旦生产便要立即消费，不能长久保存，它的酒度一般低于 6º。

（6）慕尼黑啤酒（Munich）

慕尼黑啤酒是一种下发酵的浓色啤酒，原产于德国的慕尼黑。其色泽较深，有浓郁的麦芽焦香味，口味浓醇而不甜，苦味较轻。德国中部慕尼黑地区所产的此酒质量最好。

> **啤酒的常识**
>
> 啤酒不宜和腌熏食品一起食用，容易诱发消化道疾病和肿瘤。

四、啤酒品质的鉴别

（一）一看

一看是指看啤酒的外观。首先是看酒体的色泽，优质生啤的外观色泽应呈淡黄绿色或淡黄色，普通浅色啤酒应该是淡黄色或金黄色，黑啤酒为红棕色或淡褐色。其次是看酒的透明度，可迎光检查，优质啤酒酒液应清亮透明，无悬浮物或沉淀物。最后看泡沫，啤酒注入无油腻的玻璃杯中时，二氧化碳气泡升起，泡沫应迅速出现，泡沫高度应占杯子 1/3，洁白细腻且持久，三落后杯壁仍然留有泡沫痕迹（即常说的"挂杯"）。优质啤酒的泡沫持久性应在 3 min 以上。当啤酒温度在 8 ～ 15℃ 时，泡沫不应在 5 min 内消失。

（二）二闻

二闻是指闻啤酒的香气。将啤酒倒入杯中之后，在酒杯上方，用鼻子轻轻吸气，优质啤酒应有明显的酒花香气，味道新鲜，而无老化气味及生酒花气味；黑啤酒还应有焦麦芽的香气。

（三）三尝

三尝是指品尝啤酒的味道。优质啤酒入口后口味纯正，没有酵母味或氧化味、酸味、涩味、铁腥味、焦糖味等怪味、杂味，口感清爽醇厚，苦味消失迅速，无明显涩味，有二氧化碳的刺激。

📂 知识链接

一、发酵酒

（一）发酵酒的概念

发酵酒又称酿造酒，是以水果或谷物为原料，在酵母的作用下，将含淀粉和糖质原料的物质进行发酵，产生酒精成分而形成酒。其生产过程包括糖化、发酵、过滤、杀菌等。

发酵酒酒精含量较低。常见的发酵酒有啤酒、葡萄酒、米酒、清酒等。

（二）发酵酒的分类

根据制酒原料不同，主要分为水果发酵酒和谷物发酵酒。

1. 水果发酵酒

水果发酵酒以葡萄酒为主，可将其分为原汁葡萄酒（Natural Wine）、气泡葡萄酒（Sparking Wine）、强化葡萄酒（Fortified Wine）、加香葡萄酒（Aromatized Wine）。

2. 谷物发酵酒

谷物发酵酒主要分为如下 3 类：啤酒（Beer）、黄酒（Chinese Rice Wine）、清酒（Sake）。

二、葡萄酒（Wine）

（一）萄酒分类

按葡萄酒的含糖量分类，可分为：

① 干型（Dry）：含糖量在 4 g/L 以下，不甜。

② 半干型（Medium Dry）：含糖量在 4 ～ 12 g/L 之间，微甜。

③ 半甜型（Medium Sweet）：含糖量在 12 ～ 45 g/L 之间，较甜。

④ 甜型（Sweet）：含糖量在 45 g/L 以上，甜。

按颜色分类，可分为红葡萄酒、白葡萄酒、桃红葡萄酒。

（二）葡萄酒的饮用及服务技巧

1. 葡萄酒饮用时的最佳温度

（1）红葡萄酒——室温，约 18℃

一般的红葡萄酒，应该在饮用前 1 ～ 2 小时先开瓶，让酒呼吸一下，名为"醒酒"。

（2）白葡萄酒——10 ～ 12℃ 之间

对于酒龄高于 5 年的白葡萄酒可以再低 1 ～ 2℃。因此，喝白葡萄酒前应该先把酒冰镇一下，一般在冰箱中要冰 2 小时左右。

（3）香槟酒（气泡葡萄酒）——8 ～ 10℃ 之间

喝香槟酒前应该先冰镇一下，一般至少冰 3 小时，因为香槟的酒瓶比普通酒瓶厚 2 倍。

2. 葡萄酒与酒杯的搭配

（1）红葡萄酒——郁金香形高脚杯、波尔多红酒杯与勃艮第红酒杯

郁金香形高脚杯：杯身容量大则葡萄酒可以自由呼吸，杯口略收窄则酒液晃动时不会溅出来且香味可以集中到杯口。持杯时，可以用拇指、食指和中指捏住杯颈，手不会碰到杯身，避免手的温度影响葡萄酒的最佳饮用温度。

（2）白葡萄酒——小号的郁金香形高脚杯

白葡萄酒饮用时温度要低。一旦将白葡萄酒从冷藏的酒瓶中倒入酒杯，其温度会迅速上升。为了保持低温，每次倒入杯中的酒要少，斟酒次数要多。

（3）香槟（气泡葡萄酒）——郁金香形香槟杯或浅碟形香槟杯

用杯身纤长的郁金香形香槟杯或浅碟形香槟杯饮用香槟，是为了让酒中金黄色的美丽气泡上升过程更长。从杯体下部升腾至杯顶的线条更长，让人欣赏和遐想。

3. 开瓶的工具及过程

（1）葡萄酒——螺旋开瓶器

（2）香槟酒

4. 饮用方法和过程

（1）看酒

（2）闻酒

（3）品酒

![完成任务]

一、啤酒著名品牌

序　号	品　牌	产　地	特　点	其　他
1				
2				
3				
4				
5				
6				

二、擦洗酒杯

操作步骤	具 体 方 法	注 意 事 项
（1）冲洗	用后的酒杯要在自来水上冲洗以清除杯中的剩余酒水和附着物	要轻拿轻放
（2）清洗和消毒	把酒杯倒扣入清洗机所配用的载物框中，然后把载物框推入清洗机中并开机自动清洗、高温消毒	注意在清洗机中加清洗剂
（3）擦拭	打开一块干净的餐巾，用其一角包捏杯脚，右手将另一对应角塞入杯内，并推实，旋转擦拭内壁。擦拭干净后再擦拭外壁，从上往下进行	在杯子温热时较易擦拭，待自动清洗结束，杯子略带温热时进行，以免烫手
（4）检查	擦拭完毕要检查杯子是否有剩余污渍、附着物、指纹。确认干净后放入柜中备用	对光检查最容易发现污渍；手持杯底，以免留下指纹

三、斟酒训练

操作程序	具 体 方 法	注 意 事 项
（1）持瓶手法	手持瓶的中下部	商标朝外，方便客人观察
（2）斟倒酒水	斟酒时瓶口距杯口 1～2 cm；酒瓶不与酒杯相碰	注意酒液流量及流速均匀；注意斟酒位置及顺序；斟倒时要求不挂杯、不靠杯；注意掌握不同酒水标准量
（3）收瓶	快结束时要收瓶，即手腕向外轻轻旋转，防止残留酒液流出、滴酒	收瓶动作要自然

能力拓展及评价

一、分组练习

每 5 人为一小组，按推销、准备、示酒开瓶、斟酒、侍酒、结账送客六个步骤给每人分配任务，然后按顺序完成调酒任务并提供对客服务。练习过程中仔细观察每个人的动作及服务效果。

二、讨论、对比

对每个人的表现进行组内分析讨论、组间对比互评，加深对整个对客服务步骤、方法及要求的理解与掌握。

三、综合评价

教师对各小组的制作过程、成品、酒水服务进行讲评，然后把个人评价、小组评价、教师评价简要填入评价表中。

（一）品饮评价

评价项目	评价内容	评价标准	个人评价	小组评价	教师评价
色	颜色	依据与标准成品颜色接近程度可分为A优B良C一般			
	浊度（澄清度）	依据与标准成品浊度接近程度可分为A优B良C一般			
	混合情况	依据与标准成品混合情况接近程度可分为A优B良C一般			
香	香气种类	依香气丰富完美程度可分为A优B良C一般			
	香气和谐情况	依香气和谐精细情况可分为A优B良C一般			
	异杂气味	依异杂气味有或无（强或弱）可分为A无B弱C强			
味	酸	依口感舒适度可分为A优B良C一般			
	甜	依口感舒适度可分为A优B良C一般			
	苦	依口感舒适度可分为A优B良C一般			
	辣	依口感舒适度可分为A优B良C一般			
	香	依口感舒适度可分为A优B良C一般			
	涩	依口感舒适度可分为A优B良C一般			
	咸	依口感舒适度可分为A优B良C一般			
	麻	依口感舒适度可分为A优B良C一般			
	其他味	依口感舒适度可分为A优B良C一般			
器	器形对酒的表达	依载杯是否能彰显酒的优良品质可分为A优B良C一般			
形	酒体形状	A优B良C一般			
	酒量	依据标准量要求可分为A优B良C一般			
整体评价			改进建议		

（二）能力评价

内 容		评 价	
学习目标	评价项目和要求	小组评价	教师评价
知 识	认识啤酒著名品牌及其产地等相关知识		
	掌握单饮类整瓶酒水操作要求、程序		
	掌握对客服务要求及沟通技巧、促销知识		
	掌握发酵酒相关知识		
专业能力	具备单饮类整瓶酒水服务能力		
	正确识别酒标的能力		
	辨认与选择酒杯的能力		
	擦洗酒杯的能力		
	现金结账的能力		
社会能力	组织能力		
	沟通能力		
	解决问题能力		
	自我管理能力		
	创新能力		
	敬业精神		
	服务意识		
态 度	爱岗敬业		
	态度认真		
整体评价		改进建议	

课后任务

1．巩固练习啤酒推销及服务。

2．啤酒品鉴要求。

3．葡萄酒服务程序。

4．整瓶酒水服务技巧。

任务三 白兰地单饮服务——单饮类单份酒水服务

任务描述

干邑白兰地是世界三大名酒之一，也是很多客人最喜爱的酒水之一。调酒师要能独立完成以白兰地为代表的单份酒精饮料服务，主动介绍白兰地的品牌、等级、产地及特点等知识，流利回答客人有关蒸馏的相关知识，有效进行白兰地的促销。

随着一支商务旅游团的到来，酒吧里一下子热闹起来。吧台和桌边坐满了客人，有人要喝白兰地，有人要喝威士忌，还有人要喝伏特加。调酒师整理了一份点酒单，其中要白兰地的人最多。下面请看调酒师是如何为客人制作单份纯饮白兰地酒与提供服务的 ……

任务分析

要完成单份白兰地的服务，应熟练掌握：

- 白兰地品牌
- 白兰地等级
- 白兰地单份酒水的服务

单饮酒水的调制关键在于 4 方面：

- 一是掌握每份酒的供应量
- 二是正确选择所用的杯具
- 三是注意酒的最佳的饮用温度
- 四是酒的调饮（加冰或柠檬）

必备知识

一、白兰地品牌、等级

（一）干邑白兰地

1. 干邑白兰地的著名品牌

（1）Camus 卡慕

卡慕又称金花干邑或甘武士，由法国 Camus 公司出品，该公司创立于 1863 年，是法国著名的干邑白兰地生产企业。Camus 所产的干邑白兰地均采用自家果园栽种的圣·迪米里翁（Saint emilion）优质葡萄作为原料加以酿制混合而成，等级品种分类除 V.S.O.P（陈酿）、Napoleon（拿破仑）和 X.O（特酿）外，还包括 Camus Napoleon Extra 卡慕特级拿破仑、Camus Silver Baccarat 卡慕嵌银百家乐水晶瓶干邑、Camus Limoges Book 卡慕瓷书（又分为 Blue book 蓝瓷书和 Burgundy Book 红瓷书两种）、Camus Limoges Drum 卡慕瓷鼓、Camus Baccarat Crystal Decanter 卡慕百家乐水晶瓶、Camus Josephine 约瑟芬及巴雷尔等多个系列品种。

（2）Courvoisier 拿破仑

Courvoisier 音译为"库瓦齐埃"，又称康福寿。库瓦齐埃公司创立于 1790 年，该公司在拿破

仑一世在位时，由于献上自己公司酿制的优质白兰地而受到赞赏。在拿破仑三世时，它被指定为
白兰地酒的承办商。它是法国著名干邑白兰地，等级
品种分类除三星、V.S.O.P（陈酿）、Napoleon（拿破仑）
和 X.O（特酿）外，还包括 Courvoisier Imperiale 库瓦
齐埃高级干邑白兰地、Courvoisier Napoleon Cognac 库
瓦齐埃拿破仑干邑、Courvoisier Extra 库瓦齐埃特级、
VOC 迪坎特和限量发售的耶尔迪等。

  1988 年起，该公司将法国绘画大师伊德的 7 幅作品分别投影在干邑白兰地酒瓶上。第一
幅是有关葡萄园的，名为葡萄树；第二幅名为丰收，以少女手持葡萄在祥和的阳光下祝福，
呈现一片富饶景象；第三幅名为精练，描述了蒸馏白兰地酒的过程；第四幅名为陈酿，以人
们凝视橡木桶的陈年白兰地酒为画面，表现拿破仑白兰地酒严格的熟化工艺；第五幅名为品
尝等。这 7 幅画是伊德出于对拿破仑白兰地酒的热爱而特别为拿破仑干邑白兰地酒设计的。

  （3）Hennessy 轩尼诗

  轩尼诗是由爱尔兰人 Richard Hennessy 轩尼诗·李察于 1765 年
创立的酿酒公司，是世界著名的干邑白兰地品牌之一。1860 年，
该公司首家以玻璃瓶为包装出口干邑白兰地，在拿破仑三世时，
该公司已经使用能够证明白兰地酒级别的星号。目前，"轩尼诗"
这个名字已经几乎成为白兰地酒的一个代名词。"轩尼诗"家族经
过六代的努力，其产品质量不断提高，产品生产量不断扩大，已

成为干邑地区最大的 3 家酿酒公司之一。名品有轩尼诗 V.S.O.P、拿破仑轩尼诗、轩尼诗 X.O、Richard
Hennessy 轩尼诗·李察及 Hennessy Paradis 轩尼诗杯莫停等。150 多年前，轩尼诗家族在科涅克地区首
先推出 X.O 干邑白兰地品牌，并于 1872 年运抵中国上海，从而开始了轩尼诗公司在亚洲的贸易。

  （4）Hine 御鹿

  御鹿以酿酒公司名命名。该公司创建于 1763 年。由于该酿酒公司一直由英国的海因家族
经营和管理，因此在 1962 年被英国伊丽莎白女王指定为英国王室酒类承办商。在该公司的产
品中，"古董"是圆润可口的陈酿；"珍品"是采用海因家族秘藏的古酒制成。

  （5）Larsen 拉森帆船

  拉森公司是由挪威籍的詹姆士·拉森于 1926 年创立。该品牌的干邑产品除一般玻璃瓶装
的拉森帆船 V.S.O.P（陈酿）、Napoleon（拿破仑）和 X.O（特酿）和 Extra 等多个类型外，还
有享誉全球的以维京帆船为包装造型的玻璃瓶和瓷瓶系列。拉森帆船干邑白兰地全部产品均
采用大、小香槟区所产原酒加以调和勾兑酿制而成，具有圆润可口的风味，为科涅克地区所
产干邑白兰地的上品。

  （6）Martell 马爹利

  马爹利以酿酒公司名命名，该公司由尚·马爹利于 1715 年创立。
自公司创建以来，一直由马爹利家族经营和管理，并获得"稀世
罕见的美酒"的美誉。该公司的"三星"使顾客领略到芬芳甘醇
的美酒及大众化的价格；V.S.O.P（陈酿）长时间以 Medaillon（奖章）
的别名问世，具有轻柔口感，是世界上酒迷喜爱的产品；Cordon

ruby（红带）是酿酒师们从酒库中挑选各种白兰地酒混合而成；Napoleon（拿破仑）被人们称为"拿破仑中的拿破仑"，是白兰地酒中的极品；Cordon Blue（蓝带）品味圆润、气味芳香。

（7）Remy Martin 人头马

人头马以酿酒公司名命名。它是以其酒标上人头马身的希腊神话人物造型为标志而得名的。该公司创建于 1724 年，是著名的具有悠久历史的酿酒公司，创始人是雷米·马丁。该公司选用大小香槟区的葡萄为原料，以传统的小蒸馏器进行蒸馏，品质优秀，因此被法国政府冠以特别荣誉名称 Fine Champagne Cognac（特优香槟区干邑）。该公司的拿破仑不是以白兰地酒的级别出现的，而是以商标出现，酒味刚强。Remy Martin Special（人头马卓越非凡）口感轻柔、口味丰富，采用 6 年以上的陈酒混合而成；Remy Martin Club（人头马俱乐部）有着淡雅和清香的味道，X.O（特别陈酿）具有浓郁芬芳的特点。另外还有干邑白兰地中高品质的代表"Louis XIII 路易十三"，该酒是用 275 年到 75 年前的存酒精酿而成。做一瓶酒要历经 3 代酿酒师。酒的原料采用法国最好的葡萄产区"大香槟区"最上等的葡萄；而"路易十三"的酒瓶，则是以纯手工制作的水晶瓶，据称"世界上绝对没有两只完全一样的路易十三酒瓶"。

（8）Otard 豪达

豪达是由英国流亡法国的约翰·安东尼瓦努·奥达尔家族酿制生产的著名法国干邑白兰地。品种有三星、V.S.O.P（陈酿）、Napoleon（拿破仑）和 X.O（特酿）、Otard France Cognac 豪达法兰西干邑、Otard Cognac Napoleon 豪达干邑拿破仑和马利亚居，以及 Otard 豪达干邑白兰地的极品法兰梭瓦一世·罗伊尔·巴斯特等多种类型。

（9）F.O.V. 长颈

长颈是由法国狄莫酒厂出产的著名干邑白兰地，凭着独特优良的酒质和其匠心独运的樽形，更成为人所共知的标记，因而得享"长颈"之名。长颈 F.O.V. 采用上佳葡萄酿制，清冽甘香，带有怡人的原野香草气息。

此外，还有 A·Hardy 阿迪、Alain Fougerat 阿兰·富热拉、A·Riffaud 安·利佛、A·E·Audry 奥德里、Charpentron 夏尔庞特隆（又称耶罗）、Chateau Montifaud 芒蒂佛城堡、Croizet 克鲁瓦泽、Deau 迪奥、Delamain 德拉曼（得万利）、Dompierre 杜皮埃尔、Duboigalant 多布瓦加兰、Exshaw 爱克萧、Gaston de Largrance 加斯顿·德·拉格朗热（醇金马）、Louis Royer 路易老爷、Maison Guerbe 郁金香、Meukow 缪克、Moyet 慕瓦耶、J·Normandin-Mercier 诺曼丁·梅西耶、Planat 普拉纳、P·Frapin 弗拉潘、Pierre Ferrand 皮埃尔·费朗等众多干邑品牌。

2. 干邑酒标上的贮存年限和等级的表示方法

白兰地酿造工艺精湛，特别讲究陈酿时间与勾兑的技艺，其中陈酿时间的长短更是衡量白兰地酒质优劣的重要标准。干邑地区各厂家贮藏在橡木桶中的白兰地，有的长达 40 ～ 70 年之久。调酒师们利用不同年限的酒，按各自世代相传的秘方进行精心调配勾兑，创造出各种不同品质、不同风格的干邑白兰地。

法国政府为了确保干邑白兰地的品质，对白兰地，特别是科涅克白兰地的等级有着严格的规定。该规定是以干邑白兰地原酒的酿藏年数来设定标准，并以此为干邑白兰地划分等级的依据。有关科涅克白兰地酒的法定标志及酿藏期规定具体如下：

E：代表 Especial——特别的；

F：代表 Fine——好；

V：代表 Very——很好；

O：代表 Old——老的；

S：代表 Superior——上好的；

P：代表 Pale——淡色而苍老；

X：代表 Extra——格外的。

（1）V.S（Very Superior）

V.S. 又称三星白兰地，属于普通型白兰地。法国政府规定，干邑地区生产的最年轻的白兰地只需要 18 个月的酒龄。但厂商为保证酒的质量，规定在橡木桶中必须酿藏 2 年半以上，甚至实际生产出来的干邑白兰地能达到 3~5 年的酒龄。

（2）V.S.O.P（Very Superior Old Pale）

V.S.O.P 属于中档干邑白兰地，享有这种标志的干邑至少需要 4 年半的酒龄。然而许多酿造厂商在装瓶勾兑时，为提高酒的品质，适当加入了一定成分的 10 ～ 15 年的陈酿干邑白兰地原酒。

（3）Luxury Cognac

Luxury Cognac 属于精品干邑，依据法国政府规定此类干邑白兰地原酒在橡木桶中必须酿藏六年半以上，法国干邑多数大作坊都生产质量卓越的白兰地，它们用非常远年（20~50 年，甚至更久远）的优质干邑白兰地勾兑而成。这些名品有其特别的名称，如 Napoleon（拿破仑）、Cordon Blue（蓝带）、X.O（Extra Old 特陈）、Extra（极品）等。不同的酒厂都有着不同的精湛技艺，把自己的产品发挥到极致。

（二）雅文邑的主要品牌

1. Chabot 夏博

夏博是产自阿尔玛涅克地区加斯科尼省的法国著名的阿尔玛涅克白兰地酒，目前在阿尔玛涅克白兰地当中，夏博（Chabot）的销售量始终居于首位。种类有 V.S.O.P（陈酿）、Napoleon（拿破仑）和 X.O（特酿）及 Chabot Blason D'or 夏博金色徽章和 Chabot Extra Old 特级夏博陈阿尔玛涅克。

2. Saint-Vivant 圣·毕旁

圣·毕旁以酿酒公司名命名，创建于 1947 年，生产规模排名在阿尔玛涅克地区的第四位。该公司的 V.S.O.P（陈酿）、Napoleon（拿破仑）和 X.O（特酿）等销往世界许多国家均受到好评。该酒酒瓶较为与众不同，其设计采用 16 世纪左右吹玻璃的独特造型而著名，瓶颈呈倾斜状，在各种酒瓶中显得非常特殊。

3. Sauval 索法尔

索法尔以酿酒公司名命名。该产品以著名白兰地酒生产区（泰那雷斯）生产的原酒制成，品质优秀，其中拿破仑级产品混合了 5 年以上的原酒，属于该公司的高级产品。

4. Caussade 库沙达

库沙达的商标全名为 Marquis de Caussade，因其酒瓶上会有蓝色蝴蝶图案，故又称蓝蝶阿尔玛涅克，该酒的分类等级除 V.S.O.P（陈酿）和 X.O（特酿）外，还以酒龄来划分，有 Caussade 12 年、Caussade 17 年、Caussade 21 年和 Caussade 30 年等多个品种。

5. Carbonel 卡尔波尼

卡尔波尼由位于阿尔玛涅克地区诺卡罗城的 CGA 公司出品，该公司创立于 1880 年，在 1884 年以瓶装酒的形式开始上市销售。一般的阿尔玛涅克只经过一次蒸馏出酒，而该酒则采取两次蒸馏，因此该酒的口味较为细腻、丰富。常见的级别类型有 Napoleon（拿破仑）和 X.O（特酿）等。

6. Castagnon 卡斯塔奴

卡斯塔奴又称骑士阿尔玛涅克，是卡尔波尼的姊妹品，也是由位于阿尔玛涅克地区诺卡罗城的 CGA 公司出品。Castagnon 卡斯塔奴采用阿尔玛涅克各地区的原酒混合配制而成。分为水晶瓶 X.O（特酿）、Castagnon Black Bottle 黑骑士、Castagnon White Bottle 白骑士等多种。

除此之外，雅文邑的主要品牌还有 Castelfort 卡斯蒂尔佛特、Sempe 尚佩、Marouis De Montesquiou 孟德斯鸠、De Malliac 迪·马利克、Francis Darroze 法兰西斯·达罗兹等。

二、白兰地的饮用方法和服务要求

载杯：白兰地杯或郁金香形酒杯。

用量：25 ml 或 1 oz。

餐前餐后都可饮用，可佐食中餐，普通级别的白兰地只有 3～4 年的酒龄，直接饮用难免有酒精的刺口辣喉感，可掺兑矿泉水或冰块。饮用高档白兰地需要纯饮，手掌托住酒杯，徐徐摇晃，用掌温加热，浅啜慢饮，体验白兰地不同的层次和口感。开瓶后将瓶盖塞紧，竖立存放，常温保存。

白兰地杯为杯口小、腹部宽大的矮脚酒杯。杯子实际容量虽然很大（240～300 ml），但倒入酒量（30 ml 左右）不宜过多，以杯子横放、酒在杯腹中不溢出为量。白兰地杯天生就有一种贵族的气息，专为盛装白兰地而设计，圆润的身材可以让百年琼浆的香味一丝一毫存留于杯中。饮用时常用手中指和无名指的指根夹住杯柄，让手温传入杯内使酒略暖，从而使酒香四溢。

三、白兰地服务

在提供服务时，由于客人坐在吧台边上，调酒师调好酒后直接给客人饮用，不再经过服务员的手。酒水调好后要为客人送上酒水，方法是取一个杯垫，放在客人面前的吧台上，然后拿起酒杯，放在杯垫上，并向客人面前轻推一下，表示可以饮用了，具体步骤下表所示。

1. 准 备 工 作		
操作程序	具 体 方 法	注 意 事 项
（1）准备器具用品、原料	• 器具用品：量酒杯、白兰地酒杯、托盘、杯垫 • 原料：白兰地酒	在有免费供应小食品的酒吧需要准备小碟或小盘
（2）检查酒水	• 单份供应的酒水可以用已经打开的酒，也可以用没有打开的新酒 • 检查白兰地酒主要是看酒的品牌、陈酿时间等信息是否是客人所要的酒水。酒标内容和名称具体如下： 1- 品牌名称；2- 产地；3- 年份；4- 家族名称；5- 酒精含量；6- 公司创建年份；7- 酒瓶容量	注意核对陈酿时间
（3）检查载杯	检查载杯上是否有污渍、水渍、指纹等	对光检查容易看清载杯上的污渍
（4）检查量酒杯	量酒杯有大小两个头，分别有 20 ml、30 ml、40 ml 等型号，容量刻在量酒杯外壁的上沿。本例选用 1 oz 的量酒杯	检查器具是否完好、清洁
（5）检查托盘和杯垫	• 使用小圆托盘 • 托盘要干净、无水渍 • 杯垫要干净、平整、无破损 • 干净的金属托盘能达到镜子的效果	• 使用金属托盘要洗净擦亮 • 杯垫要完整无破损
2. 开 启 酒 瓶		
操作程序	具 体 方 法	注 意 事 项
（1）擦拭酒瓶，除去灰尘	使用已开瓶的酒水直接进入第三步进行调制	动作要轻，防止瓶中酒水被过度摇动
（2）开启酒瓶	• 白兰地的酒瓶是用橡木塞密封的 • 开启时旋转瓶盖，拧断外封盖，继续旋转，旋转出密封的橡木塞 • 把橡木塞放过来放置在桌子上，并用一块干净的餐巾擦拭白兰地酒的瓶口	要防止橡木塞向下放在桌子上不卫生
（3）检查	斟倒杯中一小份，对光检查酒水颜色是否正常、有无杂质，并品尝此酒味道是否正常	多训练，了解了酒的性质后才能有更好的鉴别能力
3. 调 制 酒 水		
操作程序	具 体 方 法	注 意 事 项
（1）摆放酒杯	把所需数量的白兰地酒杯在操作台上横向摆成一排或两排，方便斟酒	每个酒杯之间要有 1 cm 的空隙，以防酒杯之间相互碰撞
（2）量取酒水	• 用量酒杯量取 1 oz 的白兰地酒 • 要注意酒瓶与量酒杯之间的距离和瓶塞的放置方法（橡木塞向上） • 量取后要随手给酒瓶盖上瓶塞，防止酒香外溢散失	注意避免量取时斟倒过满或不足，以平满为准
（3）斟倒酒水	用量酒杯量取 1 oz 白兰地，倒入准备好的白兰地杯中	• 量酒杯和白兰地酒杯之间要保持较近的距离 • 量酒杯与白兰地酒杯之间不可碰撞发出声响 • 斟倒酒水要缓慢，防止酒水洒落杯外
（4）连续斟酒	因为多位客人同时点了白兰地酒，所以依次给每位客人斟酒，方法同上	把白兰地酒杯摆成一横排，依次斟倒

续表

4.上酒服务		
操作程序	具 体 方 法	注 意 事 项
（1）检查酒水，核对台号	• 根据点酒单再次检查酒水数量等信息，如有差错重新斟酒 • 再次核对台号，确认客人德座位	对有换台、并台、分台等情况要随时记录在账单上，避免结账时出现差错
（2）托送酒水	• 用中等大小的圆托盘托送酒水（酒水数量较多时，一般每次可托送5杯左右） • 在托盘上放相应数量的杯垫，托送至客人的酒桌旁	注意托送酒水行走时，要头正、肩平、右臂下垂自然摆动
（3）上杯垫	• 服务员站在客人右侧，右腿在前，侧身而进，面带微笑，亲切礼貌地说："先生（女士）您好，您点的人头马白兰地 XO" • 用右手放杯垫在客人的桌上	• 用托盘托送酒水时，放入托盘中酒杯与酒杯之间的距离适当，防止太近酒杯相互碰撞发出声响 • 所用托盘为非防滑托盘时，要在托盘上铺放一块白布，洒上一些水，可以起到防滑作用 • 服务中若客人配合应说"谢谢"，对客人稍有打扰应说"打扰了"
（4）上酒水	• 放酒水于杯垫上，然后推送到客人正前方或右侧方便取用处 • 上酒后要问客人还有什么需要，当客人没有其他需要时，微笑着对客人说："请慢用"，然后离开 • 客人在吧台上就座时的上酒方法：在客人面前铺上一张带有店标的杯垫（店标朝客），将斟倒好的酒水平稳地放在杯垫上，微笑着对客人说："请慢用"	上酒顺序：先女士后男士
（5）记录账单	把客人的消费情况记录在收银机上，包括品名、数量等信息。在客人结账时可以打印出对账单供客人对账确认	酒吧提供的饮品很多，记录时要求准确，尤其是记录客人的座位，否则会全部出错

5.侍酒服务		
操作程序	具 体 方 法	注 意 事 项
（1）侍酒服务	在客人饮酒时，要注意观察客人的情况，当发现客人需求时，主动询问，并满足客人合理的需求	• 侍酒服务时，要求服务员要有良好的观察能力、分析能力、判断能力 • 仔细观察，及时了解客人需求 • 服务中加强服务区域的巡视
（2）添酒时机	客人杯中的酒水还有1/3时，询问客人是否再来一杯，或者为客人提供其他的酒水服务	• 按杯卖的酒水促销时机：杯中还有1/3酒水时 • 整瓶出售的酒水促销时机：瓶中还有一杯酒时
（3）撤换烟灰缸	撤掉烟灰缸时，以一换一或以二换一	动作要轻快，不能让烟灰掉落
（4）添加小食品	若客人的小食品不多时，要为客人添加小食品	利用工具盛小食品到小碟内，不可直接用手或小碟取食品

6.结账送客		
操作程序	具 体 方 法	注 意 事 项
（1）结账	当客人提出结账时，要迅速打出对账单	结账要快速准确，2～3 min内完成
（2）打印账单	把对账单放入账单夹中，用小圆托盘托送给客人	唱单时，要小声清楚地报出客人的账单金额
（3）收款找零	• 等待客人确认后，做好收银，并向客人诚恳致谢 • 所找零钱要用账单夹托送给客人	• 收取现金后，当客人面快速清点，并向客人唱出金额 • 注意预防假钞
（4）送别客人	• 客人起身时拉椅协助，提醒客人带好随身物品 • 真诚欢迎再次光临	注意客人物品，提醒客人带好自己的物品

续表

7.结束工作		
操作程序	具 体 方 法	注 意 事 项
（1）调酒师的结束工作	调酒师的结束工作在酒水出品以后开始进行，主要是放回酒水、清洗工具、清理并清洁操作台等	清洗工具和酒水复位时，要轻拿轻放，避免易碎物品的损坏
（2）服务员的结束工作	酒水服务员的结束工作主要是收台、重新布置酒吧台面	应使用托盘收取物品

 **拓 展 知 识**

白兰地本身具有高贵典雅的气质，饮用白兰地是身份和地位的象征。

一、白兰地的概述

白兰地（Brandy）是由荷兰文 Brandewijn 转变而成，法语称为 Beaux-de-vie（生命之水），泛指以水果为原料，经发酵、蒸馏制成的酒。

通常人们所称的白兰地专指以葡萄为原料，通过发酵再蒸馏制成的酒。而以其他水果为原料，通过同样的方法制成的酒，常在白兰地酒前面加上水果原料的名称以区别其种类，如樱桃白兰地（Cherry Brandy）、苹果白兰地（Apple Brandy）等。

"白兰地"一词属于术语，相当于中国的"烧酒"，白兰地在我国已有悠久的历史，著名的专门研究中国科学史的英国李约瑟（Joseph Needham）博士曾发表文章认为：白兰地当首创于中国。《本草纲目》也曾有记载："烧者取葡萄数十斤与大曲酿酢，入甑蒸之，以器承其滴露，古者西域造之，唐时破高昌，始得其法"。然而，直至中国第一个民族葡萄酒企业——张裕葡萄酿酒公司成立后，国内白兰地才真正得以发展。张弼士先生对中国的葡萄酒发展真可谓功不可没，单说一个地下大酒窖的建立，就可谓"气势磅礴"——酒窖低于海平面 1 m 多，深 7 m，稳稳地扎根于泛白的沙滩上近 100 年。酒窖于 1895 年开始修建，直至 1905 年，历时十年经 3 次改建而成，从此白兰地也如这酒窖一样稳稳地在中国扎下坚实的基础。

1915 年，国产张裕白兰地"可雅"在旧金山举行的"巴拿马万国博览会"（即世界博览会前身）上获金奖，我国有了自己品牌的优质白兰地，张裕白兰地也从此更名为金奖白兰地。

但白兰地毕竟为"洋酒"，要被国人接受认可，还需要长时间的渗入潜化，并且白兰地工艺复杂，酿制成本较高，因而价格也比白酒偏高，白兰地的生产规模一直不大。

20 世纪 80 年代后，改革开放使中国打开国门，"洋"字打头的观点、物品迅速被人们接受，进口白兰地迅猛地涌入国内市场，在冲击国内白兰地市场的同时，也使国内对白兰地的认识及国内白兰地生产得以发展，白兰地生产量在逐年扩大。

二、白兰地的起源和发展

白兰地起源于法国干邑镇（Cognac），干邑地区位于法国西南部，那里生产葡萄和葡萄酒。早在公元 12 世纪，干邑生产的葡萄酒就已经销往欧洲各国，外国商船也常来夏朗德省滨海口岸购买其葡萄酒。约在 16 世纪中期，为便于葡萄酒的出口，减少海运的船舱占用空间及大批出口所需缴纳的税金，同时也为避免因长途运输发生的葡萄酒变质现象，干邑镇的酒商把葡萄酒加以蒸馏浓缩后出口，然后输入国的厂家再按比例兑水稀释出售。这种把葡萄酒加以蒸馏后制成的酒即为早期的法国白兰地。当时，荷兰人称这种酒为 Brandewijn，意思是"燃烧的葡萄酒"（Burnt Wine）。

公元 17 世纪初，法国的其他地区已开始效仿干邑镇的办法去蒸馏葡萄酒，并由法国逐渐传播到整个欧洲的葡萄酒生产国家和世界各地。

公元 1701 年，法国卷入了"西班牙王位继承战争"，法国白兰地也遭到禁运。酒商们不得不将白兰地妥善储藏起来，以待时机。他们利用干邑镇盛产的橡木做成橡木桶，把白兰地贮藏在木桶中。1704 年战争结束,酒商们意外发现，本来无色的白兰地竟然变成了美丽的琥珀色，酒没有变质，而且香味更浓。于是从那时起，用橡木桶陈酿工艺就成为干邑白兰地的重要制作程序，这种制作程序也很快流传到世界各地。

公元 1887 年以后,法国改变了出口外销白兰地的包装，从单一的木桶装变成木桶装和瓶装。随着产品外包装地改进，干邑白兰地的身价也随之提高，销售量稳步上升。据统计，当时每年出口干邑白兰地的销售额已达三亿法郎。

三、白兰地的特点

白兰地酒精度在 40°～43°之间，虽属烈性酒，但由于经过长时间的陈酿，口感柔和，香味纯正，饮用后给人以高雅、舒畅的享受。白兰地呈美丽的琥珀色，富有吸引力，其悠久的历史也给它蒙上了一层神秘的色彩，具有优雅细致的葡萄果香、浓郁陈酿的橡木芳香及其他复合香味，口味甘洌，醇美无瑕，余香萦绕不散。

法国有句知名的谚语："男孩子喝红酒，男人喝波特酒，要想当英雄，就喝白兰地"。

四、白兰地的分类

（一）干邑（Cognac）

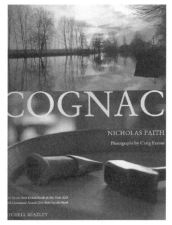

干邑，音译为"科涅克"，位于法国西南部，是波尔多北部夏朗德省境内的一个小镇。它是一座古镇，面积约 10 万公顷。科涅克地区土壤非常适宜葡萄的生长和成熟，但由于气候较冷，葡萄的糖度含量较低（一般只有 18%~19%），因此，其葡萄酒产品很难与南方的波尔多地区生产的葡萄酒相比。17 世纪随着蒸馏技术的引进，特别是 19 世纪在法国皇帝拿破仑的庇护下，科涅克地区一跃成为酿制葡萄蒸馏酒的著名产地。

公元 1909 年，法国政府颁布酒法明文规定，只有在夏朗德省境内，干邑镇周围的 36 个县市所生产的白兰地方可命名为干邑（Cognac），除此以外的任何地区不能用 Cognac 一词来命名，而只能用其他指定的名称命名。这一规定以法律条文的形式确立了"干邑"白兰地的生产地位。正如英语的一句话：All Cognac is brandy，but not all brandy is Cognac（所有的干邑都是白兰地，但并非所有的白兰地都是干邑）。这也就说明了干邑的权威性，干邑不愧为"白兰地之王"。

1938年，法国原产地名协会和科涅克同业管理局根据AOC法（法国原产地名称管制法）和科涅克地区内的土质及生产的白兰地的质量和特点，将Cognac分为6个酒区：Grande Champagne大香槟区；Petite Champagne小香槟区；Borderies波鲁特利区（边林区）；Fin Bois芳波亚区（优质林区）；Bon Bois邦波亚区（良质林区）；Bois Ordinaires波亚·奥地那瑞斯区（普通林区）。

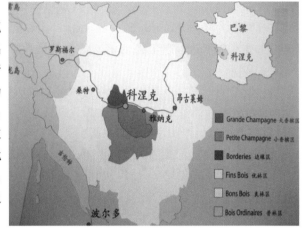

其中，大香槟区仅占总面积的3%，小香槟区约占6%，两个地区的葡萄产量非常少。根据法国政府规定只有用大、小香槟区的葡萄蒸馏而成的干邑，才可称为特优香槟干邑（Fine Champagne Cognac），而且大香槟区葡萄所占的比例必须在50%以上。如果采用干邑地区最精华的大香槟区所生产的干邑白兰地，可冠以显贵香槟干邑（Grande Champagne Cognac）的字样，这种白兰地均属于干邑的极品。

科涅克酿酒用的葡萄原料一般不使用酿制红葡萄酒的葡萄，而是选用具有强烈耐病性、成熟期长、酸度较高的圣·埃米利翁（Saint Emilion）、可伦巴尔（Colombar）、佛尔·布朗休（Folle Branehe）3个著名的白葡萄品种。这是因为酿制红葡萄酒的葡萄由于其果皮中含有大量的高级脂肪酸，所以蒸馏出来的白兰地酒中也就含有不少的脂肪酸，影响了酒的口味，消费者的评价普遍不高，因此，多数生产商不使用这些葡萄来酿造白兰地酒。

科涅克酒的特点：从口味上来讲科涅克白兰地酒具有柔和、芳醇的复合香味，口味精细讲究。酒体呈琥珀色，清亮透明，酒精度一般在43°左右。

（二）雅文邑（Armagnac）

我国南方，包括香港、台湾等地区的人们习惯上称白兰地为雅文邑（Armagnac），音译为"阿尔玛涅克"，是法国出产的白兰地酒中仅次于科涅克的白兰地酒产地。根据记载，法国阿尔玛涅克地区早在1411年就开始蒸馏白兰地酒，阿尔玛涅克位于法国加斯克涅地区（Gascony），在波尔多地区以南100英里处，根据法国政府颁布的原产地名称法的规定，除产自法国西南部的阿尔玛涅克（Armanac）、吉尔斯县（Gers）及兰德斯县、罗耶加伦等法定生产区域外，一律不得在商标上标注阿尔玛涅克的名称，而只能标注白兰地。

下面介绍雅文邑的生产工艺及特点。

阿尔玛涅克（雅文邑）在酿制时，也大多采用圣·迪米里翁（Saint Emilion）、佛尔·布朗休（Folle Branehe）等著名的葡萄品种。采用独特的半连续式蒸馏器蒸馏一次，蒸馏出的阿尔玛涅克白兰地酒像水一样清澈，并具有较高的酒精含量，同时含有挥发性物质，这些物质构成了阿尔玛涅克白兰地酒独特的口味。但是从1972年起，阿尔玛涅克白兰地酒的蒸馏技术开始引进二次蒸馏法的夏朗德式蒸馏器，使得阿尔玛涅克白兰地酒的酒质轻柔了许多。

阿尔玛涅克白兰地酒的酿藏采用的是当地卡斯可尼出产的黑橡木制作的橡木桶。酿藏期间一般将橡木酒桶堆放在阴冷黑暗的酒窖中，酿酒商根据市场销售的需要勾兑出各种等级的阿尔玛涅克白兰地酒。根据法国政府的规定，阿尔玛涅克白兰地酒至少要酿藏两年以上才可以冠以 V.O 和 V.S.O.P 的等级标志，Extar 表示酿藏 5 年，而 Napoleon 则表示酿藏了 6 年以上。一般上市销售的阿尔玛涅克白兰地酒的酒精度为 40° 左右。

同科涅克白兰地酒相比，阿尔玛涅克白兰地酒的香气较强，味道也比较新鲜有劲具有刚阳风格。其酒色大多呈琥珀色，色泽度深暗且带有光泽。

（三）法国白兰地（Franch Brandy）

除干邑和雅文邑外的任何法国葡萄蒸馏酒都统称为白兰地。这些白兰地酒在生产、酿藏过程中政府没有太多的硬性规定，一般不需经过太长时间的酿藏即可上市销售，其品牌种类较多，价格也比较低廉，质量较好，外包装也非常讲究，在世界市场上很有竞争力。Franch Brandy 法国白兰地在酒的商标上常标注 Napoleon（拿破仑）和 X.O（特酿）等来区别其级别。其中以标注 Napoleon（拿破仑）的最为广泛。

较好的品牌有：巴蒂尼（Bardinet），它是法国产销量最大的法国白兰地，同时也是世界各地免税商店销量最多的法国白兰地之一，其品牌创立于 1857 年。另外，还有喜都（Choteau）、克里耶尔（Courrier）等，以及在我国酒吧常见的富豪、大将军等法国白兰地。

（四）葡萄渣白兰地（Pomace Brandy）

Marc 在法语中是指渣滓的意思，所以很多人又把此类白兰地酒称为葡萄渣白兰地。它是将酿制红葡萄酒时经过发酵后过滤掉的酒精含量较高的葡萄果肉、果核、果皮残渣再度蒸馏所提炼出的含酒精成分的液体，再在橡木桶中酿藏生产而成蒸馏酒品。在法国许多著名的葡萄酒产地都有生产，其中以 Bourgogne 波艮地、Champagne 香槟、Alsace 阿尔萨斯等生产的较为著名。Bourgogne 波艮地是玛克白兰地的最著名产区，该地区所产玛克白兰地在橡木桶中要经过多年陈酿，最长的有 10 多年之久。Champagne 香槟地区与其相比就稍有逊色，而 Alsace 阿尔萨斯地区生产的玛克白兰地则不需要在橡木桶中陈酿，因此该酒具有强烈的香味和无色透明的特点，此外阿尔萨斯地区生产的玛克白兰地要放在冰箱中冰镇后才可饮用。

玛克白兰地著名的品牌：Domaine Pierre（Marc de Bourgogne）皮耶尔领地、Camus（Marc de Bourgogne）卡慕、Massenez 玛斯尼（阿尔萨斯玛克）、Dopff 德普（阿尔萨斯玛克）、Leon Beyer 雷翁·比尔（阿尔萨斯玛克）、Gilbert Miclo 吉尔贝特·米克（香槟玛克）等。

在意大利葡萄渣白兰地被称为 Grappa，它有千多个品牌，而且大部分酿制厂商都集中在意大利北部生产，采用单式蒸馏器进行蒸馏酿制。格拉帕分为普及品和高级品两种类型，普及品由于没有经过陈酿，色泽为无色透明状；高级品一般要经过一年以上橡木桶中陈酿，因此色泽略带黄色。

格拉帕著名的品牌有：Ania 安妮、Capezzana 卡佩扎纳、Barbaresco 巴巴斯哥、Nardini 纳尔迪尼、Reimandi 瑞曼迪等。

（五）水果白兰地（Fruit Brandy）

1. 苹果白兰地（Apple Brandy）

苹果白兰地是将苹果发酵后压榨出苹果汁，再加以蒸馏而酿制成的一种水果白兰地酒。它的主要产地在法国的北部和英国、美国等世界许多苹果的生产地。美国生产的苹果白兰地酒被成为"Apple Jack（苹果烧酒）"，需要在橡木桶中陈酿 5 年才能销售。加拿大生产的称为 Pomal，德国生产的称为 Apfelschnapps。而世界最为著名的苹果白兰地酒是法国诺曼底的卡尔瓦多斯（Calvados），它以产地命名。该酒色泽呈琥珀色，光泽明亮发黄，酒香清芬，果香浓郁，口味微甜，酒精度在 40°～ 50°。一般法国生产的苹果白兰地酒需要陈酿 10 年才能上市销售。

苹果白兰地的著名品牌：布鲁耶城堡（Chateau Du Breuil）、布拉德（Boulard）、杜彭特（Dupont）、罗杰·古鲁特（Roger Groult）等。

2. 樱桃白兰地（Kirschwasser）

樱桃白兰地使用的主原料是樱桃，酿制时必须将其果蒂去掉，将果实压榨后加水使其发酵，然后经过蒸馏、酿藏而成。它的主要产地在法国的阿尔沙斯（Alsace）、德国的斯瓦兹沃特（Schwarzwald）、瑞士和东欧等地区。

另外，在世界各地还有许多以其他水果为原料酿制而成的白兰地酒，只是在产量、销售量和名气上没有以上那些白兰地酒大而已，如李子白兰地酒（Plum Brandy）、苹果渣白兰地酒等。

（六）其他国家出产的白兰地

1. 美国白兰地（American Brandy）

美国白兰地以加利福尼亚州的白兰地为代表。大约 200 多年前，加州就开始蒸馏白兰地。到了 19 世纪中期，白兰地已成为加州政府葡萄酒工业的重要附属产品。主要品牌有：E&J、Christian Brothers 克利斯丁兄弟、Guild 吉尔德等。

2. 西班牙白兰地（Spanish Brandy）

西班牙白兰地主要被用来作为生产杜松子酒和香甜酒的原料。主要品牌有：Carlos 卡罗斯、Conde De Osborne 奥斯彭、Fundador 芬达多、Magno 玛格诺、Soberano 索博阿诺、Terry 特利等。

3. 意大利白兰地（Italian Brandy）

意大利是生产和消费大量白兰地的国家之一，同时也是出口白兰地最多的国家之一。主要品牌有：Buton 布顿、Stock 斯托克、Vecchia Romagna 维基亚·罗马尼亚等。

4. 德国白兰地（German Brandy）

莱茵河地区是德国地的生产中心，其著名的品牌有：Asbach 阿斯巴赫、Goethe 葛罗特和 Jacobi 贾克比等。

除以上生产白兰地的国家和地区外，葡萄牙的 Cumeada（康梅达）、希腊的 Metaxa（梅塔莎）、亚美尼亚的 Noyac（诺亚克）、南非的 Kwv、加拿大的 Ontario（安大略小木桶）、Guild（基尔德）等国家和地区也生产质量较好的白兰地。我国在 1915 年巴拿马万国博览会上获得金奖的张裕金奖白兰地也是比较好的白兰地品牌之一。

五、单饮酒水服务

（一）每份酒的供应量

对于单饮酒来说，因为是按份量供应的，掌握每份酒的供应量很重要，白兰地标准分量一般为 1 oz，为保证量得准确，要使用酒吧专用量酒器。

（二）量酒器、载杯

对于单饮酒来说，因为是按份量供应的，所以量酒杯和载杯是最重要的工具。

在酒水服务中，不同的酒水要用不同的酒杯。这是因为不同酒水的特点不同，只有用不同的酒杯才能更好地彰显出酒水的优良品质。有的酒是要在低温下饮用，所以酒杯的杯脚要高，这样可以避免手温影响酒的温度。白兰地酒是需要靠手的热度温热，以便有更多的酒香散发出来，所以白兰地酒杯的杯脚很矮。选择酒杯的原则是一定要彰显出酒的优良个性。

（三）酒水最佳饮用温度

不同酒水的最佳饮用温度是不同的。白葡萄酒、香槟酒、餐前酒、金酒、伏特加酒雪利酒、果汁、啤酒和软饮料都是在低温下饮用的；红葡萄酒、威士忌酒、餐前烈酒、餐后甜酒是在常温下饮用的；白兰地酒是在常温下用手温进一步捂热后饮用的。

不同酒水有着不同的加冰要求：直饮类不加冰，混合饮类加两块冰，加水饮用时不是加水而是加三块冰。这里的冰块指的是常用的方块冰。

六、橡木桶

橡木桶在酿造白兰地的过程当中起着非常重要的交换作用：白兰地当中辛辣的物质被橡木桶吸收，橡木桶会让本来没有颜色的酒液变成琥珀色且更加芳香醇厚，时间越长，酒液颜色越深。

最好的橡木产自干邑地区的利穆赞（Limousin）林茂山和托塞斯（Troncais），这使干邑白兰地的品质更胜一筹，采伐的橡木树砍成条后置于露天空地风干，两年后才能使用，且做桶时不用任何铁钉和胶水，也不能用锯子，每个酒桶的容量在 270 ～ 340 L 之间。

马爹利酒厂是唯一拥有酒桶学校的酒厂，培训优秀的制桶工人，负责制造和维修，每个酒桶均有制作木匠的签名确认。

白兰地在增陈过程中会蒸发一部分，仅干邑区内，一年蒸发掉的酒就有 2 000 万瓶，马爹利公司统计其一年蒸发掉的酒有 300 万瓶，业界人士称其为 "对天使的奉献" 或 "仙女飞升"。

知识链接

蒸馏酒是指把经过发酵的原酒经过一次或多次蒸馏提取的高度酒酒液。蒸馏酒与酿造酒相比，在制造工艺上多了一道蒸馏工序，关键设备是蒸馏器。故蒸馏器的发明是蒸馏酒起源的前提条件，但蒸馏器的出现并不是蒸馏酒起源的绝对条件。因为蒸馏器不仅可以用来蒸酒，也可用来蒸馏其他物质，如香料、水银等，最早的蒸馏技术应用在制作香水、炼金术等方面。

　　酒精的汽化点是 78.3℃，将酿酒的原料经过发酵后加温至 78.3℃，并保持这个温度就可以获得汽化酒精，再将汽化酒精输入管道冷却后，便是液体酒精。但是在加热过程中，原材料中的水分和其他物质也会掺杂在酒精中，因而形成质量不同的酒液。大多数的名酒都采用多次蒸馏法或取酒心法等不同的工艺来获取纯度高、杂质含量少的酒液。

　　关于蒸馏酒的起源，从古代起就有人关注过。历来众说纷纭。现代国内外学者对这个问题仍在进行资料收集及研究工作。随着考古资料的充实及对古代文献资料的查询，人们对蒸馏酒的起源的认识逐步深化。因为这不仅涉及酒的蒸馏，而且还涉及具有划时代意义的蒸馏器。

完成任务

一、白兰地酒标的准确辨别

图	品牌	产地	级别	瓶形	特点	其他

二、量酒杯的使用

操作程序	具 体 方 法	注 意 事 项
（1）量酒杯的选择	• 量酒杯：56 ml（2 oz）/28 ml（1 oz）；42 ml（1.5 oz）/28 ml（1 oz）；28 ml（1 oz）/14 ml（0.5 oz） • 另有 30 ml/20 ml 的量酒器	• 量取 1/4 oz 需要操作者进行训练后才能准确掌握 • 在训练中要注意量酒杯的形状和酒水位置的关系
（2）手持量酒杯的方法	手持量酒杯的方法正确	酒瓶盖与量酒杯要同时持在手中
（3）量取酒水	• 注意酒液流量均匀 • 酒瓶与量酒杯杯口距离适中 • 注意收酒时手腕向外旋转	注意工作中量取酒水时为节省时间，左手同时持有酒瓶盖和量酒杯
（4）斟倒酒水	• 注意酒液流量均匀 • 量酒杯与酒杯（或摇壶）距离适中 • 注意收酒时手腕向外旋转	在加完一种酒水后换加另外一种酒水的过程中，用过的酒瓶要盖上，新的酒瓶要打开，但为提高速度，量酒杯不离手
（5）存放量酒杯	• 用过的量酒杯要放在有水的杯中或其他容器中，可以溶解掉量酒杯上附着的酒水 • 在调酒过程中，量酒杯是一件最常用的工具。学生在学习中要严格按照量酒杯的使用程序使用，养成正确使用量酒杯的习惯	要将用过的一头放入水中

三、白兰地酒的正确服务

见必备知识中的"白兰地服务"内容，此处不再说明。

能力拓展及评价

一、分组练习

每 6 人为一小组，给每人分配任务，然后按顺序完成调酒任务并提供对客服务。练习过程中仔细观察每个人的动作及服务效果。

二、讨论、对比

对每个人的表现进行组内分析讨论、组间对比互评，加深对整个对客服务步骤、方法及要求的理解与掌握。

三、综合评价

教师对各小组的制作过程、成品、酒水服务进行讲评，然后把个人评价、小组评价、教师评价简要填入评价表中。

（一）品饮评价

评价项目	评价内容	评价标准	个人评价	小组评价	教师评价
色	颜色	依据与标准成品颜色接近程度可分为 A 优 B 良 C 一般			
	浊度（澄清度）	依据与标准成品浊度接近程度可分为 A 优 B 良 C 一般			
	混合情况	依据与标准成品混合情况接近程度可分为 A 优 B 良 C 一般			

评价项目	评价内容	评价标准	个人评价	小组评价	教师评价
香	香气种类	依香气丰富完美程度可分为 A 优 B 良 C 一般			
	香气和谐情况	依香气和谐精细情况可分为 A 优 B 良 C 一般			
	异杂气味	依异杂气味有或无（强或弱）可分为 A 无 B 弱 C 强			
味	酸	依口感舒适度可分为 A 优 B 良 C 一般			
	甜	依口感舒适度可分为 A 优 B 良 C 一般			
	苦	依口感舒适度可分为 A 优 B 良 C 一般			
	辣	依口感舒适度可分为 A 优 B 良 C 一般			
	香	依口感舒适度可分为 A 优 B 良 C 一般			
	涩	依口感舒适度可分为 A 优 B 良 C 一般			
	咸	依口感舒适度可分为 A 优 B 良 C 一般			
	麻	依口感舒适度可分为 A 优 B 良 C 一般			
	其他味	依口感舒适度可分为 A 优 B 良 C 一般			
器	器形对酒的表达	依载杯是否能彰显酒的优良品质分为 A 优 B 良 C 一般			
形	酒体形状	A 优 B 良 C 一般			
	酒量	依据标准量要求可分为 A 优 B 良 C 一般			
整体评价			改进建议		

（二）能力评价

内　　　　容		评　　　　价	
学习目标	评价项目和要求	小组评价	教师评价
知　识	认识白兰地著名品牌及其特点等相关知识		
	掌握单饮类单份酒水操作要求、程序		
	掌握对客服务要求及沟通技巧、促销知识		
	掌握蒸馏酒相关知识		
专业能力	具备单饮类酒水调制与服务能力		
	正确识别酒标的能力		
	辨认与选择酒杯的能力		
	擦洗酒杯的能力		
	现金结账的能力		
	正确使用量酒杯的能力		
社会能力	组织能力		
	沟通能力		
	解决问题能力		
	自我管理能力		
	创新能力		
	敬业精神		
	服务意识		
态　　　度	爱岗敬业		
	态度认真		
整体评价		改进建议	

课后任务

1．巩固练习葡萄酒、威士忌、伏特加等酒水的单饮服务。

2．"四大干邑白兰地"的具体内容。

3．樱桃白兰地（Kirschwasser）与樱桃白兰地（Charry Brandy）的区别。

4．收集以白兰地作为基酒调配的鸡尾酒配方。

鸡尾酒调制与服务

导言

鸡尾酒的历史并不久远，但因其种类众多、颜色缤纷、口感多变等特点，深受客人的青睐。再加上人们层出不穷的创意，使其成为世界流行的酒品。

学习目标

- 独立完成鸡尾酒调制与服务
- 鸡尾酒创新及推销能力
- 中英文对客服务能力

任务一 "血腥玛丽"的调制与服务——调和法（不滤冰）

任务描述

血腥玛丽是一款经典的鸡尾酒，其传奇故事更是深受客人喜爱。要能独立完成以血腥玛丽为代表的调和法（不滤冰）鸡尾酒调制及服务；能介绍血腥玛丽鸡尾酒故事、配方、鸡尾酒相关知识及伏特加的常识及服务；熟练运用调和法调制鸡尾酒；能完成其他知名鸡尾酒（螺丝刀、自由古巴等）的调制与服务。

> **情境引入**
>
> 血腥玛丽是一款经典的鸡尾酒，其传奇故事更是深受客人喜爱。此时，有一青年进入酒吧，刚坐定就说："一杯血腥玛丽"……
>
> **任务分析**
>
> 完成血腥玛丽的操作和服务，应熟练掌握：
> * "血腥玛丽"的配方
> * "血腥玛丽"鸡尾酒的特点
> * 正确规范的调和法鸡尾酒（不滤冰）调制及服务

必备知识

一、"血腥玛丽"的配方

配方：伏特加 30 ml、柠檬汁 15 ml、辣酱油 1 滴、黑胡椒粉适量、盐适量（盐和胡椒不可多加，否则影响口味）、番茄汁适量、柠檬片、芹菜棒。

作法：海波杯加 3 分满冰块，再加入伏特加 30 ml、柠檬汁 15 ml、辣酱油 1 滴、黑胡椒粉（适量）、盐（适量），再注入番茄汁至 8 分满，用吧叉匙轻搅几下，将柠檬片放于杯口，芹菜棒放于杯中装饰。

特点：血腥玛丽（BloodyMary）是一款世界流行鸡尾酒，甜、酸、苦、辣四味俱全，富有刺激性，夏季饮用可增进食欲。在美国禁酒法期间，血腥玛丽在地下酒吧非常流行，还被称为"喝不醉的番茄汁"。血腥玛丽是鸡尾酒中的一款低度酒，鲜红的颜色加上淡淡的咸味，让人感觉有一股血腥的味道。

二、认识载杯

载杯的选择：海波杯。

海波杯（Highball glass）又称高球杯，这种杯常用的容量是 8 oz，平底、直身、圆桶形，常用于盛放软饮料、果汁、鸡尾酒、矿泉水，是酒吧中使用频率高、必备的杯子。

三、装饰物的制作与搭配（芹菜、柠檬）

（一）芹菜棒

在高于液面 5 cm 处插入芹菜棒装饰，并代替搅拌棒。

芹菜棒的切法如下：

① 切掉芹菜根部带泥土部分。

② 测量酒杯的高度。

③ 切除过长不用的底部。

④ 粗大的芹菜棒可再切为两段或三段，叶子应保留。

⑤ 将芹菜浸泡于冰水中，以免变色、发黄或萎缩。

（二）柠檬片的制作

1. 柠檬切片

① 柠檬横放，由中心下刀从头到尾切成两半。

② 由横切面中间直划 1/2 深的刀缝。

③ 平面朝下，每隔适当距离切片。

④ 半月形的柠檬片可挂于杯边装饰。

2. 柠檬圆片的切法

① 柠檬放直，纵向下刀划约 1 cm 深。

② 横放后，每间隔适当距离横向下刀切成薄片。

③ 切好的圆片可挂于杯边装饰。

3. 柠檬角的切法

柠檬角的切法有 3 种：

第一种：柠檬横放，切去头、蒂，由中央横向下刀一切为二。切面果肉朝下，再切成所需等份或八等份。切成的柠檬角挤出果汁后放入饮料中（此种一般不挂杯边）。

第二种：柠檬横放，切去头、蒂，由中央横向下刀一切为二。由横切面以刀轻划入 1/2 深的刀缝，直切成八面新月形。横刀切成半月形的水果片（此种不宜挤汁，应挂杯装饰）。

第三种：柠檬横放，切去头、蒂，由中央横向下刀一切为二。果肉朝下，直刀切成两长条状（4 瓣）。横放后，再直刀每间隔适当距离下刀切成三角形状。

4. 长条柠檬皮的切法

① 柠檬横放，切去头、蒂。

② 用吧匙把果肉挖出。

③ 挖出果肉后，一刀将外皮切成两片。

④ 切时由果皮内部开始下刀，刀才不会打滑，也较省力。

四、调和法（不滤冰）鸡尾酒的调制方法及服务要求

调酒器具：冰桶、冰夹（冰铲）、调酒匙、量杯、鸡尾酒载杯、装饰物。

制作方法：

① 将冰块放入清洁的调酒杯中。

② 将烈酒、配酒、糖、果汁及香料等倒入有冰块的酒杯中。

③ 用调酒匙在调酒杯中，顺时针转 2 ~ 3 圈。

④ 加上装饰物。

在提供服务时，客人坐在吧台旁，调酒师调好酒后直接给客人饮用，不再经过服务员。酒水调好后，调酒师要为客人送上酒水，方法是先取一个杯垫，放在客人面前的吧台上，然后拿起酒杯，放在杯垫上，并向客人方向轻推一下，表示可以饮用了。如果客人的座位不在吧台附近，调酒师在调好鸡尾酒后，由酒吧服务人员将酒水送到客人面前。

拓展知识

一、伏特加的知名品牌

（一）俄罗斯伏特加

俄罗斯伏特加最初以大麦为原料，后来逐渐改用含淀粉的马铃薯和玉米，制造酒醪和蒸馏原酒并无特殊之处，只是过滤时将精馏而得的原酒注入白桦活性炭过滤槽中，经缓慢的过滤程序使精馏液与活性炭分子充分接触而净化，将所有原酒中所含的油类、酸类、醛类、酯类及其他微量元素除去，便得到非常纯净的伏特加。俄罗斯伏特加酒液透明，除酒香外，几乎没有其他香味，口味凶烈、劲大冲鼻，其名品有吉宝伏特加（Imperial Collection）、波士伏特加（Bolskaya）、苏联红牌（Stolichnaya）、苏联绿牌（Mosrovskaya）、柠檬那亚（Limonnaya）、斯大卡（Starka）、朱波罗夫卡（Zubrovka）、俄国卡亚（Kusskaya）、哥丽尔卡（Gorilka）、斯丹达（standard）、艾达龙（Etalon）等。

（二）芬兰伏特加（Finlandia）

芬兰伏特加选用纯正的冰川水及上等的大麦酿造，1970 年诞生于 Scandinavia，1971 年进入美国市场。由于它的品质纯净且独具天然的北欧风味及传统，因而树立了高级伏特加的品牌形象。在过去的 10 年，它的销量增长迅速，是全球免税店中最受欢迎的品牌之一。芬兰伏特加不仅酒瓶是一件取材于芬兰冰川冰柱形状的艺术品，其 60% 的主要成分——水，更是采用了经过 10 000 多年冰碛过滤，保留了冰河时期纯美形态的芬兰冰川水。天然本质绝非净化、过滤或其他技术所能赋予。此外，芬兰伏特加为确保清纯之水源源不绝，更将水源方圆 1 200 公顷都纳为保护区。清纯水源和生长在世上硕果仅存的洁净生态环境中的芬兰六棱大麦构成了酿造最优质伏特加的先决条件。一般谷物成分中都含有油，在酿制过程中残留的油味会令伏特加的美味受到影响。六棱大麦孕育在芬兰的质朴空气与净水中，加上芬兰气候寒冷，令土壤完全免受化学污染，因此六棱大麦含油极少，用于酿造丝毫无损伏特

加的天然口感，可谓融合天地精华的造物恩赐。芬兰的 Koskenkorva 小镇是芬兰伏特加的出产地，更是不可以小觑的世上最精良的酿酒厂之一。完善先进的酿酒技术将每一滴芬兰伏特加输送到一组 7 排、长达 81 英尺的多层蒸馏管，以 200 个精密程序纯正蒸馏，令酒质完美无瑕。而在整个酿酒过程中，酿造工人都坚守着环保原则，采用最低能源消耗的作业方式，有效利用每分能源，同时将资源循环再用。

（三）波兰维波罗瓦（Wyborowa）

维波罗瓦（Wyborowa）就是来自伏特加故乡波兰的顶级伏特加，维波罗瓦是世界上最古老的伏特加品牌之一，它源于伏特加的诞生地——波兰。1823 年，在获得世界上最著名的品酒比赛第一名后，这种由黑麦提取、口感润滑的伏特加被授予世界第一品牌——维波罗瓦，名副其实地代表了优美和高雅。

自 1823 年诞生以来，维波罗瓦以其清爽、纯正迅速在世界各地流行，成为波兰伏特加酒的旗帜。继原味和柠檬口味之后，2006 年 8 月，维波罗瓦和象征极致激情活力的玫瑰相遇，诞生了全新的维波罗瓦玫瑰口味伏特加。波兰民族热情、奔放、热爱生活，这恰恰与展现自我、享受生命、勇于挑战的 Hip-Hop 有着关联。 Hip-Hop 是一种热情的释放，正如波兰民族精神一样自由奔放，是一种极致的原创，正如维波罗瓦伏特加一样纯正清爽。传承波兰血统的维波罗瓦将自身与 Hip-Hop 文化联结在一起，成就了两者的不解渊源。在这款玫瑰口味伏特加的上市活动中，维波罗瓦继续与 Hip-Hop 的文化联结，两股力量再次聚合，带来前所未有的体验。

（四）法国灰雁伏特加（Grey Goose）

Grey Goose 法国灰雁伏特加是广受欢迎的奢华伏特加之一，它被创造的目标只有一个——成为世界上最佳口感的伏特加。它诞生于法国干邑区，这个被世界所公认的最会酿酒的地方。灰雁伏特加获益于这个地区丰富悠长的创造美食、佳酿的传统。酒窖级酿酒师担保了法国灰雁伏特加每一个元素的无可挑剔的高质量。它选用 100% 的法国特选小麦，通常用于制作美味的法式糕点，独一无二的一次五步蒸馏过程凸显了酒体的特殊风味，再加上由香槟区石灰岩自然过滤的纯净泉水。只有当酒体达到其最佳的口感时，酒窖级酿酒师才会感到满意。法国灰雁伏特加拥有饱满圆滑并带有微甜香气的口感，使人持久回味。

（五）绝对伏特加（Absolut Vodka）

绝对伏特加（Absolut Vodka）是世界知名的伏特加酒品牌，虽然伏特加酒起源于俄罗斯（还有一种说法是起源于波兰），但是绝对伏特加（Absolut Vodka）却产自一个人口仅有一万的瑞典南部小镇 Ahus。多年来，绝对伏特加不断采用富有创意、高雅、幽默的方式诠释该品牌的核心价值：纯净、简单、完美。

Absolut Vodka 在众多高档奢侈品牌（如 Tiffany 和 BMW）中脱颖而出，更重要的是它是烈酒种类中唯一获得如此殊荣的品牌。自 1999 年 Absolut Vodka 全新的营销活动展开以后，Absolut Vodka 已渗入多种视觉艺术领域，如时装、音乐、美术等。但无论在任何领域中，Absolut 都能凭借自己品牌的魅力吸引众多年轻、富裕而忠实的追随者。

Absolut Vodka 的名字不仅表现出其产品的绝对完美，也说明了其品牌的来历。1879 年，Lars Olsson Smith 利用一个全新的工艺方式酿制了一种全新的伏特加，称为"绝对纯净的伏特加酒（Absolut Rent Branvin）"，这一工艺被 Absolut Vodka 沿用至今，特选的冬小麦与纯净井水保证了 Absolut 伏特加的优等质量与独特的品味。

Absolut Vodka 于 1979 年首度引入美国市场，并在 26 个国家和地区销售，成为全世界第二大顶级伏特加酒品牌。自 1979 年推出以后，Absolut 在世界范围内创造了辉煌的销售业绩。从最初的 10 000 箱（90 000 L）到 2003 年的 8 100 000 箱（72 900 000 L）。如今每天有超过 500 000 瓶的 Absolut Vodka 在 Ahus 生产、出厂并运往世界各地。绝对伏特加由冬小麦制成，其坚实谷粒赋予了 Absolut Vodka 优质细滑的特征。每年大约有 80 000 t 的冬小麦被用于 Absolut Vodka 的生产。每生产 1 L 绝对伏特加，要用掉超过 1 kg 的冬小麦。伏特加酒诞生于公元 14 世纪的俄罗斯，酒精度一般在 40° ～ 55°，属于低度烈性酒，纯度极高，今已跻身世界十大名酒行列。俄罗斯人吃黑鱼子酱，喝伏特加酒，是极具民族风情的美食佳酿。所以在人们的印象中，只有俄制造的伏特加（Vodka）才是正宗的伏特加。前苏联解体后数日，Stolichnaya 伏特加迅速在报纸上刊登出全版广告，标题是："我们比以往更加以身为俄国为荣"。在美国市场上，甚至许多美国本地生产的伏特加也冠上俄国的名称。Stolichnaya 伏特加酒抓住这种"虚假"的表象，在美国市场上始终坚持它"俄国列宁格勒制造"的定位，从而牢固霸占了领导者的地位。

称为"伏特加酒之王"的 Lars Olsson Smith 在 19 世纪成功地将连续蒸馏法运用到绝对伏特加的酿制过程中。这种独特的蒸馏方法将伏特加酒连续蒸馏上百次，直到祛除酒里所有的杂质。

在获奖广告和一系列的市场活动中，绝对伏特加持之以恒、不断创新，向消费者传递着 Absolut 的核心价值。1999 年，绝对伏特加广告被《广告时代》列入世纪十佳广告的行列。

绝对伏特加采用连续蒸馏法酿造而成。这种方法是由"伏特加之王"Lars Olsson Smith 于 1879 年在瑞典首创的。酿造过程中用的水是深井中的纯净水。正是通过采用单一产地、当地原料来制造使绝对伏特加公司（V&S Absolut Spirits）可以完全控制生产的所有环节，从而确保每一滴酒都能达到绝对顶级的质量标准。所有口味的绝对伏特加都是由伏特加与纯天然的原料混合而成，绝不添加任何糖分。

如今，绝对伏特加家族拥有了同样优质的一系列产品，包括绝对伏特加 Absolut Vodka、绝对伏特加（辣椒味）Absolut Peppar、绝对伏特加（柠檬味）Absolut Citron、绝对伏特加（黑莓味）Absolut Kurant、绝对伏特加（柑橘味）Absolut Mandrin、绝对伏特加（香草味）Absolut Vanilia 及绝对伏特加（红莓味）Absolut Raspberry。1979 年推出的绝对伏特加（Absolut Vodka）口感丰厚，并富有谷物顺滑的特征。1986 年推出的绝对伏特加（辣椒味）Absolut Peppar 的口味混合着芬芳和些许辛辣，综合了辣椒中的辣的成分及特别的墨西哥辣椒的味道。1988 年推出的绝对伏特加（柠檬味）Absolut Citron 取材于橘类水果，其中以柠檬为主，加入其他的柑橘口味，使得 Absolut Citron 拥有了更加丰富的味道——独特的柠檬口味中夹杂着酸橙的丝丝甜意。1992 年推出的绝对伏特加（黑莓味）Absolut Kurant 原料为黑醋栗（葡萄家族的一种）。那是一种气味芬芳的深色浆果，在灌木丛中能长到 6 尺高。带有浓烈黑醋栗口味的 Absolut Kurant 的口感酸甜，清新爽口。1999 年推出的绝对伏特加（柑橘味）Absolut Mandrin 取料于柑橘类植物，为了使其口味更加丰满，其他橘子类的水果也被添加进来，口感丰富。2003 年推出的绝对伏特加（香草味）Absolut Vanilia 由天然的香草制成。为了获得丰富的香滑口味，取材时选用完整的香草。因此，Absolut Vanilia 的独特口味中还混合着奶油香果和黑巧克力的味道。2004 年推出的绝对伏特加（红莓味）Absolut Raspberry 选用新鲜多汁的覆盆子的成熟果实，富有浓郁、丰厚的野果口味。

二、伏特加的饮用方法和服务要求

伏特加既可以作佐食酒，又可以作餐后酒，既可净饮，又可加入冰块、水或果汁兑饮，或调制鸡尾酒。

用量：1 oz。

载杯：纯饮用烈性酒杯或利口杯；加冰用古典杯；调配鸡尾酒根据配方具体选择。

三、伏特加的起源及发展

（一）伏特加的起源

伏特加是俄国和波兰的国酒，也是北欧寒冷国家十分流行的烈性酒。

它是由水和经蒸馏净化的乙醇所合成的透明液体，很多时候会经多重蒸馏从而达到更纯、更美味的效果，市面上品质较好的伏特加一般都是经过三重蒸馏的。在蒸馏过程中除水和乙醇外，会加入马铃薯、菜糖浆、黑麦或小麦，如果是制作有味道的伏特加，还会加入适量的调味料。

"伏特加"是俄罗斯人对"水"的昵称，约 14 世纪开始成为俄罗斯传统饮用的蒸馏酒，但在波兰，也有更早便饮用伏特加的记录。

（二）伏特加的发展

传说克里姆林宫楚多夫（意为"奇迹"）修道院的修士用黑麦、小麦、山泉水酿造出一种"消毒液"，一个修士偷喝了"消毒液"，使之在俄国广为流传，成为伏特加，但 17 世纪教会宣布伏特加为恶魔的发明，毁掉了与之有关的文件。

1812 年，以俄国严冬为舞台，展开了一场俄法大战，战争以法军失败而告终。第一次世界大战，沙皇垄断伏特加专卖权，布尔什维克号召工人不买伏特加。帝俄时代的 1818 年，宝狮伏特加（Pierre Smirnoff Fils）酒厂在莫斯科建成。1917 年，十月革命后该酒厂仍是一个家族的企业。1930 年，伏特加酒的配方被带到美国，在美国也建起了宝狮酒厂，其产的酒酒精度很高，在最后过程中用一种特殊的木炭过滤。使得酒液纯净。因此，伏特加以纯净而著称。

四、伏特加的特点

伏特加酒以谷物或马铃薯为原料，经过蒸馏制成酒精度达 95° 的酒精液，然后用蒸馏水稀释至 40° ～ 60°，再使酒精液流经盛有大量木炭的容器，以吸附酒液中的杂质（每 10 L 蒸馏液用 1.5 kg 木炭连续过滤不得少于 8 小时，40 小时后至少要换掉 10% 的木炭），这种酒不用陈酿即可出售、饮用，也有少量的如香型伏特加在稀释后还要经串香程序，使其具有芳香味道。

品质最好的伏特加通常都经过多次蒸馏和过滤来去除酒中的杂质。这样才能留下平滑、清新的口感。一般来说，蒸馏和过滤的次数越多，就会获得越高的纯度。

经过活性炭过滤，酒质更加晶莹澄澈，无色且清淡爽口，使人感到不甜、不苦、不涩，只有烈焰般的刺激。伏特加酒独具一格，是没有经过任何人工添加、调香、调味的基酒。因为伏特加本身没有任何杂质和杂味，不会影响鸡尾酒的口感，所以在各种调制鸡尾酒的基酒中是最具有灵活性、适应性和变通性的一种酒，是世界各大鸡尾酒的必用基酒。

小麦伏特加的口感更加柔软、平滑；黑麦伏特加则更刺激一些，并伴有淡淡的香料味道；而马铃薯伏特加则有种奶油般的质感。

五、伏特加的分类

伏特加酒分为 3 类：一类是无色、无杂味的上等伏特加（Neutral Vodkas）；一类是绿色伏特加（Green Vodkas），其酒液中浸泡"水牛香茅草"，最典型的品牌是朱布瓦加（Zubrowka）；最后一类是加入各种香料的伏特加（Flavored Vodka）。

下面介绍几种较常见的加入香料的伏特加酒：

凯斯诺卡那亚（大蒜、胡椒、莳萝）、香橼柠檬：(柠檬、青柠、中国柑橘、柚子)、库拉干特（黑醋栗）、柠檬（新鲜的柠檬皮）、奥赫里尼（橙汁和果肉）等。

📁 知识链接

一、鸡尾酒的定义

鸡尾酒是由两种或两种以上的酒（以威士忌、朗姆酒等烈酒或发酵酒为基酒）加入各种配料（果汁、蛋、奶、糖等），使用摇荡或搅拌等方法，再加上装饰物，调配而成的具有一定营养价值和欣赏价值的酒。

二、鸡尾酒的起源

鸡尾酒是一种含酒的混合饮品，它的历史久远，人们在酿出美酒的同时，也想出多种享用方法：古埃及人将蜂蜜掺入啤酒中饮用；古罗马人将一些混合物掺到葡萄酒中饮用；古代中国人将酒用冰冷却后饮用；中世纪时，欧洲人将药草和葡萄酒放到锅里加热后饮用等。

三、鸡尾酒的发展

鸡尾酒自身的世界性传播可追溯到 100 多年前的美国，当时美国的制冰业正向工业化迈进，这无疑为鸡尾酒的迅速发展奠定了基础，使美国成为鸡尾酒最为盛行的一个国家，美国调酒师的技艺也是最为高超和美妙的。

最初的鸡尾酒饮料市场主要为男士们独享的辣味饮料，随着鸡尾酒的广泛饮用和进入各种社交场合，为满足那些不能承受酒精的饮用者，逐渐派生出适合女士饮用的甜味饮料。

二战结束后，出于政治军事目的，美国为欧亚的许多国家提供大量的经济和军事援助，因此鸡尾酒也迅速走向世界，美国式的消费方式引领世界潮流，鸡尾酒成为全世界风行的酒精饮料。

到了美国的禁酒年代（1920 年 1 月 17 日至 1933 年 12 月 5 日），美国的禁酒法造成名调酒师的外流，这些调酒师到了法国或英国后有了用武之地，也促成欧洲乃至世界鸡尾酒黄金时代的到来。此时，制作无酒精混合饮料的技术也迅猛发展，从而奠定了如今苏打类饮料的基础（当时被称为 Mocktails 或 Softails），其利用鸡尾酒的调制形式调制成无酒精饮料。

第一次有关鸡尾酒的文字记载是在 1806 年，美国的一本名为《平衡》的杂志中首次详细地解释了鸡尾酒的概念，鸡尾酒就是一种由几种烈酒混合而成，并加入糖、水、冰块或苦味酒的提神饮料。

1862 年，托马斯撰写的第一本关于鸡尾酒的专著出版了，书的名称是《如何调配饮料》。托马斯是鸡尾酒发展的关键人物之一，他遍访欧洲的大小城镇收集整理鸡尾酒的配方，并开始混合调配饮料。从那时起，鸡尾酒才开始进入酒吧，并逐渐成为流行的饮料。

四、鸡尾酒的特点

鸡尾酒的历史不过一个多世纪，风行世界各国也不过几十年的光景，一直以来，人们对于鸡尾酒的态度是褒贬不一：有人认为配制鸡尾酒是"酒盲"的行为，把好端端的极名贵的酒糟蹋得不成样子，多年精心酿制成的色、香、味、体全被破坏了，反对饮用混合酒；有人却认为饮用鸡尾酒美妙极了，开辟了酒的新的色、香、味的领域，还含有只能意会不能言传的意境，饮用鸡尾酒是一种艺术享受。总的来说，鸡尾酒以其特有的魅力赢得了人们的赞誉，各种配方层出不穷，成为宴席上不可缺少的饮料。

鸡尾酒非常讲究色、香、味、形的兼备，所以又称艺术酒。美国鸡尾酒鉴赏界的权威人物厄思勃里曾对鸡尾酒的酒性及特色做出这样全面深入的阐释："它（鸡尾酒）应该是增进食欲的滋润剂，而绝不能与之背道而驰；它必须既能刺激食欲，又能使人兴奋，否则就没有任何意义了；它必须有卓越的口味，如果太甜、太苦或太香都会掩盖品尝酒味的能力，降低酒的品质；它需要足够的冷却，所以用高脚酒杯，烫酒最不合适；调制时需要加冰，加冰量应严格按照配方控制，而且冰块也必须要达到要求的融化程度。

五、鸡尾酒的分类

鸡尾酒的发展速度极为惊人，目前世界上流行的配方就有 3 ～ 4 千种，种类各异，千变万化，因此鸡尾酒的分类方法有很多，下面具体介绍。

（一）按饮用时间和容量划分

1. 短饮类（Short Drinks）

短饮类鸡尾酒的基酒所占比例大，酒精含量高，酒精度在 28° 左右，需要在短时间内饮尽。通常使用调和法或摇和法来进行调制，载杯为典型的鸡尾酒杯，酒量约 60 ml，3 ～ 4 口喝完，不加冰，10 ～ 20 min 内不变味，其酒精浓度较高，适合餐前饮用。

2. 长饮类（Long Drinks）

长饮类鸡尾酒有基酒的所占比例小，酒精含量低，酒精度在 8° 左右，放 30 min 也不会影响其味道，加冰，适合餐时或餐后饮用。通常使用兑和法、摇和法、搅和法来进行调制，载杯为典型的平底高杯，也可以使用富有创意的独特酒杯。

（二）按饮用温度划分

1. 冷饮类（Cold Drinks）

冷饮类鸡尾酒是指温度控制在 5 ～ 6℃ 之间的鸡尾酒。

2. 热饮类（Hot Drinks）

热饮类鸡尾酒是指温度控制在 60 ～ 80℃ 之间的鸡尾酒，以 Hot Whisky Today 最具代表性。

（三）按味道划分

按照鸡尾酒的味道划分，可分为甘、辛、中甘、中辛、酸 5 种。

（四）按饮用时段划分

按照鸡尾酒的饮用时段划分，可分为：餐前、餐后、全天。

（五）按所用基酒分类

按照所用基酒分类，可分为以白兰地为基酒调制的鸡尾酒，以威士忌为基酒调制的鸡尾酒，以伏特加为基酒调制的鸡尾酒，以金酒为基酒调制的鸡尾酒，以朗姆酒为基酒调制的鸡尾酒和以特基拉为基酒调制的鸡尾酒。

（六）鸡尾酒综合分类法

综合分类法是目前世界上最流行的一种分类方法。它将上千种鸡尾酒按照调制后的成品特色和调制材料的构成等因素分成了 30 余类，主要介绍如下：

1. 霸克类（Bucks）

霸克类鸡尾酒以烈酒为基酒，加入姜汽水、冰块，采用兑和法调配而成，再饰以柠檬，常用 Highball 杯（即高杯）作为载杯。

2. 考伯乐类（Cobblers）

考伯乐类鸡尾酒是长饮类饮料，它用白兰地等烈性酒作为基酒，加入橙皮甜酒或糖浆，或摇或搅调制而成，再饰以水果，这类酒酒精含量较少，是公认的受人们喜爱的饮料，尤其是在酷热的天气中。

3. 柯林类（Collins）

柯林类鸡尾酒是一种酒精含量较低的长饮类饮料，通常以威士忌、金酒等烈性酒，加柠檬汁、糖浆或苏打水兑和而成。

4. 奶油类（Creams）

奶油类鸡尾酒是以烈性酒为基酒，加入一两种利口酒摇制而成，口味较甜，柔顺可口，餐后饮用效果颇佳，尤其深受女士们的青睐，如青草蜢、白兰地亚历山大等。

5. 杯饮类（Cups）

杯饮类鸡尾酒通常以白兰地等烈性酒为基酒，加入橙皮甜酒、水果等调制而成，但目前以葡萄酒为基酒调制已成为时尚，该类酒一般用高脚杯或大杯装载

6. 冷饮类（Coolers）

冷饮类鸡尾酒是一种清凉饮料，以烈酒为基酒，兑和姜汽水、苏打水、石榴糖浆等调制而成，与柯林类饮料同属一类，但通常有一条切成螺旋状的果皮做装饰。

7. 克拉斯特类（Crustar）

克拉斯特类鸡尾酒是用金酒、朗姆酒、白兰地等烈性酒为基酒，加入冰霜稀释而成，属于短饮类饮料。

8. 得其利类（Daiquiris）

得其利类鸡尾酒属于酸酒类饮料，它主要是以朗姆酒为基酒，加上柠檬汁和糖配制而成。调成的酒品非常清新，需要立即饮用。因为长时间放置会导致它们分层。

9. 黛西类（Daisy）

黛西类鸡尾酒是以金酒、威士忌、白兰地等烈性酒为基酒，加入糖浆、柠檬或苏打水等调制而成，属于酒精含量较高的短饮料鸡尾酒。

10. 蛋诺类（Eggnogs）

蛋诺酒类鸡尾酒是一种酒精含量较少的长饮类饮料，通常是以威士忌、朗姆酒等烈性酒为基酒，加入牛奶、鸡蛋、糖、豆蔻粉等调制而成，装入高杯或异形鸡尾酒杯内饮用。

11. 菲克斯类（Fixes）

菲克斯类鸡尾酒是一种以烈性酒为基酒，加入柠檬、糖和水等兑和而成的长饮类饮料，常以高杯作为载杯。

12. 菲斯类（Fizz）

菲斯类鸡尾酒是一种以金酒等烈性酒为基酒，加入蛋清、糖浆、苏打水等调配而成的长饮类饮料，因其最后兑入苏打水时有一种"嘶嘶"的声音而得名，如金菲士等。

13. 菲力普类（Flips）

菲力普类鸡尾酒通常以金酒、威士忌、白兰地、朗姆等烈性酒为基酒，加入糖浆、鸡蛋和豆蔻粉等调配而成，采用摇和的方法调制，以葡萄酒杯为载杯，如白兰地菲力普等。

14. 弗来培类（Frappes）

弗来培类鸡尾酒是一种以烈性酒为基酒，加入各类利口酒和碎冰调制而成的短饮类饮料，它也可以只用利口酒加碎冰调制，最常见的是以薄荷酒加碎冰。

15. 高杯类（Highball）

高杯类鸡尾酒是一种最为常见的混合饮料，它通常是以金酒、威士忌、伏特加、朗姆酒等烈性酒为基酒，加入苏打水、汤尼克水或姜汽水兑和而成，并用高杯作为载杯，因而得名，这是一类很受欢迎的清凉饮料。

16. 热托地类（Hot Toddy）

热托地类鸡尾酒是一种热饮，它是以白兰地、朗姆酒等烈性酒为基酒，兑以糖浆和开水，并缀以丁香、柠檬皮等材料制成，适宜冬季饮用。

17. 热饮类（Hot Drinks）

热饮类鸡尾酒与热托地类鸡尾酒相同，同属于热饮类鸡尾酒，通常以烈性酒为基酒，以鸡蛋、糖、热牛奶等辅料调制而成，并采用带把杯为载杯，具有暖胃、滋养等功效。

18. 朱力普类（Juleps）

朱力普类鸡尾酒俗称薄荷酒，常以白兰地、朗姆等烈性酒为基酒，加入刨冰、水、糖粉、薄荷叶等材料制成，并用糖圈杯口装饰。

19. 马提尼类（Martini）

马提尼类鸡尾酒是用金酒和味美思等材料调制而成的短饮类鸡尾酒，也是当今最流行的传统鸡尾酒之一，它分甜型、干型和中性3种，其中以干型马提尼最为流行，由金酒加干味美思调制而成，并用柠檬皮装饰，酒液芳香，深受饮酒者喜爱。

20. 曼哈顿类（Manhattan）

曼哈顿类鸡尾酒与马提尼同属短饮类鸡尾酒，是由黑麦威士忌加味美思调配而成，以甜曼哈顿最为著名，其名来自于美国纽约哈德逊河口的曼哈顿岛，其配方经过多次的变化演变至今，已趋于简单。甜曼哈顿通常以樱桃装饰，干曼哈顿则用橄榄装饰。

21. 老式酒类（Old Fashioned）

老式酒类鸡尾酒又称古典鸡尾酒，是一种传统的鸡尾酒，用波旁威士忌、白兰地等烈性酒，加入糖、苦精、水及各种水果等兑和而成，以正宗的老式杯装载酒品。

22. 宾治类（Punch）

宾治类鸡尾酒是较大型的酒会必不可少的饮料，宾治有含酒精的，也有不含酒精的，即使含酒精，其酒精含量也很低，调制的主要材料是烈性酒、葡萄酒和各类果汁，宾治酒变化多端，具有浓、淡、香、甜、冷、热、滋养等特点，适合于各种场合饮用。

23. 彩虹类（Pousse Cafe）

Pousse Cafe（普斯咖啡）又称彩虹酒，是以白兰地、利口酒、石榴糖浆等多种含糖量不同的材料按其密度不同依次兑入高脚甜酒杯中而成，制作工艺不复杂，但技术要求较高，尤其是要了解各种酒品的密度。

24. 瑞克类（Rickeys）

瑞克类鸡尾酒是一种以烈性酒为基酒，加入苏打水、青柠汁等调配而成的长饮类饮料，与柯林类饮料同类。

25. 珊格瑞类（Sangaree）

珊格瑞类鸡尾酒类饮料不仅可以用通常的烈性酒配制，还可以用葡萄酒和其他基酒配制，属于短饮类饮料。

26. 思迈斯类（Smashes）

思迈斯类鸡尾酒是朱力普类鸡尾酒中一种较淡的饮料，是用烈性酒、薄荷、糖等材料调制而成，加碎冰饮用。

27. 司令类（Slings）

司令类鸡尾酒是以金酒等烈性酒为基酒，加入利口酒、果汁等调制，并兑以苏打水混合而成。这类饮料酒精含量较少，清凉爽口，适合在热带地区或夏季饮用，如新加坡司令等。

28. 酸酒类（Sours）

酸酒类鸡尾酒可分短饮酸酒和长饮酸酒两类。酸酒类饮料以威士忌、金酒、白兰地等烈性酒为基酒，以柠檬汁或青柠汁和适量糖粉为辅料调制而成。长饮类酸酒是向酸类酒中兑以苏打水，以降低酒品的酸度。酸酒通常以特制的酸酒杯为载杯，以柠檬块装饰，常见的酒品有威士忌酸酒、白兰地酸酒等。

29. 双料鸡尾酒类（Two-Liquor Drinks）

Tow-Liquor Drinks 被称为双料鸡尾酒，它是一种烈性酒与另一种酒精饮料调配而成的鸡尾酒，这类鸡尾酒口味特点是偏甜，最初主要作为餐后甜酒，但现在任何时候都可以饮用，著名的酒品有生锈钉、黑俄罗斯等。

30. 赞比类（Zombie）

赞比类鸡尾酒俗称蛇神酒，是一种以朗姆酒等为基酒，兑以果汁、水果、水等调制而成的长饮类饮料，其酒精含量较低。

31. 洛克类（On The Rocks）

洛克类鸡尾酒把各种的原材料直接倒入载杯中，即通常使用兑和法来调制，其载杯为典型的古典酒杯（又称威士忌杯），杯中加入适量的方冰块是必不可少的操作程序。

32. 舒特类（Shooter）

舒特类鸡尾酒通常使用摇和法或兑和法来进行调制，人们都很熟悉的彩层酒就属于舒特类酒。

此外，鸡尾酒还有漂漂类（Float）、提神酒类（Pick-me-up）、斯威泽类（Swizzle）无酒精类、赞明类（Zoom）等。

六、鸡尾酒的构成

鸡尾酒的构成：基酒、配料、载杯、冰块、装饰物。

（一）调制鸡尾酒的基酒

1. 六大蒸馏酒

六大蒸馏酒包括：白兰地（Brandy）、威士忌（Whiskey）、伏特加（Vodka）、金酒（Gin）、朗姆酒（Rum）、特基拉（Tequila）。

2. 各类利口酒（Liqueur）

各类利口酒主要包括果实类、种子类、植物草药类、乳脂类等。

（二）各类配料

1. 五大汽水

五大汽水包括苏打汽水（Soda Water）、汤力水（Tonic Water）、姜汁汽水（Ginger Water）、七喜汽水（7-UP）、可乐（Cola）。

2. 果汁

果汁主要包括柳橙汁、凤梨汁、番茄汁、葡萄汁、芭乐汁、苹果汁、小红莓果汁、运动饮料、杨桃汁、椰子汁等。

3. 其他配料

其他配料包括红石榴汁（Grenadine）、柠檬汁（Lemon）、莱姆汁（Lime）、鲜奶油（Gream）、椰奶（Pina Colada）、鲜奶（Milk）、蜂蜜（Honey）、蓝柑汁（Blue Curacao Syrup）、薄荷蜜（Peppermint Syrup）、可尔必思（Calpis）、葡萄糖浆（Grape Syrup）等。

4. 备用配料（调料）

配料包括肉桂、薄荷、丁香、柠檬、豆蔻粉、芹菜、红樱桃、绿樱桃、香草片、洋葱粒、橄榄粒、辣椒酱、盐、糖等。

（三）载杯的选择

杯具按照用途不同，可以分成很多种，如甜酒杯、白兰地杯、鸡尾酒杯、啤酒杯、威士忌杯等；按照样式不同，也可以分成很多种，常见的有平底杯、带脚杯、平光杯、刻花纹杯、水晶杯等；按照质地不同，还可以分成玻璃杯、塑料杯、瓷杯、磨砂杯等。

酒吧中多被采用平面透明的玻璃杯，这样客人可以更直接地欣赏到五颜六色的酒液。酒吧中常见的酒杯类型如下：

1. 海波杯（Highball Glass）

海波杯平底、直身，圆桶形，常用于盛放软饮料、果汁、鸡尾酒、矿泉水，是酒吧中使用频率最高、必备的杯子。

2. 柯林杯（Collin's）

柯林杯外形与海波杯大致相同，只是杯身略高，多用于盛放混合饮料、鸡尾酒及奶昔。

3. 烈酒杯（Shot Glass）

烈酒杯容量较小，多为 1 ～ 2 oz，用于盛放净饮烈性酒和鸡尾酒。

4. 鸡尾酒杯（Cocktail Glass）

鸡尾酒杯形状呈倒三角形，用于盛放鸡尾酒。

5. 古典杯（Old Fashioned Glass）

古典杯厚底、矮身，多用于盛放加冰饮用的烈酒，又称冰杯。

6. 啤酒杯（Beer Glass）

啤酒杯高身、厚底，形状各异，用于盛放啤酒和个别的鸡尾酒。

7. 白兰地杯（Brandy Snifter）

白兰地杯矮脚、大肚，球形杯，容量稍大，易于白兰地香气的散发，只用于盛放白兰地。

8. 郁金香形香槟杯（Champagne Tulip Glass）

郁金香形香槟杯高脚、瘦长杯身，又称笛形香槟杯，用餐时饮用香槟酒。

9. 浅碟形香槟杯（Champagne Saucer Glass）

浅碟形香槟杯高脚、浅身、阔口，用于酒会码放香槟塔。

10. 葡萄酒杯（Wine Glass）

葡萄酒杯高脚、大肚、用于盛放白葡萄酒和玫瑰红葡萄酒的容量比红葡萄酒杯略小。

11. 果汁杯（Juice Glass）

果汁杯与古典杯形状相同，略小，只用于盛放果汁。

12. 利口酒杯（Liqueur Glass）

利口酒杯形状小，用于盛放净饮餐后利口酒。

13. 调酒杯（Mixing Glass）

调酒杯高身、阔口、壁厚，用于调制鸡尾酒。

14. 玛格丽特杯（Margarita Glass）

玛格丽特杯高脚、阔口，浅碟形，专用于盛放玛格丽特鸡尾酒。

15. 酸酒酒杯（Sour Glass）

酸酒酒杯与鸡尾酒杯形状相同，容量略大。

16. 水杯（Water Glass）

水杯与红葡萄酒杯形状相同，容量略大。

17. 带柄啤酒杯（Mug）

带柄啤酒杯用于盛放鲜啤酒，俗称扎啤杯。

18. 雪利酒杯（Sherry Glass）

雪利酒杯矮脚，小容量，专用于盛放雪利酒。

19. 波特酒杯（Port Glass）

波特酒杯形状与雪利酒杯相同，专用于盛放波特酒。

（四）调制鸡尾酒的基本工具

调制鸡尾酒的基本工具有：雪克杯（Shaker）、量杯（Measuring Cup）、开瓶器（Bottle & Can Opener）、挖球器（Melon Baller）、葡萄酒开瓶器（Corkscrew）、冰夹（Ice Tongs）、捣拌棒（Muddler）、鸡尾酒饰针（Cocktail Spear）、调酒棒（Stirrer）、果汁机（Blender）、碎冰椎（Ice Pick）、苦味瓶（Bitters Bottle）、砧板（Cut Board）、碎冰机（Ice Crusher）。

完成任务

一、伏特加著名品牌的认知

序号	品牌（英文）	中文名称	产地	类型	特点	其他

二、按标准独立完成"血腥玛丽"的调制及服务

（一）分组练习

每人 3～5 人为一小组，分别扮演调酒师、吧员、客人等不同角色，然后按顺序完成调酒任务并提供对客服务。练习过程中仔细观察每个人的动作及服务效果。

（二）讨论、对比

对每个人的表现进行组内分析讨论、组间对比互评，加深对整个对客服务步骤、方法及要求的理解与掌握。

能力拓展及评价

一、练习以伏特加为基酒调和法调制的其他鸡尾酒：螺丝刀、哈维撞墙、白色俄罗斯

二、综合评价

教师对各小组的制作过程、成品、酒水服务进行讲评，然后把个人评价、小组评价、教师评价简要填入评价表中。

被考评人					
考评地点					
考评内容					
考评标准	内　　容	分值 / 分	自我评价 / 分	小组评议 / 分	实际得分 / 分
	熟知鸡尾酒的分类和基本结构	10			
	熟悉掌握鸡尾酒的调制方法及原则	20			
	熟记调制鸡尾酒的步骤及注意事项	10			
	掌握品尝、鉴别鸡尾酒的步骤及技巧	20			
	掌握鸡尾酒及基酒相关知识	20			
	鸡尾酒促销能力	10			
	鸡尾酒规范服务	10			
合　　计		100			

课后任务

1. 巩固练习以"血腥玛丽"为代表的调和法鸡尾酒的调制与服务。
2. 伏特加酒的推销及服务。

任务二 "马天尼"的调制与服务——调和法（滤冰）

任务描述

"马天尼"被称为鸡尾酒之王，要能独立完成以"马天尼"为代表的调和法（滤冰）鸡尾酒调制及服务；主动介绍和能够回答客人有关马天尼配方、特点及主酒金酒的相关问题；能够独立完成其他调和法鸡尾酒的调制及推销。

情境引入

　　两位看上去文质彬彬、衣着考究的客人点了两杯"马天尼"，也许源于男性的豪爽性格，也许源于政治家的深沉内涵，或是对酒的热爱 ......

任务分析

完成"马天尼"的操作和服务，应熟练掌握：
- "马天尼"的配方
- 正确规范的调和法鸡尾酒（滤冰）调制及服务

必备知识

一、"马天尼"的配方

（一）干马天尼（Dry Martini）

配方：金酒 1.5 oz、干味美思 5 滴。

制法：将金酒和干味美思加冰块搅匀后滤入鸡尾酒杯，用橄榄和柠檬皮装饰。如果将装饰物改成"珍珠洋葱"干马天尼就变成"吉普森"了。

（二）甜马天尼（Sweet Martini）

配方：金酒 1 oz、甜味美思 2/3 oz。

制法：将金酒和甜味美思加冰块搅匀后滤入鸡尾酒杯，用一枚红樱桃装饰。

（三）中性马天尼（Medium Martini）

配方：金酒 1 oz，干味美思 1/2 oz，甜味美思 1/2 oz。

制法：将金酒、干味美思和甜味美思加冰块搅匀后滤入鸡尾酒杯，用樱桃和柠檬皮装饰。"中性马天尼"又称完美型马天尼（Perfect Martini）。

在鸡尾酒中马天尼的调法最多，人们称它为鸡尾酒中的杰作、鸡尾酒之王，虽然它只是由金酒酒和味美思搅拌调制而成，但是口感非常锐利、深奥。有人说仅是马丁尼的配方就有 268 种之多。据说丘吉尔非常喜欢喝超辛辣口味，所以喝这种酒的时候是一边纯饮琴酒，一边看着酒瓶。

二、载杯的认知

载杯的选择：鸡尾酒杯（Cocktail Glass）。

鸡尾酒杯形状呈倒三角形，常用的容量是 120 ml，盛放短饮类鸡尾酒，也是酒吧中使用频率高、必备的杯子。

三、装饰物的制作与搭配

装饰物：青橄榄、樱桃。

装饰物的制作：用酒签穿青橄榄或樱桃做装饰（根据鸡尾酒选择装饰物）。

四、调和法（滤冰）鸡尾酒的调制方法及服务要求

（一）调酒用品

冰桶、冰夹（冰铲）、调酒杯、调酒匙、量杯、滤冰器、鸡尾酒载杯、装饰物。

（二）制作方法

① 将冰块放入清洁的调酒杯中。

② 将烈酒、配酒、糖、果汁及香料等倒入有冰块的调酒杯中。

③ 用调酒匙在调酒杯中，转 2～3 圈。

④ 移开调酒匙，加上滤冰器，把酒液倒入载酒杯中。

⑤ 加上装饰品即可。

在提供服务时，客人坐在吧台旁，调酒师调好酒后直接给客人饮用，不再经过服务员。酒水调好后调酒师要为客人送上酒水，方法是先取一个杯垫，放在客人面前的吧台上，然后拿起酒杯，放在杯垫上，并向客人方向轻推一下，表示可以饮用了；如果客人的座位不在吧台附近，调酒师在调好鸡尾酒后，由酒吧服务人员将酒水送到客人面前。

拓展知识

一、金酒的知名品牌

（一）Beefeater（必发达）

Beefeater London Dry Gin 是世界上出口总量最高的高级金酒，在 170 多个国家和地区大受欢迎。Beefeater 在全世界总共销售 2.4 亿箱，是唯一在伦敦蒸馏得来的金酒。1820 年 James 在伦敦开始了对化学和蒸馏的技术学习，他选择 Beefeater 作为金酒的名字是因为从伦敦塔下自豪的士兵处得到的灵感。

（二）Gordon's Gin（哥顿）

金酒是英伦的国饮，1769 年，阿历山在·哥顿在伦敦创办金酒厂，将经过多重蒸馏的酒精配以杜松子、莞荽种子及多种香草，开发并完善了不含糖的金酒，调制出香味独特的哥顿金酒（口感滑润，酒味芳香的伦敦干酒）。哥顿金酒更于 1925 年获颁赠皇家特许状。如今哥顿金酒的出口量为英国伦敦金酒的冠军；在世界市场中，销量高达每秒 4 瓶。

（三）Tanqueray（添加利）

添加利属于英式干金酒，由添加利哥顿公司生产，该公司于 1898 年由哥顿公司与查尔斯添加利公司合并产生。添加利金酒是金酒种的极品名酿，深厚甘冽，具有独特的杜松子及其他香草配料的香味，是美国最著名的进口金酒，广受世人赞赏。添加利金酒在美国是进口金酒中的第一大品牌，使用含有丰富的芳香植物油的植物酿制，这种植物的成熟和混合是在调酒大师仔细的控制下进行，确保每批酒每瓶酒都有稳定的品质与口感。

添加利金酒是唯一的一种用"一次通过"的蒸馏方法酿制而成的金酒。通过艰苦、广泛的方法来调制出中性的烈酒。这种方法能使植物的真正口感得以释放出来。添加利金酒通过四倍蒸馏法来去除杂质，这种方法酿制出了口感最为平滑圆润的金酒。

1830 年，Charles Tanqueray 在伦敦的 Bloomsbury 区立酒厂，酿制出当时伦敦最好的干金酒，并且制定了金酒酿制的新的标准。1847 年，除了满足国内的巨大需求外，添加利金酒还出口给英国的殖民地，并且在香料种植者和最远到牙买加的贸易商中间都很受欢迎。1868 年，在 Charles Tanqueray 死后，他的儿子 Charles Waugh 接管了生意，并且使添加利金酒这个品牌继续获得成功。1920 年，马提尼酒在美国非常受欢迎，此时添加利金酒与马提尼酒基本驰名。1950 年和 1960 年，美国鸡尾酒文化推动了添加利金酒的发展，添加利金酒成为 Rat Pack 年代美国著名歌手和演员法兰克辛纳屈 Frank Sinatra 首选的金酒品牌。2000 年，添加利金酒 10 号成功进入美国市场。在开始的 8 个月里，这种超级的金酒赢得了美国前 7 名的奖励。

添加利金酒和添加利金酒 10 号的高品质一直都在赢得奖励。在旧金山烈酒行业连续 3 年的竞争中，添加利金酒 10 号是唯一一款赢得首席声誉的白色烈酒。200 多年来，添加利金酒一直都用相同的高品质配方酿制。添加利金酒与添加利金酒 10 号是由世界上最好的植物，并且在其最新鲜的时候采摘并酿制而成的金酒。 添加利金酒 10 号是唯一一款用新鲜的柑橘属水果酿制而成的金酒，除此之外还有其他植物，这些植物使其具有独特的平滑与新鲜的口感。独特的添加利金酒瓶的形状与消防栓类似，一些人认为其形状像鸡尾酒调酒器。

（四）Bombay Sapphier（孟买蓝宝石）

蓝宝石金酒的配方来自一款古老的高档伦敦干金酒，1761 年诞生在英国的西北部。自从那时起，这个秘密的配方就被一代一代地传下来。凭借其精致绝伦的外观和口感，配着现代感的蓝宝石蓝色酒瓶，刻着异国的药材版画，孟买蓝宝石金酒在创导全球时尚的城市（如纽约、巴黎、伦敦等）掀起热潮。孟买蓝宝石金酒被全球认为是最优质最高档的金酒，与仅用 4 ～ 5 种草药浸泡而成的普通金酒相比，孟买蓝宝石金酒将酒蒸馏汽化，通过 10 种世界各地采集而来的草药精酿而成。如此独特的工艺，赋予孟买蓝宝石金酒与众不同的口感。酒体顺滑、花香馥郁，口味活泼轻柔，回味较短。Bombay Sapphire 比其他金酒更和谐、更精致。Bombay Sapphire 的蒸馏过程同样独特，与其他金酒和香料植物混在一起蒸馏的制作方法不同，Bombay Sapphire 在蒸馏时采用"头部蒸馏法"，即酒精蒸气经过"香料包"汲取其中的芳香和味道，这种酒的基酒取自 1761 年的传统配方。

二、饮用方法和服务要求

英国金酒可以单饮，也可以成为制作混合饮料或鸡尾酒。荷兰金酒可以单饮，不加冰块纯饮，其味道非常甘。

用量：1 oz。

载杯：纯饮用烈性酒杯或利口杯；加冰用古典杯；调配鸡尾酒根据配方选择载杯。

三、金酒的定义

金酒又称杜松子酒，以谷物为原料，经发酵蒸馏成酒液，再以杜松子（Juniper Berry）等浸泡或串香工艺制成。

四、金酒的起源

金酒起源于荷兰，1650 年，由荷兰的莱顿大学（University of Leiden）的西尔维斯（1614—1672）教授发明，帮助在东印度地域活动的荷兰商人、海员和移民预防热带疟疾病，作为利尿、清热的药剂使用。

当时的蒸馏技术不太好，酒很冲，有怪味，利用杜松子浓重的香味可以"一香遮百丑"，等于加了香料的伏特加。金酒最初只是药店出售，由于味道爽口，荷兰人把它当做饮料，卢卡斯·博斯（Lucus Bols）按照杜松子（Juniper）的发音称其为 Genever。

1672 年，法国太阳王路易十四与英国联手攻入荷兰。该年 7 月，威廉三世（1650—1702）在荷兰执政，并与"神圣罗马帝国"结盟将法国人击退。1677 年 11 月，与英国结盟，与英国公主玛丽结婚。1688 年 11 月，英国发生"光荣革命"，威廉三世被英国国会请回国登基为王取代逃亡的詹姆斯二世。

威廉三世和他的属下在荷兰早已经习惯喝金酒，1689 年便成箱地携带金酒，并将其配方一并带回，于是在英国掀起热潮。

五、金酒的发展

（一）英法长期商业竞争

英国对法国进口的葡萄酒和金酒苛以重税，而对本国的蒸馏酒降低税收，因而金酒成了英国平民百姓的廉价蒸馏酒。另外，金酒的原料低廉、生产周期短、不需要长期增陈贮存的特点也促进了金酒的发展。

1702 年到 1704 年，安妮（1665—1714）女王当政，不仅酒水免税，造酒的人也不需要执照，只要通过邮局向政府寄一份申请，10 天之内就会得到批准，甚至允许用质量比较差的玉米和谷物造金酒。

（二）英国工业革命

英国的工业革命加速了城市化的发展和人口向城市的转移，工业革命的结果是机械替代了劳工，造成劳动力过剩，失业者日益增加，低下层的人只能从小巷中的杜松子酒铺中得到工作机会，赚取微薄的工资该酒原料便宜、生产简单、不需要储存，生产后 10 min 就可以入口，有些工厂干脆就拿金酒当工资发给工人，人们就像喝水一样喝金酒。当然那时英国人不大喝水，因为水污染很厉害，仅伦敦每年就消费几百万加仑金酒。

到 1740 年，全伦敦有 15 000 家酒店，大部分经营金酒，该酒比咖啡、啤酒都便宜。

有的酒店靠墙摆放一个形状像猫的酒桶，称为 Old Tom。馋酒的过路人在猫的嘴里放入 1 分钱，然后嘴对着猫爪子之间的小孔，从里面就会放出一口酒，直到现在英国有些店还供应这样的 Old Tom。

伦敦很快就淹没在金酒带来的社会问题里。讽刺性风俗画家荷加斯（William Hogarth）在 1751 年画了两幅画，"啤酒大街"和"金酒小路"。葡萄酒是酿造的，是自然过程，"上帝"造酒，高雅；而人工蒸馏金酒，是非自然过程，带来罪恶。

因此在啤酒街上，歌舞升平，人们相亲相爱，一幅和谐社会景象；而在金酒街，则充斥着混乱、罪恶。英国政府不得不一次又一次地采取"金酒行动"，征收 50 英镑的执照费，加大酒的税收，每加仑收 1 英镑，荷加斯的画大批印刷，一个先令一张，配合政府做宣传酒厂也转入地下，改换酒名，变更配方，六年里只有两家申请了执照。

"金酒潮"终于过去了，市场逐渐规范化，著名的金酒一条街 Giles 变成了铁路线。但金酒的坏名声至今还出现在酒场的一些俗语中，便宜的酒吧称为 Gin Mill，喝醉了酒称为 Ginned，在酒鬼的鼻子上用红字写着"金酒开花"。

1832 年，柱式蒸馏釜发明，代替原来的锅式蒸馏釜，使酒的质量大大提高，出现了一个新品种——London Dry（伦敦干金酒）。金酒重振雄威，名声再起，还与 19 世纪下半期疟疾在欧洲流行有关。当时人们要喝 Tonic Water 来预防疾病，很苦且难以下咽，但兑上金酒可以压住苦味，于是金酒又回到医疗功能，也为它赢得令人尊敬的声誉。

美国现在是喝金酒的大户，按人口平均来看，西班牙人喝得最多，但是按总量来看，美国却是第一。美国第一任总统华盛顿就爱喝金酒，基督教里的贵格会还有在葬礼后喝金酒的习俗，美国人自己也制造金酒，又称其为 London Dry Gin，但比英国本土的度数低些（40°），口味略淡，起始于全国禁酒时期（1920—1933），人们弄来（有时自己家里蒸馏）质量低劣口味很差的蒸馏酒，在家里的澡盆里泡上杜松子，使味道好些，于是美国人就习惯了喝金酒。现在虽然不使用澡盆泡制金酒了，但"澡盆金酒"（Bathtub Gin）的雅号却摘不掉了。

六、金酒的特点

金酒无色透明，主要加味物质为刺柏浆果（杜松子），在此基础上添加了其他一些加味植物的精华——芫荽、黑醋栗、菖蒲根、小豆蔻、杏仁、茴香、苦橙、柠檬皮等，多种植物的芳香统一和谐，从而使它口感协调。酒体洁净醇和的风味让人在饮用时感受到如同置身于山野林间的清新自然。金酒除了净饮，更多的是做鸡尾酒的基酒。无色、味淡是它的优势，配出的酒有上千种之多，称为"鸡尾酒的心脏"、"鸡尾酒之王"，有名的金酒除了马天尼，还有杜松子螺丝钻、修道院、百慕大，以及红粉佳人等。

七、金酒的分类

（一）按照国家分

1. 伦敦干金酒（London Dry Gin）

伦敦金酒原则上是指一种酒的类种，而非产地标识。London Dry Gin、Dry Gin、Extra Dry Gin、Very Dry Gin 和 English Dry Gin 都是英国上议院给金酒一定地位的记号。而除了英格兰外，包括北美洲与澳洲在内的许多国家都有生产属于此类金酒的产品。

此类酒一般以 75% 玉米、15% 大麦芽、10% 其他谷物为原料，有时也用甘蔗汁和糖蜜，酿酒后蒸馏，在蒸馏出口处放有香料，酒气通过时带走香气成分，冷凝后取中间馏分，加水稀释至 40° 左右，清澈透明，具有光泽，杜松子香味突出，伴有其他香料香气，口感清新，爽适滑润。配的香料少则 4 种，多则 15 种，一般为 5 ～ 10 种，都是各厂家祖传秘方，重金不卖。

2. 荷兰金酒（Dutch Gin）

荷兰金酒的雅称为 Hollands Gin，集中在 Amsterdam 和 Schiedam，维持着 400 多年前刚上市时的风味特性，以麦芽酿制、蒸馏出来的白色基酒为基础，添加多种植物性香料后调制而成。荷兰金酒的酿造方法与英国金酒相似，较细腻，荷兰金酒的口味甜，香料的气味也非常重，政府规定其酒精度为 35°，通常荷兰金酒只拿来加冰饮用，不作为调酒的原料。

3. 美国金酒

美国金酒一般在橡木桶里陈醉几年以改善为淡金黄色，主要有蒸馏金酒（Distilled gin）和混合金酒（Mixed gin）两大类。通常情况下，美国的蒸馏金酒在瓶底部有 D（Distillation）

字标识,混合金酒是用食用酒精和杜松子简单混合而成的,很少用于单饮,多用于调制鸡尾酒。

美国 London Dry Gin 的含义如下:

① 直接从英国进口。

② 用英国许可证在美国生产或聘请英国技术人员生产。

③ 严格按照英国干金酒配方和制作方法。

(二)按口味风格分

1.辣味金酒（干金酒）

2.普利茅斯金酒

普利茅斯金酒是一种在英国西南港埠普利茅斯生产的金酒,由于当初金酒是海员由欧陆本土传至英国,因此身为金酒第一个上陆的重要海港,普利茅斯也拥有自己特殊风味的金酒,杜松子的气味并不像伦敦金酒那么明显,普利茅斯金酒严格规定必须在该城的范围内制造才能挂上此名。

3.老汤姆金酒（加甜金酒）

老汤姆金酒在辣味金酒中加入 2%的糖分制成,使其带有怡人的甜辣味,是英国金酒的一个名牌。

4.果味金酒（芳香金酒）

果味金酒是一种以黑刺李等植物作为调味香料的金酒。

知识链接

配制酒又称调制酒,是酒类里面一个特殊的品种,不能专属于哪个酒的类别,是混合的酒品。配制酒是一个比较复杂的酒品系列,虽然它的诞生时间比其他单一酒品晚,但其发展速度却很快。配制酒主要有两种配制工艺:一种是在酒和酒之间进行勾兑配制,另一种是以酒与非酒精物质（包括液体、固体和气体）进行勾调配制。

一、配制酒的定义

配制酒（Integrated Alcoholic Beverages）以发酵酒、蒸馏酒或食用酒精为酒基,加入可食用的花、果、动植物或中草药,或以食品添加剂为呈色、呈香及呈味物质,采用浸泡、煮沸、复蒸等不同工艺加工而成,改变了其原酒基风格的酒。

配制酒分为植物类配制酒、动物类配制酒、动植物配制酒及其他配制酒。配制酒的基酒可以是原汁酒,也可以是蒸馏酒,还可以两者兼而用之。较有名的配制酒也是来自欧洲的主要产酒国,其中,法国、意大利、匈牙利、希腊、瑞士、英国、德国、荷兰等国的产品最为有名。

二、配制酒的起源

公元 420 年,希腊"医学之父"Hippocrates（希波克拉底）首先利用葡萄酒作为基酒,调入"肉桂"香料,形成了配制酒的雏形,此后欧洲国家修道院的僧侣竞相仿制这种"万能药",并不断推陈出新。

公元 15 世纪,意大利已经成为生产配制酒的主要国家。1533 年,Catherine de Medici（麦蒂其家族的凯瑟琳）远嫁法国王储 Dauphin（道芬太子）,意大利的配制酒因凯瑟琳的推崇在法国宫廷大行其道,并逐渐在法国流行。1749 年,意大利人 Justerini 查实特尼在英国建立了

J&B（Justerini & Brooks）酒厂，英国逐渐开始生产配制酒。随着欧洲的发展，配制酒的生产方法传到世界各地。

三、配制酒的分类

配制酒的品种繁多，风格各有不同，划分类别比较困难，较流行的分类法是将配制酒分为3类：Aperitif（开胃酒）、Dessert Wine（餐后甜酒）、Liqueur（利口酒）。

四、开胃酒

开胃酒又称餐前酒，主要是以葡萄酒或蒸馏酒为原料，加入植物的根、茎、叶、药材、香料等配制而成。在餐前喝能够刺激胃口、增加食欲。

（一）分类

开胃酒主要分为3种类型：味美思（Vermouth）、比特酒（Bitter）、茴香酒（Anis）。

1. 味美思

味美思酒是一种加了香味的葡萄酒，酒精纯度也有所加强。它的香味系来自多种香料、一些草本植物、根须植物、种子、花卉、皮果等。例如，苦艾草、大茴香、苦橘皮、菊花、小豆蔻、肉桂、白术、白菊、花椒根、大黄、龙胆、香草等，德国人称其为Wermut，Vermouth酒也因此而得名，经常有人把味美思和苦艾酒相混淆。

按颜色和含糖量分，味美思可分为如下几种：

① 干性味美思（Dry，意大利文Secco，法文Sec）：含糖量4%以下，酒精度18°，呈淡金黄或黄绿色。

② 白色味美思（White，意大利文Bianco，法文Blanc）：含糖量12%左右，酒精度为16°~18°，色泽金黄，半甜型。

③ 红色味美思（Red，意大利文Rosso，法文Rouge）：含糖量15%以下，酒精度为18°，加入焦糖调色，色泽棕红；

④ 玫瑰红色味美思（Rose）：以玫瑰红葡萄酒为酒基，调入香料，口味微苦带甜，酒精度为16°。

涩味味美思酒在美洲一带都是纯饮，它的香味微妙而精纯，令人陶醉。甜的味美思酒香味较大，葡萄味也较滞、辣、有刺激感，喝后有甜苦味，并略带点橘子香气。

生产味美思酒的国家很多，品质最佳的来自法国和意大利，马天尼是味美思中最有名的品牌。

150年前，味美思在意大利都灵市开始生产，基本成分为干白酒，其添加的味道来自35种不同植物的叶、花、种子和根的精华。马天尼是一种100%的天然产品，绝不附加任何人造成分。味美思只要加入一两片柠檬或鲜橙即成最佳的开胃酒，也可加入苏打水作为冷饮饮用。

马天尼的分类如下：马天尼甜红味美思Martini Rosso、马天尼干味美思Martini Extra Dry、马天尼甜白味美思Martini Bianco。

马天尼的饮用方法：马天尼甜红味美思有一种浓烈的红棕色彩及一种醇厚味道，宜冻饮或加冰饮用，加上一片柠檬味道更佳；马天尼干味美思有一种特有的花香和鲜烈的辛辣味，宜充分冷冻后饮用或以宽底杯加冰饮饮用；马天尼甜白味美思色泽淡黄、香气浓烈、味道微甜，宜充分冷冻后饮用或加冰饮用。

2. 比特酒

比特酒由古药酒演变而来，用葡萄酒或某些蒸馏酒作为基酒，加入植物根茎和药材配制而成，酒精度在 18° ~ 45° 之间，味道苦涩、药香气浓、助消化，具药用滋补及兴奋功用。比特酒调配苦味的方法已从用的草本植物的茎根皮逐渐转变成用酒精掺兑草药精。

① 安哥斯特拉苦精（Angostura）是一种红色苦味剂，现广泛作为开胃酒，是世界最著名的苦酒之一。此酒药香怡人，经常用来调配鸡尾酒。Angostura 产于特立尼达岛（Trinidad）公司，以制造开胃酒而闻名，创始人是一位曾在拿破仑战争和委内瑞拉独立战争中获得过勋章的普鲁士军医约翰·希格特（Johann Siegert）。他花了 4 年多的时间，终于在 1824 年用多种药草配制成一种能增进食欲的药酒，供当时的士兵饮用，并以研制这种药酒期间所住的委内瑞拉村庄 Angostura 的村名为该酒命名。Angostura 以朗姆酒为主要原料，配以龙胆草，褐红色，酒味微苦，酒精度为 40°。该酒用于部队保健，后来名声大振，停靠在安哥斯特拉港口的船员纷纷购买并带回各自的国家和地区，从此闻名于世。目前世界上只有 5 个人知道安哥斯特拉酒的配方，30 年前的配方保存在纽约巴克利银行的保险柜中，据说现在抄写在 4 张纸上，分为 4 个部分，密封于 4 个不同的信封中，分别积存于纽约某银行的保险柜。

② 佛耐·布兰卡是意大利著名的苦味酒，也是世界最著名的苦酒之一，号称"苦酒之王"，酒精度为 40°，适用于醒酒和健胃等。

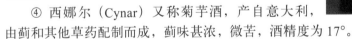

③ 安德卜格（Underberg）呈殷红色，酒精度为 49°，产于德国，是一种由多种药材浸制成的烈酒，具有解酒的作用。该酒用 40 多种药材、香料调制而成，在德国每天可售出 100 万瓶。通常采用 20 ml 的小瓶包装。

④ 西娜尔（Cynar）又称菊芋酒，产自意大利，由蓟和其他草药配制而成，蓟味甚浓，微苦，酒精度为 17°。

⑤ 苏滋（Suze）产于法国，配料是龙胆草的根块，酒液呈橘黄色，口味微苦甘润，糖分含量为 20%，酒精度为 16°。

⑥ 亚玛·匹康（Amer Picon）产于法国巴黎，它用奎宁、橘子和龙胆根混合酿造，饮用时宜加冰块、苏打水和石榴汁。此酒以苦著称，酒精度为 21°。

3. 茴香酒

茴香酒是从茴香中提取茴香油，与食用酒精或蒸馏酒配制而成的酒。多用于 Appetite（开胃酒）和 Liqueur（利口酒）的制作。

特点：这种酒有无色及染色之分，品种不同，呈色各异。一般光泽度较好，茴香味浓，味重而刺激，馥郁而迷人，酒精度为 25°。

茴香酒以法国生产的最为著名，理察（Ricard）和培诺（Pernol）为法国茴香酒的著名品牌，力加是全球销量第一的茴香酒。

茴香开胃酒加水后会变白的原因如下：

茴香开胃酒中含有茴香油，作为调味料添加到酒中。这种油不能溶于水中，却可以溶于酒精中。特别是茴香脑，散发典型茴香香味的底物，几乎不溶于水，但却易溶于酒精中，茴香酒中含有约 40% 的酒精，足够溶解茴香油。当它被水稀释后，茴香油就不再被溶解。这就导致酒中悬浮着非常微小的油滴，产生白色。

巴斯特 Pastis 产自法国，调制时加有甘草油，使酒味更加柔顺在普罗旺斯方言中，Pastis 的意思是"经过混合"或"调和"。

"51 茴香酒"色泽金黄，并且是法国南部地区出产的非法定酒。该酒需要慢慢地饮用才能感受到其品味。

乌朱（吾尊）Ouzo 是希腊最具特色的酒品，19 世纪此酒的创始人来到中国，意外发现茴香秘制而成的酒很漂亮，但很难喝，药酒味很大，不过配以烧烤、点心一起食用则味道很好。

（二）开胃酒（味美思）的知名品牌

意大利：马天尼（Martini）、仙山露（Cinzano）、干加（Gancia）、里卡多那（Riccadonna）、卡帕诺（Carpano）。

法国：香百利（Chambery）、杜法尔（Duval）、诺瓦利（Noilly）、圣拉斐尔（St. Raphael）。

（三）开胃酒（味美思）的饮用方法和服务要求

1. 净饮

使用工具：调酒杯、鸡尾酒杯、量杯、酒吧匙和滤冰器。

做法：先把 3 块冰块放进调酒杯中，量 42 ml 开胃酒并将其倒入调酒杯中，然后用吧匙搅拌 30 s，用滤冰器过滤冰块，再把酒滤入鸡尾酒杯中，加入一片柠檬装饰。

2. 加冰饮用

使用工具：平底杯、量杯、酒吧匙。

做法：先向平底杯中加入进半杯冰块，量 1.5 量杯开胃酒并将其倒入杯中，再用吧匙搅拌 10 s，加入一片柠檬装饰。

3. 混合饮用

开胃酒可以与汽水、果汁等混合饮用，作为餐前饮料。

完成任务

一、金酒著名品牌的认知

序号	品牌（英文）	中文名称	产地	类型	特点	其他

二、按标准独立完成"马天尼"的调制及服务

（一）分组练习

每 3 ～ 5 人为一小组，分别扮演调酒师、吧员、客人等不同角色，然后按顺序完成调酒任

务并提供对客服务。练习过程中仔细观察每个人的动作及服务效果。

（二）讨论、对比

对每个人的表现进行组内分析讨论、组间对比互评，加深对整个对客服务步骤、方法及要求的理解与掌握。

能力拓展及评价

一、完成变形马天尼鸡尾酒的调制及服务

（一）吉普生（Gibson）

主酒：金酒 45 ml、不甜苦艾酒 22.5 ml。

制法：搅拌法。

载杯：鸡尾酒杯。

注意：小洋葱要用水果夹及樱桃叉制作，尽量不要穿出；刻度调酒杯中用来冷却液体材料的冰块约 1/2 杯即可。

（二）曼哈顿（Manhattan）

材料：波本威士忌 45 ml、甜苦艾酒 22.5 ml、安格式苦精 1 ml（约 4 滴）、红樱桃。

制法：用 1/2 满冰块冰刻度调酒杯，倒入配料，用吧匙搅拌均匀，倒入装饰好的鸡尾酒杯。该酒的酒精度为 3.5°。

来历：据说本款鸡尾酒是英国前首相丘吉尔之母杰妮发明的。她生于美国，是纽约社交届的著名人物。在曼哈顿俱乐部为自己支持的总统候选人举行宴会时用本款鸡尾酒招待客人。

（三）以金酒为基酒调和法调制的其他鸡尾酒：环游世界、红粉佳人

二、综合评价

教师对各小组的制作过程、成品、酒水服务进行讲评，然后把个人评价、小组评价、教师评价简要填入评价表中。

被考评人					
考评地点					
考评内容					
考评标准	内　　容	分值/分	自我评价/分	小组评议/分	实际得分/分
	熟知鸡尾酒的分类和基本结构	10			
	熟悉掌握鸡尾酒的调制方法及原则	20			
	熟记调制鸡尾酒的步骤及注意事项	10			
	掌握品尝、鉴别鸡尾酒的步骤及技巧	20			
	掌握鸡尾酒及基酒相关知识	20			
	鸡尾酒促销能力	10			
	鸡尾酒规范服务	10			
合　　计		100			

📖 **课后任务**

1．巩固练习以"马天尼"为代表的调和法鸡尾酒的调制与服务。

2．金酒的推销及服务。

任务三　B-52 的调制与服务——兑和法

👆 **任务描述**

　　B-52 轰炸机在酒吧里是很多客人喜欢的鸡尾酒之一。要能够独立完成以 B-52 为代表的兑和法、火焰鸡尾酒调制及服务；掌握兑和法鸡尾酒制作要点；总结短饮类鸡尾酒特点；能够介绍利口酒特点、品牌、饮用等相关知识并提供服务；能够调制并推销兑和法其他知名鸡尾酒（如天使之吻等）。

> **情境引入**
>
> 　　刚来酒吧实习不久的小王正在忙着给客人调制鸡尾酒，这时走来一位客人："一杯 B-52"，接下来小王边招呼这位客人，边调制"B-52"……
>
> **任务分析**
>
> 完成 B-52 的操作和服务，应熟练掌握：
>
> • B-52 的配方
> • 正确规范的兑和法鸡尾酒调制及服务
> • 咖啡利口酒、奶油利口酒、橙皮利口酒的特点、品牌、饮用方法和服务要求
> • 能够调制并推销兑和法其他知名鸡尾酒

📚 **必备知识**

一、B-52 的原料

B-52 轰炸机的原料如下：甘露咖啡甜酒、百利甜酒、金万利。

二、载杯的认知

载杯的选择：烈性酒杯。

特点：烈酒杯容量较小，多为 1 ～ 2 oz，盛放净饮烈性酒和兑和鸡尾酒。

三、装饰物的制作与搭配

装饰物：火焰、柠檬片。

装饰物的制作：用火机点燃最上面的酒，用切好的柠檬片盖住火焰。

四、兑和法鸡尾酒的调制方法及服务要求

（一）用具

调制鸡尾酒的用具有：吧匙、量酒器、酒嘴等。

（二）方法及程序

用吧匙的前端紧顶住杯子的内壁，匙背呈45°，在倒酒时要往匙背末端后1/3处倒。

注意事项：倒酒时要缓慢倒下，眼睛要始终注视酒液的流量，手腕要控制住酒液的流速。

（三）要求

严格按配方调剂，要正确选择调制方法和载杯，动作要熟练，准确优雅，成品要口味醇正，装饰美观。

注意：服务时为客人附上吸管，用吸管深入酒的底层吸入，一气呵成，体验不同层次的口感。

 **拓展知识**

一、短饮类（Short Drinks）鸡尾酒

短饮类鸡尾酒的基酒所占比例大，酒精含量高，酒精度在28°左右，需要在短时间内饮尽，通常使用调和法、兑和法或摇和法来进行调制。其载杯为典型的鸡尾酒杯及烈性酒杯，用小型装饰物装饰，酒量为50～60 ml，3～4口喝完，不加冰，10～20 min内不变味。其酒精浓度较高，适合餐前饮用。

二、与B-52相关利口酒的知名品牌

（一）咖啡利口酒（Coffee Liqueur）

咖啡利口酒是以咖啡豆为原料，以食用酒精或蒸馏酒为基酒，加入糖、香料，并经勾兑、澄清、过滤等生产工艺配制而成的酒精饮料。酒精度为20°～30°，酒液呈深褐色，酒体较浓稠，咖啡香味浓郁，是一种极富特色的酒品。

世界著名的咖啡利口酒品牌有原产于牙买加的添万利（Tia Maria），墨西哥的甘露（Kahlua），法国的咖啡乳酒（Creme de Cafe）及荷兰波士公司生产咖啡甜酒（Coffee Liqueur）。

咖啡利口酒可加冰块纯饮或作为冷热咖啡饮品、牛奶、冰淇淋的调香佐料，也是调制各种特色鸡尾酒的原料。

（二）甘露咖啡力娇酒

甘露咖啡力娇酒是一种来自墨西哥的充满异国情调的咖啡力娇酒，产自墨西哥，以墨西哥的咖啡豆为原料，以朗姆酒为基酒，并添加适量的可可及香草精制而成。酒精度为20°，口味甜美，包装风格独特，具有浓厚的乡土气息，问世已有50多年。

甘露咖啡力娇酒可调制出200多种的鸡尾酒和特色饮品，配以牛奶饮用，令人感到顺畅而满足，也可配以可乐、红牌伏特加、

咖啡等饮用，都使人悠然神往。

甘露是全球第一的咖啡力娇酒，在全球超过 120 个国家和地区有售，也是第一个成为全球 20 大顶尖烈酒品牌之一的力娇酒；甘露可以调制超过 220 种鸡尾酒，包括一些最著名的经典鸡尾酒，在 2003 年的旧金山世界烈酒大赛中获得铜奖，2004 年和 2005 年每年都售出 300 多万箱。

（三）添万利咖啡利口酒

添万利是世界最早生产的咖啡酒品，也可音译为提亚玛利亚，起源于 18 世纪。世界上最好的咖啡豆是蓝山咖啡豆，最好的可可是委内瑞拉的可可，而添万利（TiaMaria）就是用这两种原料调配而成。添万利咖啡利口酒是以朗姆酒为基酒，加入糖、香料，并经勾兑、澄清、过滤等生产工艺配制而成的酒精饮料，酒液呈深褐色，酒体较浓稠，咖啡香味浓郁，是一种极富特色的酒品。酒品具有突出的咖啡香味，略带香草味，酒精度为 31.5°。

添万利因为其独特配方，成为世界上最好的咖啡 Liqueur 之一。它口感细腻光滑，味道醇厚，当然，价格也比其他种类的咖啡酒贵一些。国内现在的蓝山咖啡很多都是仿造蓝山的口味而配制成的，不是真正的蓝山咖啡豆。而 TiaMaria 可是由货真价实的蓝山咖啡豆酿制而成的。

（四）百利甜

1974 年，百利甜开始在爱尔兰生产，现为迪亚吉欧旗下产品。该酒以爱尔兰威士忌为基酒，配以新鲜爱尔兰奶油，优良的爱尔兰烈酒和天然饮料调配而成，带有芳香的巧克力味道，香滑细腻，低酒精、低热量，可加冰、冰淇淋或咖啡饮用，在全球有 130 多个国家和地区销售。出口量占爱尔兰所有酒类出口的 50% 以上。

人说它像爱情，冰凉的巧克力奶油甜蜜、诱人，却一点都不会觉得腻，并且还有点威士忌的刺激。

百利甜的发源地是英国。那里有一位著名的调酒师，调酒师的太太是一名出色的女性，他们彼此深爱着对方。一天，调酒师的太太死于意外。调酒师十分悲伤，从此过着孤单的生活。直到在一次出行的飞机上，调酒师遇到了一位极其像他前妻的空姐。调酒师仿佛重获新生，那以后，调酒师疯狂地追求着那位空姐。但是空姐并不能接受调酒师的爱，空姐对调酒师说："有时候人的心会被蒙住，你对你前妻的思念和对我的爱完全是不同的情感，就像是奶和威士忌永远无法混在一起。"调酒师听完空姐的话，默默地走开了。他用了一年的时间，终于将奶和威士忌相溶，而且通过加入蜂蜜，使味道也混为一体，并起了一个好听的名字 Baileys Rock，以此证明他对空姐的爱。当他知道空姐终于肯品尝这第一杯 Baileys Rock 时，忍不住在杯里加上了一滴眼泪。后来百利甜被空姐带上飞机，传播到世界各地，她对每一个喜欢喝百利甜的人说，"这杯酒，我等了一年。"

提到百利甜酒，就必须提到两种爱尔兰农民的劳动，一种是农民在秋日里收割金黄的大麦，另一种是农民赶着奶牛入圈、挤奶。这两种劳动在百利甜酒酿造过程中起着至关重要

的作用。大麦最终将被送往爱尔兰酿酒厂，在精密的爱尔兰威士忌蒸馏容器中进行酿制；奶牛则产出新鲜的牛奶，以便在 36 小时的制乳时间内用于生产百利甜酒。从创始时期开始，百利甜酒的原料就一直保持着高品质。1974 年，戴维和他的工作团队在一种细小的单支架压力容器中生产出第一瓶百利甜酒时，他们就坚持只采用新鲜的爱尔兰牛奶和高品质的爱尔兰威士忌。这种作法一直延续至今。百利公司是爱尔兰奶制品工业的主要客户，占据了爱尔兰所有液态牛奶消费量的 40%——这就是 3 000 多个农场里的 40 000 头奶牛所能提供的产量。新鲜牛奶对于百利甜酒来说至关重要，百利公司每天从农场收集新鲜采集的牛奶，对其进行质量监测，然后直接送至炼乳厂进行分离，炼制出的奶油每天清晨到达百利酒厂，供当天生产使用。与此同时，爱尔兰威士忌、高精度爱尔兰酒精、巧克力、糖及其他原料都按照"及时送达"的标准运到百利酿酒车间，以保持新鲜。百利公司发明并掌握了将奶油、威士忌及其他原料混合制成百利甜酒的秘密配方。通常情况下，酒精和奶油不会彼此相溶，而百利公司却创造出让二者完美结合的方法。他们将奶油制成最小的分子结构，然后覆盖上一层酒精分子，从而使奶油保持纯天然的新鲜状态。而像糖、巧克力等其他原料的加入则为百利甜酒增添了独特风味。

百利甜酒保存温度为 0～25℃，最佳饮用期自灌装之日起两年。

百利甜可直接饮用，也可以加入冰块或碎冰饮用，还可混入冰淇淋饮用。

50 ml 百利甜和 50 ml 牛奶倒入装有冰块的长形烈杯中，幼滑芳香，带出美味。50 ml 百利甜加入适量冰块，入口顺滑芳香爽口，回味醇厚，是最能体会原味的饮用方法。把一两勺百利甜淋在喜爱的冰淇淋上，可以带出更为纯正的奶香与柔滑。1:1 的乌龙茶和百利甜，加上适量冰块尽情摇动，可以体会出百利甜的浓郁口感；将 50 ml 百利甜、25 ml 尊尼获加（JohnnieWalker）及 10 ml 冰咖啡倒入鸡尾酒混合器中，再加入 5 块冰块摇动，而后立即将其放置于马天尼酒杯中。

（五）大象酒（Amarula）

Amarula 译为阿玛茹拉，源自肯尼亚。阿玛茹拉酒是一种非洲甜酒，口感类似于巧克力，非常受女性的青睐。据说这种酒是用非洲草原上生长的玛茹拉树结成的果实酿造而成，因为其成熟的果实带有强烈的热带芳香，象群也经常被这芳香吸引而来，所以又被称为"大象树"、"大象果"。

这种奶油味浓郁的甜酒源自非洲赤道附近一种独特的 Marula 树的果实。因为稀少，所以人们并不能轻易找到它。以前也只有大象才知道它们在哪里，并不惜很远地去寻找，以吸取它们美味的果汁。Amarula 的灵感便来自 Marula 树：人们将这种果实的汁蒸馏后放在橡木桶里发酵，两年后，再用新鲜的精炼奶油来勾兑，最后调制出这种口感既像咖啡，又像巧克力的甜酒。而它的气味、芳香让人着迷，醇厚、温和的口感诱惑让人无法抗拒。

Marula 树只生长在非洲亚热带草原的荒野里，当地土著人都很喜欢它，给它起名叫"联姻树"，并常常在树下举行婚礼，因为当地土著人相信 Marula 树的果实能让人产生爱情。而这种树所产的野果含糖量高，常会受到大象们的特别关照，因此联姻树又被称为"大象树"。

到了成熟季节，被大象大量吃进象胃里的果子发酵变成酒，让大象举步蹒跚。这个故事已广为人知，后来南非人就用 Marula 的果实做了这种酒，但直到 1989 年 9 月，南非才第一次向世界介绍了这款甜酒。据研究表明，Marula 的果实里确实有让人兴奋的成分，当地人采集它的果肉酿成酒，再蒸馏成类似于 Brandy 的口味，然后加上 Marula 果实的鲜榨汁和牛奶脂，混合成了南非特色的 Amarula。喝一口，先品尝到牛奶的香甜，然后就会尝到咖啡的苦涩，当酒到达喉咙时，就会感受到火辣的热情。

大象酒最风靡的喝法就是将它倾倒在冰块之上，辛辣的白兰地和柔滑奶油的味道夹杂在冰块里，混合在一起，一点点的黏稠，一点点的爽朗，一点点的热情。品尝 Amarula 有点像吃阿尔卑斯奶糖，奶油的香醇总让人尝不够，以为一次含上两颗或者把它们咬碎了就会更加甜，其实是永远的不满足。一口酒滑过舌尖，柔嫩的奶油一闪而过，热情的白兰地开始在胃里跳跃。喝大象酒要慢慢地喝，让液体在嘴里回转，慢慢地流进喉咙。奶油就是奶油，香而不甜；白兰地就是白兰地，辣而不涩；当冰块开始变成冰水，凉度却持久不散。不要以为 17% 的度数不算太高，这细细品味却又是一纵即逝的酒，往往会给人们带来意想不到的后果。大概是奶油的作用，把白兰地的火热凸显出来。但必须承认的是，大象酒口感过于甜，如果仅限于纯饮，那么它一定是绝佳的饭后酒。Amarula 不像酒，有人说它是漂亮女士的最爱，更像是巧克力奶昔，即便不会或者不喜欢喝酒的女士，也会因大象酒改变主意，放下矜持。也有人说它像爱情，冰凉的巧克力奶油，甜蜜、诱人，却一点都不会觉得腻，并且还有点白兰地的刺激。在很多酒吧里，将它与鸡尾酒、咖啡调和也同样很受欢迎。对于男士来说，17% 的酒精含量或许有些偏低，但没关系，如果想喝，就按 1:1.5 的比例（酒精度在 30° 以上的任何酒都可以）将大象酒与其他烈酒混合调配，外加点冰块即可，要想喝更刺激的就加点辣椒粉或芥末。

Amarula 也可应用在糕点的烘烤上，它迷人的甜香味道和相对较低的酒精度是其他酒所不能替代的。由 Amarula 点缀的芝士和慕斯蛋糕，在柔软、细腻的口感中感受到的是更为非洲化的风情。有人说，Amarula 像一位神秘的女子，把她的坚强与勇敢隐藏在那甜美的笑容背后。这生于荒野的酒，经过酿造加工，已成为类似于欧洲口味的东西，却仍盖不住那一丝烈酒的味道，那是文明中的蛮荒，华丽中的原始——正像它存在的城市，现代文明的外表掩盖不住曾经的野性难驯。大概当地人的血液中总有些躁动的因素，像 Marula 树一样，只属于那片非洲大草原的荒野，无法抹煞，永不消逝。

（六）金万利（Grand Manier）

金万利又称香橙干邑或柑曼怡，产于法国的干邑地区。橘香突出，口味凶烈，刺激、甘甜、醇浓。

金万利酒厂积累了一个多世纪的经验，酿制了金万利香橙干邑白兰地，其五花八门的饮用方法为不同饮家提供了形形色色的鸡尾酒款，金万利香橙干邑白兰地更可用以调制不同的甜品，变化多端。

香橙力娇酒将法国陈年干邑的名贵气质和热带野生柑橘的独特风情完美结合，透出传统和时代的意蕴。金万利一直是出口量最高的法国甜酒之一，在芸芸橙酒品牌中，它稳站全球销量第三位。

1880 年，路易斯·亚历山大·马尼埃·拉珀斯托（Louis Alexandre Marnier Lapostolle）始创了金万利香橙力娇酒，他大胆创新，突破传统，将罕有的热带野生柑橘和名贵的法国陈年干邑调配在一起，将其作为品质、纯正、典雅精致的象征。毫不意外，很快金万利就征服了人们挑剔的味蕾，在高级社交场所声誉鹊起，不仅进入了最高档的萨乌瓦酒店（Savoy）和里兹大酒店（Ritz）的顶尖酒吧，更出现在奥王弗兰茨·约瑟夫和英王爱德华七世的皇家宫廷。在欧洲各大都会和域外时尚都市，金万利成为派对饮品的必选。它既是正统的餐后酒，又在美食与甜点的制作中扮演重要角色，更是调配高档鸡尾酒不可或缺的成分。直至今日，家族的继承人依旧掌管着公司的业务，包括现任 CEO 雅克·马尼埃·拉珀斯托（Jacques Marnier Lapostolle）在内的第五代及第六代传人。90% 的金万利销往法国以外的国际市场，畅销 150 多个国家和地区，是 25 年来法国出口量第一的力娇酒。根据权威杂志 *Impact* 的统计，金万利香橙力娇酒名列国际知名烈酒品牌前 100 位，占全球力娇酒销售额排名的第三位。甚至在某些地方，平均每 2 s 就有一瓶金万利售出。

知识链接

一、利口酒简介

利口酒可以称为餐后甜酒，它由英文 Liqueur 译音而得名，又译为利口或力娇，是以白兰地、威士忌、朗姆、金酒、伏特加或葡萄酒等中性酒为基酒，加入果汁、几种调香物品或香料植物，经过蒸馏、浸泡、熬煮等过程，再经过甜化处理而制成。具有高度和中度的酒量，颜色娇美，气味芬芳独特，酒味甜蜜。因含糖量高，相对密度较大，色彩鲜艳，常用来增加鸡尾酒的颜色和香味，突出其个性，由拉丁语 Liquifacere、Cordials 演变而来，美国人称其为 Cordials。

利口酒源自中世纪的欧洲，最早作为治病、保健、长寿的良方，由于酒中含有多种芳香物质，不仅改善了味道，还大大地提高了医疗效用。早在公元前 4 世纪的希腊科斯岛上，有着"医学之父"美称的霍克拉特斯（Hppkrates）就已经开始尝试在蒸馏酒中溶入各种药草来酿制一种具有医疗价值的药用酒，这便是利口酒的雏形。此后，这种药用酒传入欧洲，由对利口酒的发展有着巨大推动作用的修士们进行了一系列的改进，不仅削弱了它的药用性，还提高了它作为一种健康饮品的饮用性能，以至当时西同教堂出品的这种酒已经极有名气。

进入航海时代之后，由于新大陆的发现，以及整个欧洲对于亚洲生长的植物的陆续引进，用以酿制利口酒的原料也逐渐变得丰富起来。到了 18 世纪以后，人们越来越重视水果的营养价值，这也要求利口酒的酿造工艺从所选原料到成品口味必须都要因为适应时代的需求而不断改变。

二、利口酒的制作方法

利口酒的制作方法有如下 4 种：

① 蒸馏法：即将基酒和香料都放入锅中蒸馏而成。

② 浸泡法：将配料浸入基酒中，使酒液从配料中充分吸收其味道和颜色，然后将配料滤出，目前，该方法使用最为广泛。

③ 渗透过滤法：此法采用过滤器进行生产，上面的玻璃内放草药、香料等，下面的玻璃球放基酒，加热后，酒往上升，带着香料、草药的气味下降再上升，再下降，如此循环往复，直到酒摄取了足够的香甜苦辣为止。

④ 混合法：即将酒、糖浆或蜂蜜、食用香精混合在一起，又称勾兑法。

利口酒至少含 2.5% 的甜浆，可以是糖或蜂蜜。大部分的利口酒的含糖量为 10%，标有 Dry 字样；部分含糖量为 10%~20%；少数达到 30%。利口酒被誉为"香甜酒"、"液体宝石"，多数酒精度为 17° ～ 30°，部分达到 40°，少数为 50° 以上。利口酒的主要生产国为法国、意大利、荷兰、德国、匈牙利、日本、英格兰、俄罗斯、爱尔兰、美国和丹麦等，其中法国、意大利、荷兰历史最为悠久，产量最大（占世界年总量的 50%），产品久负盛名。

三、利口酒的分类

利口酒是极其复杂的酒品，花色品种繁多，按不同的分类方法可分为不同的种类。

（一）根据香料成分划分

① 果实类：苹果、樱桃、柠檬、柑橘、草莓等水果的皮或肉质。

② 种子类：茴香籽、杏仁、丁香、可可豆、胡椒、松果等。

③ 草药类：金鸡纳树皮、樟树皮、当归、芹菜、龙胆根、姜、甘草、姜黄、各种花类等。

④ 乳脂类：奶油等。

（二）按酒精含量划分

① 特制利口酒：酒精度为 35° ～ 45°。

② 精制利口酒：酒精度为 25° ～ 35°。

③ 普通利口酒：酒精度为 20° ～ 25°。

（三）按所用酒基划分

① Whisky Based Liqueurs：以威士忌为基酒制作的利口酒。

② Brandy Based Liqueurs：以白兰地为基酒制作的利口酒。

③ Gin Based Liqueurs：以金酒为基酒制作的利口酒。

④ Rum Based Liqueurs：以朗姆酒为基酒制作的利口酒。

四、利口酒的特点

利口酒泛指酒中添加了天然芳香和药用动、植物，与具有一定保健作用的饮料配制甜酒。利口酒的特征与我国现在酒类行业划分的配制酒中的果露酒极为接近。利口酒多采用芳香及药用植物的根、茎、叶、果和果浆作为添加料，个别品种（如蛋黄酒）选用鸡蛋作为添加料。由于西方人追求浪漫的生活情调，所以利口酒在外观上呈现出包括红、黄、蓝、绿在内的纯正鲜艳或复合的色彩，可谓色彩斑斓。

利口酒气味芬芳，味道香醇，色彩艳丽柔软，口味甘甜，适合餐前饭后单独饮用，具有和胃、醒脑等保健作用；或作为烹调和制甜点用酒，利口酒的酒精和糖含量较高，在国外一般用于餐后或调制鸡尾酒。

五、利口酒中英文名称对照

中 文	英 文	产地	中 文	英 文	产地
佳连露	Galliano Liqueur	意大利	石榴糖浆	Grenadine Syrup	荷兰
芳津杏仁	Amaretto	法国	杜林标	Drambuie	英国
君度	Cointreau	法国	薄荷蜜 27	Get 27 Peppermint (G/W)	法国
飘仙 1 号	Pimm's NO. 1	英国	皮特樱桃甜酒	Peter Hearing	丹麦
咖啡利口	Coffee Liqueur	荷兰	金巴利	Campari	意大利
棕可可甜酒	Creme de Cacao Brown	荷兰	椰子酒	Malibu Liqueur	牙买加
杏仁白兰地	Apricot Brandy	荷兰	百利甜酒	Bailey's	爱尔兰
白可可甜酒	Creme de Cacao White	荷兰	咖啡蜜酒	Kahlua	墨西哥
橙味甜酒	Triple Sec	荷兰	蓝橙酒	Blue Curacao	美国
蜜瓜酒	Melon Liqueur	荷兰	蛋黄酒	Advocaat	荷兰
樱桃酒	Kirchwasser	荷兰	天万利	Tia Maria	牙买加
香草酒	Marschino	荷兰	金万利	Grand Mania	牙买加
黑加仑酒	Black Cassis	荷兰	当姆香草利口酒	Benedictinea	法国

六、利口酒的饮用方法和服务要求

利口酒可以纯饮，也可以成为制做混合饮料或鸡尾酒的配料。水果类利口酒和草本类利口酒冰镇饮用，种子利口酒常温饮用，奶油类利口酒用冰桶降温后饮用。

用量：1 oz。

载杯：纯饮用烈性酒杯或利口杯；加冰用古典杯；调配鸡尾酒根据配方选择载杯。

混合饮用时，在杯中加入冰块，注入一份酒，可以掺汽水、果汁来饮用，也可以将酒加在冰激凌或果冻上饮用；选择高纯度的利口酒，可以一点点细细品尝，也可以加入苏打或者矿泉水，但要酒先入，可以加适当的柠檬水，也可加冰激凌果冻，做蛋糕时替代蜂蜜。

完成任务

一、利口酒著名品牌的认知

序号	品牌（英文）	中文名称	产地	类型	特点	其他

二、独立完成 B-52 的调制及服务

（一）分组练习

每 3 ~ 5 人为一小组，分别扮演调酒师、吧员、客人等不同角色，然后按顺序完成调酒任务并提供对客服务。练习过程中仔细观察每个人的动作及服务效果。

（二）讨论、对比

对每个人的表现进行组内分析讨论、组间对比互评，加深对整个对客服务步骤、方法及要求的理解与掌握。

能力拓展及评价

一、练习其他兑和法鸡尾酒的调制与服务

（一）特基拉日出（Tequila Sunrise）

配方：特基拉（Tequila）30 ml、橙汁（Orange Juice）90 ml、红糖水（Grenadine Syrup）10 ml、橙片。

器具：量酒杯、吧匙、海波杯、杯垫、调酒棒等。

操作步骤：

① 洗净双手并擦干。

② 将一只海波杯擦干净。

③ 在海波杯中加 3 块冰块。

④ 量 90 ml 橙汁并倒入酒杯内。

⑤ 量 30 ml 特基拉并倒入酒杯内。

⑥ 量 10 ml 红糖水并倒入酒杯内。由于红糖水密度大，所以会沉到杯底。

⑦ 将调酒棒深入杯底，轻轻搅动，使红颜色泛起。

⑧ 加橙片作为装饰。

⑨ 将调制好的鸡尾酒置于杯垫上。

⑩ 清洁餐具，清理工作台。

操作及注意事项：动作要慢，倒酒要尽量保持手不抖。

（二）练习"天使之吻"的调制与服务

二、综合评价

教师对各小组的制作过程、成品、酒水服务进行讲评，然后把个人评价、小组评价、教师评价简要填入评价表中。

被考评人					
考评地点					
考评内容					
考评标准	内　　容	分值 / 分	自我评价 / 分	小组评议 / 分	实际得分 / 分
	熟知鸡尾酒的分类和基本结构	10			
	熟悉掌握鸡尾酒的调制方法及原则	20			
	熟记调制鸡尾酒的步骤及注意事项	10			
	掌握品尝、鉴别鸡尾酒的步骤及技巧	20			
	掌握鸡尾酒及基酒相关知识	20			
	鸡尾酒促销能力	10			
	鸡尾酒规范服务	10			
合　　计		100			

课后任务

1．巩固练习以 B-52 为代表的兑和法鸡尾酒的调制与服务。
2．利口酒推销及服务。

任务四　五色彩虹鸡尾酒的调制与服务——兑和法（漂浮）

任务描述

彩虹酒是考察调酒师兑合法调制鸡尾酒基本技能的典型鸡尾酒，要求能独立完成以"五色彩虹"为代表的兑和法（漂浮）鸡尾酒调制及服务。

情境引入

2011 年 5 月，国家旅游局在济南举办了全国星级旅游饭店服务技能大赛。调酒组的比赛中规定调制的酒是"五色彩虹"，如何调制呢？

任务分析

完成"五色彩虹"的操作和服务，应熟练掌握：

- "五色彩虹"的配方
- 正确规范的彩虹鸡尾酒调制及服务
- 与"五色彩虹"相关的利口酒的特点、品牌
- 独立完成其他兑和法（漂浮）鸡尾酒的调制及服务

必备知识

一、"五色彩虹"的配方

配方：红石榴糖浆、绿薄荷利口酒、樱桃白兰地、君度香橙利口酒、白兰地。
将原料依次倒入利口杯中。可点燃白兰地，用兑和法调制。

二、载杯的认知

载杯的选择：利口酒杯（Liqueur Glass）。
特点：利口酒杯形状小，用于盛放利口酒。

三、装饰物的制作与搭配

装饰物：火焰、柠檬片。
装饰物的制作：用打火机点燃最上面的酒，用切好的柠檬片盖住火焰。

四、兑和法鸡尾酒的调制方法及服务要求

调酒器具：调酒匙、量杯、打火机、吸管。

制作方法：

① 准备原料和载杯。

② 按配方将原料依次注入。

③ 严格按照密度要求操作。

④ 需要用吧匙贴紧杯壁慢慢地将酒水倒入，注入的速度要缓慢，以免冲撞混合。

⑤ 不同品牌酒水的密度略有不同，一般情况下酒精度数低的酒水，含糖量高，密度较大；而酒精度数高的则相反。

⑥ 最后加上装饰物即可。

服务时为客人附上吸管，用吸管深入酒的底层吸入，一气呵成，体验不同层次的口感。

拓展知识

一、与五色彩虹相关利口酒的知名品牌

（一）必得利石榴汁（Bardinet Grnadine Syr Ur）

必得利石榴汁又称必得利无酒精浓缩口味糖浆，调配鸡尾酒的常用配料。调配方法是将必得利石榴汁按 1:15 的份量稀释后，加入酒类调配饮料或鸡尾酒。必得利石榴汁既可以作为一般的调酒使用，也可以作为甜料涂于面包、薄饼、烤饼上，增添风味，还可以加于冰激凌上，或者调制牛奶、冰绿茶等，味道均不错。

（二）安哥斯特拉红糖水

安哥斯特拉红糖水是生产著名苦酒的 Angostura 公司的产品，以水、玉米糖浆、果酸、天然石榴精、0.1%以下的苯甲酸钠和诱惑红制成，出产自美国，是制作鸡尾酒最常见的原料之一。

（三）Get27 法国葫芦绿薄荷酒（Get27 Pippermint）

Get27 法国葫芦绿薄荷酒简称 Get 薄荷酒。葫芦绿薄荷酒是享誉全球的薄荷烈酒，是 Jean 和 Pierre Get 两兄弟于 1796 年创制的。他们发现在酒中加入 7 种不同的薄荷，口味清爽、强劲，却更甘醇爽口，加上其透明及独特的绿色瓶身，使其迅速推广如今已有 100 多个国家和地区销售该酒。葫芦绿薄荷酒可以加入碎冰、苏打水或者柠檬汁一起饮用，也可以用于调制出许多激动人心的鸡尾酒。

（四）君度力娇（Cointreau）

君度是一种晶莹剔透的力娇酒，过去以库拉索岛（Curacao）的橙子为原料，是橙皮酒中的极品。1875 年，其主要配方由公司创始人的儿子爱德华·君度（Edouard Cointreau）发明，并由此作为一个秘方保留下来，传给君度家族优秀的后代。

要得到完美的君度，必须通过蒸馏获得甜味、苦味橙皮的精华部分，再将其与优质的纯酒精、糖、水混合，最后合成酒精含量为 40% 的绝对优质成酒。整个过程中所有的精挑细选都是为了保证其纯正适中的口感。

因此，君度的口感很独特，香醇而且丰富。虽然调配均衡，但其以浓烈而温和，清凉却温暖，苦涩带甘甜的强烈对比给人以耳目一新的味觉新体验。将它倒入杯中，呈现的是晶莹剔透的色泽，但加冰后就变成乳白色，伴随清淡的花香与果味，随后是一阵浓厚的橙香。整体感觉是一种冰酷、微妙、复杂并萦绕着久久不散的温暖余韵。

正是君度这种独特的口感及多变的饮用方式，使它在一个多世纪以来不断超越味觉的想象，屹立于变化莫测的时尚潮流中。无论是传统的纯饮或是加冰饮用，君度都可以适用于不同的场合。它可以与汤力水混合饮用；或与柠檬汽水、果汁调制成清爽的大杯饮料；或者和其他力娇酒混合调制出各种不同的鸡尾酒。而且君度是世界上很多著名鸡尾酒的核心配料，包括玛格丽特（Margarita）、大都会（Cosmopolitan）等。

君度之所以有如此巨大的吸引力，另一个主要原因是它的瓶子。与传统精心装饰的不透明力娇酒瓶不同，简单却醒目的方形设计是爱德华·君度独特的设想。与瓶身同样独特的是其最具代表性的颜色——深琥珀色的玻璃给了君度无与伦比的神秘色彩。瓶形设计总在细微处不断地更新，从而使它一直保持着新颖和十足的现代感，由此在消费者中确立了不可替代的地位。

1875 年，埃德华·君度创造了君度酒的配方，当时大部分力娇酒都是由家族配方制造而成。由甜味、苦味橙皮混合而制的君度是特立独行的。即使在今天，它仍保持着神秘的色彩，不仅是因为君度家族的优秀后代们始终保留着这个秘方，还因为其制造过程本身也是一个特殊的炼金术，传统的技术和精湛的设备创造出了传奇般的力娇酒。

君度由甜味、苦味橙皮混合的独特口味保持了一个多世纪，它只使用来自世界不同地方的最好的橙皮，具体的混合比例由每年的收获情况而定。苦味橙（Citrus Aurentium）在未成熟前收获，因为这时它有最浓的香味，把皮剥下来后晒干，直到变成橄榄绿。甜味橙皮（Citrus Sinensis）被剥下来后，一部分晒干，另一部分则保持其新鲜的状态，这也是君度的一个秘密。到了蒸馏厂，新鲜的橙皮要在酒里浸泡数周，目的是让一种特殊的香味散发出来。精心挑选甜味、苦味橙皮是为了让君度具有馥郁的芳香，其他成分（天然纯酒精、优质的糖和纯净水）是为了使它拥有绝对中性的口感，这样才能使得君度微妙的橙香散发得淋漓尽致。

完成橙皮的混合后，下一步开始蒸馏。著名的君度蒸馏房有 19 个巨大的紫铜蒸馏器，其中的一些蒸馏器还是安格尔蒸馏厂保留下来的。蒸馏从早上开始，到下午结束。然后将得到的精华进一步提炼，直到保留最芳香可溶的元素。

最后的关键步骤是要把纯酒精、糖和水混合，得到酒精含量为 40% 的君度酒。酒精含量、产品稠度、室温下的绝对纯净及在什么温度下力娇酒变乳白色，都在此时被确定。当君度被冷却到一个特定温度时（如当倒入冰块时），它立刻变乳白色。这种变化也是君度魅力的一部分，这说明了君度含有上乘的橙子精油。

（五）波士樱桃白兰地

波士公司成立于 1575 年，是目前荷兰现存的历史最悠久的力娇酒品牌。波士家族来到荷兰，在阿姆斯特丹的中心地区传承该家族酿制酒类饮料的家传技巧。

在黄金年代，航海家和水手们经过长途旅行后，从世界各地带回了多种异域香料和产品，如亚洲的肉桂、地中海和加勒比海的柑橘类水果、非洲的丁香塔希提岛的香子兰豆、保加利亚的玫瑰油及哥伦比亚的咖啡豆等。卢卡斯波士精选所需的原料，并且对原料进行细致复杂的蒸馏、醇化和滴滤操作，以便使这些原料在力娇酒中发挥作用，让口感最佳。
从此时开始，他便缔造了一个酒类饮料的高质量传统，并且该传统已经成为公司的指导纲领，用他的话概括为："不要去损毁自然，而要把它引向完美。"

时至今日，波士公司依然使用波士家族秘方生产品种最多、质量上乘的力娇酒，销往全球 110 多个国家和地区。

现在，卢卡斯波士公司的总部位于阿姆斯特丹的 Paulus Potterstraat 大街（梵高博物馆的对面），处于众多极富盛名的博物馆环抱之中。人们可以参观波士大厦来踏上一个精彩纷呈的旅行，获得顶级的"鸡尾酒和 Genever 体验"，或者在拥有世界最精湛培训技术的地方——波士调酒学院，学习培训课程，提高调制鸡尾酒的技术。

波士樱桃白兰地以南斯拉夫海岸地区 Dalmatia 当地盛产的 Marasca 樱桃树果实（成熟时期色泽呈暗红色）樱桃榨汁为主原料制成。樱桃榨汁时其果核经常一并碾碎，饮用时会感觉到樱桃核的粒子存在，这是该产品特色之一。波士樱桃白兰地融合了樱桃及霖酒，甜蜜的樱桃味道再加上少许霖酒的点缀，构成了一个富有异国风味的力娇酒。净饮、加冰或用来调配鸡尾酒都同样理想。

（六）喜龄樱桃白兰地（Cherry Heering）

彼德海凌酒厂位于首都哥本哈根（Copenhagen）的 Dalby 镇。它自 1818 年起生产的 Cherry Liqueur 樱桃烈酒已成为丹麦皇室御用酒类饮料的常用供应品，特别是当中两个女皇朝代，玛格丽特二世（Margrethe II）及伊丽莎白二世（Elizabeth II）。丹麦除了旅游名胜（如 Little Mermaid 美人鱼铜像、Tivoli 铁佛里游乐园等）数不胜数外，还有几家快近 200 年历史的地道酒厂，专门酿造草药保健酒和其他蒸馏烈酒。当中最受海内外欢迎的正是创自于 1818 年的独家精馏制造樱桃烈酒（Cherry Liqueur 的 Peter F. Heering（彼德海凌）酒厂。

彼德海凌樱桃烈酒因酒精含量达 21.8%，饮家也称其为樱桃白兰地。它的瓶子带方形，容量为 1 L。当然，不同之处是它并非以葡萄酿造，只是采用天然的樱桃汁与杏仁、香料混合，再加上葡萄糖精馏制成。酒厂在灌瓶前要把酿好的酒液在木桶中存放 3 年之久。

酒厂经历了多代传人，如今是由丹麦酿酒巨人 Danish Distillers 公司管理（此酒业拥有不少丹麦国内名酒品牌，如 Gammel Dansk 老丹麦保药酒等）。

彼德海凌樱桃烈酒销往 100 多个国家和地区，多年来获得了近 10 个金奖，最容易找到它的场所就是酒吧和酒廊，因为此酒常被调酒师用来制作鸡尾酒。酒液呈中琥珀颜色，密度高，在杯中散发出浓浓的成熟樱桃与杏仁酱汁味道。饮用时能感到它的樱桃木香和草莓甜味。单宁酒体强而柔韧，结构紧密，后味和缓，甘甜悠长。

（七）芳津杏仁力娇酒（Disaronno）

芳津杏仁力娇酒是一种用烈酒，配以甜味糖浆和其他物质而制成的一种含酒精饮品。这种酒最先是被埃及人制造出来的，后来僧侣们又将其制造过程进行改良，并逐渐精益求精而成为这个领域的专家。它的酒精含量在 15% ～ 55%，主要生产国为法国、意大利、荷兰、德国、匈牙利、日本、英格兰、俄罗斯、爱尔兰、美国和丹麦。据说，最能代表意大利式浪漫的酒不是著名的"巴罗洛"和"奇扬第"葡萄酒，而是被称为"小爱神"的帝萨诺（Disaronno）利口酒。

帝萨诺起源于一个古老而浪漫的故事：1525 年，达芬奇的学生布纳迪诺·鲁尼为安杰利的圣母教堂（Santa Maria Miracoli degli Angeli）画壁画，为了画好圣母玛丽亚，他请到当地一家旅馆的女主人作模特儿。在绘画过程中，两人渐生爱意。一天，这位女子从家中带来当地一种名为 Saronno 的酒请画家品尝，美酒的陶醉和美人的缠绵顿时激发了画家的灵感，挥舞画笔成就了一幅世界名画。后来，意大利酒商雷纳家族（Reina）把这种酒的配方发掘出来，取名为 Disaronno，世代流传下来。

（八）尚博德（Chambord）

尚博德的名称取自位于卢瓦尔河谷地的著名城堡尚博德，但实际上，它在产地法国并不常见，而在盎格鲁－撒克逊地区常被用于制作鸡尾酒。它的制作方法是：把覆盆子和其他森林浆果浸泡在白兰地中，然后把得到的浸酒用姜、槐树蜜和辣椒串香，并倒入桶中储藏，酒精度为 25°。

（九）飘仙 1 号

1804 年，詹姆士·飘仙以金酒为基酒，配以优质力娇酒及果浆精华混合调制成的一种酒，经典饮用方法：与七喜或雪碧一起注入高深玻璃杯，加冰块后放一片柠檬做装饰。

（十）杜林标酒（Drambuie）

杜林标酒是由苏格兰产著名的麦芽威士忌酒加蜂蜜、草药配制而成，属草料利口酒，呈金黄色，味甜，酒精度为 40°。

（十一）班尼迪克丁（Benedictine DOM）

班迪尼克丁由 27 种草药调香，酒精度为 43°，属特精制利口酒，可兑水饮用，属餐后酒，常用于配制鸡尾酒。

（十二）圣鹿香草利口酒（Jagermeister）

圣鹿香草利口酒是德国的一种药材酒，用星茴、肉桂、番红花、甘菊、丁香、姜等酿制而成，有缓和情绪的作用。

（十三）修道院酒（Chartreuse）

修道院酒是草类利口酒中一个主要品种，属特精制利口酒，是法国修士发明的一种驰名世界的配制酒，目前仍然由法国 Isere（依赛）地区的卡尔特教团大修道院生产，修道院酒的秘方至今仍掌握在教士们那里。该酒用葡萄蒸馏酒作为基酒，浸制 130 多种阿尔卑斯山区的草药，如虎耳草、风铃草、龙胆草等，再配以蜂蜜等原料制成，成酒需要陈酿 3 年以上，有的长达 12 年之久。修道院酒中最有名的是修道院绿酒（Chartreuse Verte），酒精度为 55° 左右。较有名的有修道院黄酒（Chartreuse Jaune），酒精度为 40° 左右；陈酿绿酒（V.E.P.Verte），酒精度为 54° 左右；陈酿黄酒（V.E.P.Jaune），酒精度为 42° 左右，驰酒（Elixir），酒精度为 71° 左右。

二、波士系列的其他产品

波士系列的其他产品有：

波士蓝橙酒（Bol's Curacao Blue）；

波士白橙皮（Bol's Triple Sec）；

波士绿薄荷（Bol's Creme De Menthe Green）；

波士白薄荷（Bol's Creme De Menthe White）；

波士鸡蛋白兰地（Bol's Advocaat）；

波士杏仁白兰地（Bol's Aoricot Brandy）；

波士黄梅白兰地（Bol's Apricot Brandy）；

波士樱桃白兰地（Bol's Cherry Brandy）；

波士香蕉酒（Bol's Creme De Bananes）；

波士野樱桃（Bol's Marschino）；

波士白樱桃（Bol's Kirschwasser）；

波士蜜瓜甜酒（Bol's Melon）；

波士棕可可酒（Bol's Creme De Cacao Brown）；

波士白可可酒（Bol's Creme De Cacao White）；

波士黑加仑（Bol's Greme De Cassis）；

波士奇异果（Bol's Kiwi）；

波士鲜橙（Bol's Orange Cacao）；

波士鲜桃（Bol's Peach）；

波士巴菲（Bol's Pafait）。

三、其他知名的利口酒品牌

其他知名的利口酒有玛丽白莎、迪凯堡等。

完成任务

独立完成"五色彩虹"的调制及服务。

一、分组练习

每 3 ～ 5 人为一小组，分别扮演调酒师、吧员、客人等不同角色，然后按顺序完成调酒任务并提供对客服务。练习过程中仔细观察每个人的动作及服务效果。

二、讨论、对比

对每个人的表现进行组内分析讨论、组间对比互评，加深对整个对客服务步骤、方法及要求的理解与掌握。

能力拓展及评价

一、其他兑和法（漂浮）鸡尾酒的调制与服务

名称：彩虹（Rainbow）

配方：8 ml 红糖水（Grenadine Syrup）、8 ml 咖啡甜酒（Kahlua）、8 ml 香蕉利口酒（Banana Liqueur）、8 ml 绿薄荷（Get 27）、8 ml 蓝橙（Blue Courao）、8 ml 特基拉（Tequila）。

器具：量酒杯、吧匙、利口酒杯、杯垫等。

材料：红糖水、咖啡甜酒、香蕉利口酒、绿薄荷、蓝橙、特基拉。

操作步骤：

① 洗净双手并擦干。

② 将一只利口酒杯擦干净。

③ 量 8 ml 红糖水，垂直倒入杯中，尽量不要沾到杯壁。

④ 量 8 ml 咖啡甜酒，用吧匙的前端紧顶住杯子的内壁，匙背呈 45°。在匙背末端后 1/3 处倒入酒杯内。

⑤ 量 8 ml 香蕉利口酒，按照④的方法倒入酒杯内。

⑥ 量 8 ml 绿薄荷，按照④的方法倒入酒杯内。

⑦ 量 8 ml 蓝橙，按照④的方法倒入酒杯内。

⑧ 量 8 ml 特基拉，按照④的方法倒入杯内。

⑨ 将调好的鸡尾酒置于杯垫上。

⑩ 清洁器具，清理工作台。

操作要点及注意事项：

动作要慢，倒酒时要尽量保持手不抖。

二、综合评价

教师对各小组的制作过程、成品、酒水服务进行讲评，然后把个人评价、小组评价、教师评价简要填入评价表中。

被考评人					
考评地点					
考评内容					
考评标准	内　　容	分值 / 分	自我评价 / 分	小组评议 / 分	实际得分 / 分
	熟知鸡尾酒的分类和基本结构	10			
	熟悉掌握鸡尾酒的调制方法及原则	20			
	熟记调制鸡尾酒的步骤及注意事项	10			
	掌握品尝、鉴别鸡尾酒的步骤及技巧	20			
	掌握鸡尾酒及基酒相关知识	20			
	鸡尾酒促销能力	10			
	鸡尾酒规范服务	10			
	合　　计	100			

课后任务

1．巩固练习以"五色彩虹"为代表的兑和法鸡尾酒的调制与服务。

2．根据分层原理，结合酒水知识，自创彩虹酒。

任务五　"威士忌酸"的调制与服务——摇和法（单手）

任务描述

摇和法是调制鸡尾酒常用的重要方法，威士忌是酒吧畅销的酒水。要独立完成以威士忌酸为代表的摇和法鸡尾酒调制及服务；能提供威士忌酸的主酒威士忌酒其他服务。

> **情境引入**
>
> 身着休闲装的王女士进入酒吧。她想要一杯以威士忌为基酒，酸甜适口的鸡尾酒，请为这位女士调制该酒。
>
> **任务分析**
>
> 完成威士忌酸的操作和服务，应熟练掌握：
>
> • "威士忌酸"的配方
>
> • 正确规范的摇和法鸡尾酒调制及服务
>
> • 威士忌的特点、品牌
>
> • 威士忌的饮用方法和服务要求

必备知识

一、"威士忌酸（Whisky Sour）"的配方

配方：威士忌 1.5 oz、柠檬汁 1/2 oz、砂糖 1 匙。

装饰物：柠檬片、红樱桃。

二、载杯的认知

载杯的选择：酸酒杯（Sour）。

特点：酸酒杯底部有握柄，上方呈倒三角形，深度比鸡尾酒杯深，用于盛载酸味鸡尾酒和部分短饮鸡尾酒。

三、装饰物的制作与搭配（红樱桃）

装饰物：柠檬片、红樱桃。

装饰物的制作：用酒签穿樱桃插入柠檬片做装饰（根据鸡尾酒选择装饰物）。

四、摇和法鸡尾酒（单手）的调制方法及服务要求

调制方法：单手摇和法（Shake）。

器材准备：冰桶、冰夹（冰铲）、摇酒器（雪克壶）、量杯、鸡尾酒载杯、装饰物。

制作过程：

① 将清洁的摇酒器分开，将冰块放入底杯。

② 将烈酒、配酒、糖、果汁及香料等倒入有冰块的底杯中。

③ 盖上过滤盖，再盖上上盖。

④ 用右手食指按住上盖，中指扶住滤冰盖，拇指扶住壶身，无名指及小指托住摇酒器底部。

⑤ 握紧摇酒器，手背抬高至肩膀，再用手腕快速来回甩动，至外表结霜即可。

⑥ 打开上盖，将酒倒入酒杯中。

⑦ 最后加上装饰品即可。

拓展知识

一、威士忌的知名品牌

（一）苏格兰威士忌的著名名牌

1. 兑和威士忌的主要名牌

（1）Ballantine's（百龄坛）

百龄坛公司创立于 1827 年，其产品是以产自于苏格兰高地的 8 家酿酒厂生产的纯麦芽威士忌为主，再配以 42 种其他苏格兰麦芽威士忌，然后与自己公司生产酿制的谷物威士忌进行混合勾兑调制而成，具有口感圆润、浓郁醇香的特点。它是世界上最受欢迎的苏格兰兑和威士忌之一。其产品有特醇、金玺、12 年、17 年、30 年等多个品种。

（2）Bell's（金铃）

金铃威士忌是英国最受欢迎的威士忌品牌之一，由创立于 1825 年的贝尔公司生产。其产品都是使用极具平衡感的纯麦芽威士忌为原酒勾兑而成。其产品有 Extra Special（标准品）、Bell's Deluxe（12 年）、Bell's Decanter（20 年）、Bell's Royal Reserve（21 年）等多个品种。

（3）Chivas Regal（芝华士）

芝华士由创立于 1801 年的 Chivas Brothers Ltd（芝华士兄弟公司）生产，Chivas Regal 的意思是"Chivas 家族的王者"。1843 年，Chivas Regal 曾作为维多利亚女王的御用酒。其产品有芝华士 12 年（Chivas Regal 12）和皇家礼炮（Royal Salute）两种。

（4）Cutty Sark（顺风）

顺凡又称帆船、魔女紧身衣，诞生于 1923 年，是具有现代口感的清淡型苏格兰混合威士忌。该酒酒性比较柔和，是国际上比较畅销的苏格兰威士忌之一。该酒采用苏格兰低地纯麦芽威士忌作为原酒，与苏格兰高地纯麦芽威士忌勾兑调和而成。其产品有 Cutty Sark（标准品）、Berry Sark（10 年）、Cutty（12 年）、St.James（圣·詹姆斯）等多个品种。

（5）Dimple（添宝 15 年）

添宝 15 年（Dimple）是 1989 年向世界推出的苏格兰混合威士忌，具有金丝的独特瓶型和散发着酿藏 15 年的醇香，令其更显得独具一格，深受上层人士的喜爱。

（6）Grant's（格兰特）

格兰特是苏格兰纯麦芽威士忌 Glenfiddich 格兰菲迪（又称鹿谷）的姊妹酒，均由英国威廉·格兰特父子有限公司出品，Grant's 格兰特牌威士忌酒给人的感觉是爽快和具有男性化的辣味，因此在世界具有较高的知名度。其标准品为 Standfast，另外还有 Grant's Centenary 格兰特世纪酒、Grant's Royal 皇家格兰特（12 年陈酿）、Grant's 21（格兰特 21 年极品威士忌）等多个品种。

（7）J&B（珍宝）

珍宝是创于 1749 年的苏格兰混合威士忌酒，由贾斯泰瑞尼和布鲁克斯有限公司出品，该酒的名称来自该公司英文名称的字母缩写，属于清淡型混合威士忌酒。该酒采用 42 种不同的麦芽威士忌与谷物威士忌混合勾兑而成，且 80% 以上的麦芽威士忌产自于苏格兰著名 Speyside 地区。它是目前世界上销量比较大的苏格兰威士忌酒之一。

（8）Johnnie Walker（尊尼获加）

尊尼获加（Johnnie Walker）是苏格兰威士忌的代表酒，该酒以产自于苏格兰高地的 40 多种麦芽威士忌为原酒，再混合谷物威士忌勾兑调配而成。Johnnie Walker Red Label（红方或红标）是其标准品，销量很大；Johnnie Walker Black Label（黑方或黑标）是采用 12 年陈酿麦芽威士忌调配而成的高级品，具有圆润可口的风味；Johnnie Walker Blue Label（蓝方或蓝标）是尊尼沃克威士忌酒系列中的顶级醇醪；Johnnie Walker Gold Label（金方或金标）是陈酿 18 年的尊尼沃克威士忌系列酒；Johnnie Walker Swing Superior（尊豪）是尊尼沃克威士忌系列酒中的极品，选用 45 种以上的高级麦芽威士忌混合调制而成，口感圆润、喉韵清醇，其酒瓶采用不倒翁设计式样，非常独特；Johnnie Walker Premier（尊爵）属极品级苏格兰威士忌酒，该酒酒质馥郁醇厚，特别符合亚洲人的口味。

（9）Passport（帕斯波特）

怕斯波特又称护照威士忌是由威廉·隆格摩尔公司于 1968 年推出的具有现代气息的清淡型威士忌酒，具有明亮轻盈，口感圆润的特点，非常受年轻人的欢迎。

（10）The Famous Grouse（威雀）

威雀由创立于 1800 年的马修·克拉克公司出品。Famous Grouse 属于其标准产品，还有 Famous Grouse 15（15 年陈酿）和 Famous Grouse 21（21 年陈酿）等多个品种。

此外，比较著名的苏格兰混合威士忌酒还有 Claymore（克雷蒙）、Criterion（克利迪欧）、Dewar（笛沃）、Dunhill（登喜路）、Hedges & Butler（赫杰斯与波特勒）、Highland Park（高原骑士）、King of Scots（苏格兰王）、Old Parr（老帕尔）、Old St.Andrews（老圣·安德鲁斯）、Something Special（珍品）、Spey Royal（王者或斯佩·罗伊尔）、Taplows（泰普罗斯）、Teacher's（提切斯或教师）、White Horse（白马）、William Lawson's（威廉·罗森）等。

2. 苏格兰纯麦威士忌的主要品牌

（1）Glenfiddich（格兰菲迪）

格兰菲迪又称鹿谷，由威廉·格兰特父子有限公司出品，该酒厂于 1887 年开始在苏格兰高地地区创立蒸馏酒制造厂，生产威士忌酒，是苏格兰纯麦芽威士忌的典型代表。Glenfiddich 格兰菲迪的特点是味道香浓而油腻，烟熏味浓重突出。品种有 8 年、10 年、12 年、18 年、21 年等。

（2）Glenlivet（兰利斐）

兰利斐又称格兰利菲特，是由乔治和 J.G 史密斯有限公司生产的 12 年陈酿纯麦芽威士忌，该酒于 1824 年在苏格兰成立，是第一个政府登记的蒸馏酒生产厂，因此该酒也被称为"威士忌之父"。

（3）Macallan（麦卡伦）

苏格兰纯麦芽威士忌的主要品牌之一。Macallan 的特点是在储存、酿造期间完全只采用雪利酒橡木桶盛装，因此具有白兰地般的水果芬芳，被酿酒界人士评价为"苏格兰纯麦威士忌中的劳斯莱斯"。

按陈酿年限分类，有 10 年、12 年、18 年及 25 年等多个品种；按酒精度分类有 40°、43°、57° 等多个品种。

此外，比较著名的苏格兰纯麦威士忌还有 Argyli（阿尔吉利）、Auchentoshan（欧汉特尚）、Berry's（贝瑞斯）、Burberry's（巴贝利）、Findlater's（芬德拉特）、Strathspy（斯特莱斯佩）等多种品牌。

（二）爱尔兰威士忌著名的品牌

1. John Jameson（约翰·詹姆森）

John Jameson 于 1780 年在爱尔兰都柏林创立，是爱尔兰威士忌酒的代表。其标准品 John Jameson 口感平润、清爽，是世界各地的酒吧常备酒品之一；"Jameson 1780 12 年"威士忌酒则口感十足、甘醇芬芳，是极受人们欢迎的爱尔兰威士忌名酒。

2. Bushmills（布什米尔）

布什米尔以酒厂名字命名，创立于 1784 年。该酒以精选大麦制成，生产工艺较复杂，有独特的香味，酒精度为 43°，共分为 Bushmills、Black Bush、Bushmills Malt（10 年）3 个级别。

3. Tullamore Dew（特拉莫尔露）

特拉莫尔露以酒厂名字命名，该酒厂创立于 1829 年。该酒酒精度为 43°，其标签上描绘的狗代表着牧羊犬，是爱尔兰的象征。

（三）美国威士忌著名的品牌

1. Four Roses（四玫瑰）

四玫瑰创立于 1888 年，容量为 710 ml，酒精度为 43°。黄牌四玫瑰味道温和、气味芳香，黑牌四玫瑰味道香甜浓厚，而"普拉其那"则口感柔和、气味芬芳、香甜。

2. Jim Beam（吉姆·比姆）

吉姆·比姆又称占边，创立于 1795 年，是 Jim Beam 公司生产的具有代表性的波旁威士忌酒。该酒以发酵过的裸麦、大麦芽、碎玉米为原料蒸馏而成，具有圆润可口、香味四溢的特点。该酒分为 Jim Beam 占边（酒精度为 40.3°）、Beam's Choice 精选（酒精度为 43°）、Barrel-Bonded（经过长期陈酿的豪华产品）等多个品种。

3. Old Taylor（老泰勒）

老泰勒是由创立于 1887 年的基·奥尔德·泰勒公司生产，酒精度为 42°。该酒陈酿 6 年，有着浓郁的木桶香味，具有平滑顺畅、圆润可口的特点。

4. Sunny Glen（桑尼·格兰）

桑尼·格兰意为阳光普照的山谷，该酒勾兑调和后，要在白橡木桶中陈酿 12 年，具有丰富而且独特的香味，深受波旁酒迷的喜爱，酒精度为 40°。

5. Seagram's 7 Crown（施格兰王冠）

施格兰王冠是由施格兰公司于 1934 年首次推向市场的口味十足的美国黑麦威士忌。

6. Jack Daniel's（杰克丹尼）

杰克丹尼是世界十大名酒之一。1866 年，杰克丹尼酒厂诞生于美国田纳西州莲芝堡，是美国第一间注册的蒸馏酒厂。杰克丹尼威士忌畅销全球 130 多个国家和地区，单瓶销量多年来高居全球美国威士忌之首。该酒挑选最上等的玉米、黑麦及麦芽等全天然谷物，配合高山泉水酿制，不含人造成分。其采用独特的枫木过滤方法，用新烧制的美国白橡木桶储存，让酒质散发天然独特的馥郁芬芳。

（四）加拿大威士忌著名的品牌

1. Alberta（艾伯塔）

艾伯塔产自于加拿大 Alberta 艾伯塔州，分为 Premium 普瑞米姆和 Springs 泉水两个品种，酒精度均为 40°，具有香醇、清爽的风味。

2. Crown Royal（皇冠）

皇冠是加拿大威士忌酒的超级品，以酒厂名命名。1936 年，英国国王乔治六世在访问加拿大时饮用过这种酒，因此而得名，酒精度为 40°。

3. Seagram's V.O（施格兰特酿）

施格兰特酿以酒厂名字命名。Seagram 原为一个家族，该家族热心于制作威士忌酒，后来成立酒厂并以施格兰命名。该酒以稞麦和玉米为原料，贮存 6 年以上，经勾兑而成，酒精度为 40°，口味清淡且平稳顺畅。

此外，还有著名的加拿大威士忌品牌还有 Canadian Club（加拿大俱乐部）、Velvet（韦勒维特）、Carrington（卡林顿）、Wiser's（怀瑟斯）、Canadian O.F.C（加拿大 O.F.C）、Black Velvet（黑天绒）等。

二、威士忌的服务要求

（一）载杯

纯饮用利口酒杯或烈性酒杯，加冰用古典杯或岩石杯，品鉴威士忌用威士忌专用酒杯，可作为餐前或餐后酒。

威士忌杯：又称老式杯（Old Fashioned Glass）、岩杯（Rocks Glass）或低球杯（Lowball Glass），是厚平底杯（Tumbler）的一种。低球杯是相对于高球杯定义的，高球杯（Highball Glass）和低球杯的器型相似，只是用处不同。高球杯多用于加冰软饮料、加水饮用的酒类。老式杯这个名称来源于它最初盛装的鸡尾酒的名字，底部厚重，杯壁厚实，一般容积为 300 ml。手感冰冷、强硬，但其具体造型多种多样，有的外形圆胖，有的线条平直，有的有雕花。

利口酒杯：外形精致，开口向外，用于盛载利口酒或烈性酒，容量为 30 ～ 50 ml。

烈性酒杯：又称子弹杯，外形矮小，上方成圆直状，开口向外，用于盛载烈性酒，容量为 30 ～ 50 ml。

（二）标准用量

40 ml 或 1 oz。

（三）饮用方法

净饮：将威士忌直接倒入威士忌酒杯中或古典杯中。

加冰块饮用：先在古典杯中放 4 ～ 5 块冰，然后将威士忌酒倒入古典杯中。

兑饮：将威士忌与果汁勾兑，也可将冷藏过的矿泉水或汽水与威士忌勾兑，或调制鸡尾酒。开瓶后保管方法与白兰地相同。

知识链接

一、威士忌的定义

威士忌酒是用大麦、黑麦、玉米等谷物为原料，经发酵、蒸馏后放入旧的木桶中进行陈酿，然后勾兑而成的酒精饮料。

威士忌的名称源自苏格兰盖尔族语言 Uisge Beatha，意为"生命之水"。

苏格兰、加拿大的拼写方式为 Whisky，美国、爱尔兰的拼写方式为 Whiskey。

二、威士忌的起源和发展

公元 12 世纪，爱尔兰岛上已有一种以大麦作为基本原料生产的蒸馏酒，其蒸馏方法是从西班牙传入爱尔兰的。这种酒含芳香物质，具有一定的医药功能。

公元 1171 年，英国国王亨利二世（1154—1189）在位，举兵入侵爱尔兰，并将这种酒的酿造方法带到了苏格兰。当时，居住在苏格兰北部的盖尔人（Gael）称这种酒为 Uisge Beatha，意为"生命之水"。这种"生命之水"即为早期威士忌的雏形。

公元 1494 年，苏格兰文献"财政簿册"上曾记载过苏格兰人蒸馏威士忌的历史。19 世纪，英国连续式蒸馏器的出现，使苏格兰威士忌进入了商业化的生产。

公元 1700 年以后，居住在美国宾夕法尼亚州和马里兰州的爱尔兰和苏格兰移民，开始建立起家庭式的酿酒作坊，从事蒸馏威士忌酒。随着美国人向西迁移，1789 年，欧洲大陆移民来到肯塔基州的波本镇（Bourbon County），开始蒸馏威士忌。这种后来被称为"肯塔基波本威士忌（Kentucky Bourbon Whiskey）"的酒以其优异的质量和独特的风格成为美国威士忌的代名词。

欧洲移民把蒸馏技术带到美国，同时也传到加拿大。1857 年，家庭式的"施格兰"（Seagram）酿酒作坊在加拿大安大略省建立，从事威士忌的生产。1920 年，山姆·布朗夫曼（Samuel Bronfman）接管"施格兰"的业务，创建了施格兰酒厂（House of Seagram）。他利用当地丰富的谷物原料及柔和的淡水资源，生产出优质的威士忌，产品销往世界各地。如今加拿大威士忌以其酒体轻盈的特点，成为世界上配制混合酒的重要基酒。

19 世纪中期以后，日本受西方蒸馏酒工艺的影响开始进口原料酒，进行威士忌的调配。1933 年，日本三得利（Suntory）公司的创始人乌井信治郎在京都郊外的山崎县建立起第一座生产麦芽威士忌的工厂。从那时候起，日本威士忌逐渐发展起来，并成为国内众多的饮品之一。

威士忌不仅酿造历史悠久，酿造工艺精良，而且产量大，市场销售旺，深受消费者的欢迎，是世界最著名的蒸馏酒品之一，同时也是酒吧单杯"纯饮"销售量最大的酒水品种之一。

三、威士忌的生产工艺及特点

威士忌是以谷物为原料蒸馏而成，在香气、口味、酒体风格等方面与白兰地迥然不同，酒度在 80 proof 以上，酒体呈浅棕红色，清澈透明，富有光泽；气味焦香或带有烟熏味，口感甘冽，酒质醇厚。

兑和威士忌为最受欢迎的产品，用各种不同谷物原料酿造的威士忌，加上不同酒龄的威士忌，按照一定比例进行勾兑，可以调配出不同层次、不同口感、不同级别的酒，各厂家均有自己权威的调酒师，怀有各种"绝技"和"配方"，不外传、千金难买。

威士忌的酿制工艺过程可分为如下 7 个步骤：

（一）发芽（Malting）

首先将去除杂质后的麦类（Malt）或谷类（Grain）浸泡在热水中使其发芽，其间所需的时间根据麦类或谷类品种的不同而有所差异，但一般需要一两周的时间来进行发芽过程，然后将其烘干或使用泥煤（Peat）熏干，冷却后再贮放大约一个月，发芽的过程才算完成。在所有的威士忌中，只有苏格兰地区生产的威士忌是使用泥煤将发芽过的麦类或谷类熏干，因此苏格兰威士忌有一种独特的风味，即泥煤的烟熏味，而这是其他种类的威士忌所没有的一个特色。

（二）磨碎（Mashing）

将存放一个月后的发芽麦类或谷类放入特制的不锈钢槽中捣碎并煮熟成汁，其间所需 8～12 小时。在磨碎的过程中要注意控制温度及时间，过高的温度或过长的时间都会影响到麦芽汁（或谷类的汁）的品质。

（三）发酵（Fermentation）

发酵是将冷却后的麦芽汁加入酵母菌进行发酵的过程，由于酵母能将麦芽汁中的糖转化成酒精，因此在完成发酵过程后会产生酒精浓度大 5 %～6 % 的液体，此时的液体被称为 Wash 或 Beer。由于酵母的种类很多，对于发酵过程的影响又不尽相同，因此各个不同的威士忌品牌都将其使用的酵母种类及数量视为商业机密，不轻易告诉外人。一般来说在发酵过程中，威士忌厂会使用两种以上不同品种的酵母来进行发酵，也有使用 10 多种不同品种的酵母混合在一起来进行发酵的。

（四）蒸馏（Distillation）

蒸馏具有浓缩的作用，因此当麦类或谷类经发酵后形成低酒精度的 Beer 后，还需要经过蒸馏的步骤才能形成威士忌酒，这时的威士忌酒精浓度在 60 %～ 70 %，被称为"新酒"。不同原料使用的蒸馏方式不同，由麦类制成的麦芽威士忌采用单一蒸馏法，即以单一蒸馏容器进行二次的蒸馏过程，并在第二次蒸馏后将冷凝流出的酒去头掐尾，只取中间的"酒心（Heart）"部分；而由谷类制成的威士忌酒则采用连续式的蒸馏方法，使用两个蒸馏容器以串联方式一次连续进行两个阶段的蒸馏过程，基本上各个酒厂在筛选"酒心"的量上并没有固定统一的比例标准，完全是根据各酒厂的酒品要求自行决定，一般各个酒厂取"酒心"的比例在 60 %～ 70 %之间，也有的酒厂为

制造高品质的威士忌酒，取其纯度最高的部分来使用。享誉全球的麦卡伦（Macallan）单一麦芽威士忌即是如此，即只取 17 %的"酒心"作为酿制威士忌酒的新酒使用。

（五）陈酿（Maturing）

蒸馏过后的新酒必须要经过陈酿的过程，使其经过橡木桶的陈酿来吸收植物的天然香气，并产生出漂亮的琥珀色，同时也可逐渐降低其高浓度酒精的强烈刺激感。目前，在苏格兰地区有相关的法令来规范陈酿的酒龄时间，即每一种酒所标识的酒龄都必须是真实无误的，苏格兰威士忌酒至少要在木酒桶中酿藏 3 年才能上市销售。有了这样的严格规定，一方面可以保障消费者的权益，另一方面为苏格兰地区出产的威士忌酒建立了高品质的形象。

（六）混配（Blending）

由于麦类及谷类原料的品种众多，因此所制造的威士忌酒也存在着各不相同的风味，各个酒厂的调酒大师就根据其经验的不同和本品牌酒质的要求，按照一定的比例搭配各自调配出自己与众不同口味的威士忌酒，也因此各个品牌的混配过程及其内容都被视为绝对的机密，而混配后的威士忌酒品质的好坏就完全由品酒专家及消费者来判定了。需要说明的是，这里所说的"混配"包含两种含义：谷类与麦类原酒的混配；不同陈酿年代原酒的勾兑混配。

（七）装瓶（Bottling）

在混配工艺完成之后，最后的步骤就是装瓶，但是在装瓶之前先要将混配好的威士忌再过滤一次，将其杂质去除掉，这时即可由自动化的装瓶机器将威士忌按固定的容量分装至每一个酒瓶当中，然后贴上各自厂家的商标后即可装箱出售。

四、威士忌的分类

威士忌酒的分类方法有很多，按照威士忌酒所使用的原料不同，可分为纯麦威士忌酒、谷

物威士忌酒及黑麦威士忌等；按照威士忌酒在橡木桶中的贮存时间不同，可分为数年到数十年等不同年限的品种；按照威士忌酒的酒精度不同，可分为 40°～ 60° 不同酒精度的威士忌酒；但是最著名也最具代表性的威士忌分类方法是依照生产地和国家的不同分类，威士忌酒可分为苏格兰威士忌酒、爱尔兰威士忌酒、美国威士忌酒和加拿大威士忌酒 4 大类。其中，以苏格兰威士忌酒最为著名。

（一）苏格兰威士忌（Scotch Whisky）

苏格兰威士忌是与独产于中国的贵州省遵义市仁怀市茅台镇的茅台酒、法国科涅克白兰地齐名的 3 大蒸馏名酒之一。

苏格兰生产威士忌酒已有 500 多年的历史，其产品具有独特的风格，色泽棕黄带红，清澈透明，气味焦香，带有一定的烟熏味，具有浓厚的苏格兰乡土气息。苏格兰威士忌具有口感甘冽、醇厚、劲足、圆润、绵柔的特点，是世界上最好的威士忌酒之一。衡量苏格兰威士忌的主要标准是嗅觉感受，即酒香气味。苏格兰威士忌受英国法律限制：凡是在苏格兰酿造和混合的威士忌才可称为苏格兰威士忌。它的工艺特征是使用当地的泥煤为燃料，烘干麦芽，再经粉碎、蒸煮、糖化，发酵后，用壶式蒸馏器蒸馏，产生 70% 左右的无色威士忌，再装入内部烤焦的橡木桶内贮藏 5 年甚至更长时间。其中，有很多品牌的威士忌酿藏期超过 10 年。最后经勾兑混配后调制成酒精含量在 40% 左右的成品出厂。

苏格兰威士忌酒之所以世界著名的原因有如下 4 点：

第一，苏格兰著名的威士忌酒产地的气候与地理条件适宜农作物大麦的生长。

第二，在这些地方蕴藏着一种称为泥煤的煤炭，这种煤炭在燃烧时会发出阵阵特有的烟熏气味。泥煤是当地特有的苔藓类植物经过长期腐化和炭化形成的，在苏格兰制作威士忌酒的传统工艺中要求必须使用这种泥煤来烘烤麦芽。因此，苏格兰威士忌酒的特点之一就是具有独特的泥煤熏烤芳香味。

第三，苏格兰蕴藏着丰富的优质矿泉水，为酒液的稀释勾兑奠定了基础。

第四，苏格兰人有着传统的酿造工艺及严谨的质量管理方法。

苏格兰有 4 个主要的威士忌酒产区：北部高地（Highland）、南部的低地（Lowland）、西南部的康贝镇（Campbeltown）和西部岛屿伊莱（Islay）。北部高地产区约有近百家纯麦芽威士忌酒厂，占苏格兰酒厂总数的 70% 以上，是苏格兰最著名的威士忌酒生产区。该地区生产的纯麦芽威士忌酒酒体轻盈，酒味醇香。南部低地有 10 家左右的纯麦芽威士忌酒厂。该地区是苏格兰第二个著名的威士忌酒生产区。它除了生产麦芽威士忌酒外，还生产混合威士忌酒。西南部的康贝镇位于苏格兰南部，是苏格兰传统威士忌酒的生产区。西部岛屿伊莱风景秀丽，位于大西洋中。伊莱岛在酿制威士忌酒方面有着悠久的历史，生产的威士忌酒有独特的味道和香气，其混合威士忌酒比较著名。

苏格兰威士忌品种繁多，按原料和酿造方法不同，可分为 3 大类：纯麦芽威士忌、谷物威士忌和兑合威士忌。

1. 纯麦芽威士忌（Pule Malt Whisky）

只用大麦作为原料酿制而成的蒸馏酒称为纯麦芽威士忌。纯麦芽威士忌是以在露天泥煤上烘烤的大麦芽为原料，用罐式蒸馏器蒸馏，一般经过两次蒸馏，蒸馏后所得酒液的酒精度达

63.4°，放到特制的炭烧过的橡木桶中陈酿，装瓶前用水稀释。此酒具有泥煤所产生的丰富香味。按规定，陈酿时间至少 3 年，一般陈酿 5 年以上的酒就可以饮用，陈酿 7 ～ 8 年的酒为成品酒，陈酿 10 ～ 20 年的酒为最优质酒，而陈酿 20 年以上的酒，其自身质量就会有所下降。纯麦芽威士忌深受苏格兰人喜爱，但由于味道过于浓烈，所以只有约 10% 直接销售，其余约 90% 作为勾兑混合威士忌酒时的原酒，很少外销。

2. 谷物威士忌（Grain Whisky）

谷物威士忌采用多种谷物作为酿酒的原料，如燕麦、黑麦、大麦、小麦、玉米等。谷物威士忌只需要一次蒸馏，是以不发芽的大麦为原料，以麦芽为糖化剂生产的威士忌酒。它与其他威士忌酒的区别是大部分大麦不发芽、发酵。因为大部分大麦不发芽，所以就不必使用大量的泥煤来烘烤，成酒后谷物威士忌的泥炭香味也就相应少一些，口味上就更柔、细致。谷物威士忌酒主要用于勾兑其他威士忌酒和金酒，市场上很少零售。

3. 兑和威士忌（Blended Whisky）

兑和威士忌又称混合威士忌，是指用纯麦芽威士忌和混合威士忌掺兑勾和而成的威士忌酒。兑和是一门技术性很强的工作，威士忌的勾兑掺和是由兑和师掌握的。兑和时，不仅要考虑到纯麦芽威士忌和谷物威士忌酒液的比例，还要考虑到各种勾兑酒液陈酿年龄、产地、口味等其他特性。

兑和工作的第一步是勾兑，勾兑时，技师只用鼻子嗅，从不用口尝。遇到困惑时，把酒液在手背上抹一点，再仔细嗅别鉴定。第二步是掺和，勾兑好的剂量配方是保密的，按照剂量把不同的品种注入在混合器（或者通过高压喷雾）中调匀，然后加入染色剂（多用饴糖），最后入桶陈酿贮存。兑和后的威士忌的烟熏味被冲淡，嗅觉上更加诱人，融合了强烈的麦芽及细致的谷物香味，因此畅销世界各地。兑和后的威士忌根据其酒液中纯麦芽威士忌酒的含量比例分为普通和高级两种类型。一般来说，纯麦芽威士忌酒用量在 50% ～ 80% 为高级兑和威士忌酒；如果谷类威士忌所占含量大，即为普通威士忌酒。

目前世界上销售的威士忌酒绝大多数都是混合威士忌酒。苏格兰混合威士忌的常见包装容量在 700 ～ 750 ml，酒精含量在 43% 左右。

（二）爱尔兰威士忌（Irish Whiskey）

爱尔兰威士忌酒作为咖啡的伴侣已经被人们熟知，其独特的香味是深受人们喜爱的主要原因。爱尔兰威士忌已有 700 多年的历史，有些权威人士认为威士忌酒的酿造起源于爱尔兰，之后才传到苏格兰。爱尔兰人有很强的民族独立性，就连威士忌酒 Whiskey 的写法上也与苏格兰威士忌酒 Whisky 的写法有所不同。

爱尔兰威士忌酒的生产原料有大麦、燕麦、小麦和黑麦等，以大麦为主，约占 80%。爱尔兰威士忌酒用塔式蒸馏器蒸馏 3 次，然后放入桶中陈酿，一般陈酿时间在 8 ～ 15 年，所以成熟度相对较高。装瓶时，为了保证其口味的一惯性还要进行勾和和稀释。

过去为了逃避高额的酒税，有不少爱尔兰人秘密的私开酒坊，所以人们常称爱尔兰威士忌为"炮厅威士忌（Poteen Whiskey）"（注："炮厅"是一种小型流动的甑）。

爱尔兰威士忌酒与苏格兰威士忌酒的制作工艺大致相同，前者较多保留了古老的酿造工艺，麦芽不是用泥炭烘干，而是使用无烟煤。二者最明显的区别是爱尔兰威士忌没有烟熏的焦香味，口味绵柔长润。爱尔兰威士忌比较适合制作混合酒或与其他饮料掺兑共饮（如爱尔兰咖啡等）。国际市场上的爱尔兰威士忌酒的酒精度在 40°左右。

（三）美国威士忌（Ameican Whiskey）

美国是生产威士忌酒的著名国家之一。同时也是世界上最大的威士忌酒消费国。据统计，美国成年人每人每年平均饮用 16 瓶威士忌酒，这是世界任何国家所不能相比的。虽然美国生产威士忌酒仅有 200 多年的历史，但其产品紧跟市场需求，类型不断翻新，因此美国威士忌很受人们的欢迎。美国威士忌酒以优质的水、温和的酒质和带有焦黑橡木桶的香味而著名，尤其是美国的 Bourbon Whiskey 波旁威士忌（又称波本威士忌酒）更是享誉世界。

美国威士忌酒的酿制方法没有特殊之处，只是所用的谷物原料与其他各类威士忌酒有所区别，蒸馏出的酒的酒精纯度也较低。美国西部的宾夕法尼亚州、肯塔基和田纳西地区是制造威士忌的中心。美国威士忌可分为 3 大类：

1. 单纯威士忌（Straight Whiskey）

单纯威士忌所用的原料为玉米、黑麦、大麦或小麦，酿制过程中不混合其他威士忌酒或者谷类中性酒精，制成后需要放到炭熏过的橡木桶中至少陈酿两年。另外，所谓单纯威士忌，并不像苏格兰纯麦芽威士忌那样只用一种大麦芽制成，而是以某一种谷物为主（一般不得少于51%），再加入其他原料。单纯威士忌又可以分为 4 类：

（1）波旁威士忌（Bourbon Whiskey）

波旁是美国肯塔基州一个市镇的地名，过去在波旁生产的威士忌酒被人们亲切的称为波旁威士忌，现在成为美国威士忌酒的一个类别的总称。波旁威士忌酒的原料是玉米、大麦等，其中玉米至少占原料用量的 51%，最多不超过 75%，经过发酵蒸馏后装入新的炭烧橡木桶中陈酿 4 年，陈酿时间最多不能超过 8 年，装瓶前要用蒸馏水稀释至 43.5°左右才能出品。波旁威士忌酒的酒液呈琥珀色，晶莹透亮，酒香浓郁，口感醇厚、绵柔，回味悠长。其中以肯塔基州出产的产品最有名，价格也最高。另外，现在在伊利诺、俄亥俄、宾西法尼亚、田纳西、密苏里、印地安那等州也有生产。

（2）黑麦威士忌（Rye Whiskey）

黑麦威士忌又称裸麦威士忌，是用不得少于 51% 的黑麦及其他谷物酿制而成，酒液呈琥珀色，味道与波旁威士忌不同，具有较为浓郁的口感，因此不太受现代人的喜爱。主要品牌有：

① 老奥弗霍尔德（Old Overholt）：由创立于 1810 年的奥弗霍尔德公司在宾夕法尼亚州生产，原料中裸麦含量达到 59%，是不掺水的著名裸麦威士忌酒。

② 施格兰王冠（Seagram's 7 Crown）：是由施格兰公司于 1934 年首次推向市场的口味十足的美国黑麦威士忌。

（3）玉米威士忌（Corn Whiskey）

玉米威士忌是用不得少于 80% 的玉米和其他谷物酿制而成的威士忌酒，酿制完成后用旧炭木桶进行陈酿。主要品牌是 Platte Valley 普莱特·沃雷。该酒由创立于 1856 年的马科密克公司生产，酿制原料中玉米原料的含量达到 88%，酒精度为 40°，分为 5 年陈酿和 8 年陈酿两种类型。

（4）保税威士忌（Bottled in bond）

保税威士忌是一种纯威士忌，通常是波本威士忌或黑麦威士忌，但它是在美国政府监督下制成的，政府不保证它的品质，只要求至少陈酿 4 年，酒精含量在装瓶时为 50%，必须是一个酒厂制造，装瓶厂也被政府监督。

2. 混合威士忌（Blended Whiskey）

混合威士忌是用一种以上的单一威士忌，以及 20% 的中性谷类酒精混合而成的威士忌酒。装瓶时，酒精度为 40°，常用做混合饮料的基酒，分为如下 3 种：

① 肯塔基威士忌：是用该州所出的纯威士忌酒和谷类中性酒精混合而成的。

② 纯混合威士忌：是用两种以上纯威士忌混合而成，但不加中性谷类酒精。

③ 美国混合淡质威士忌：是美国的一个新酒种，用不得多于 20% 的纯威士忌，和 40° 的淡质威士忌混合而成。

3. 淡质威士忌（Light Whiskey）

淡质威士忌是美国政府认可的一种新威士忌酒，蒸馏时酒精度在 80.5°～94.5°，用旧桶陈酿。淡质威士忌所加的 50° 的纯威士忌不得超过 20%。

除此之外，在美国还有一种称为 Sour-Mash Whiskey 的威士忌，这种酒是将老酵母（即先前发酵物中取出的）加入到要发酵的原料里（新酵母与老酵母的比例为 1:2）进行发酵，然后再蒸馏而成，用此种发酵方法造出的酒的酒液比较稳定，多用于波本酒的生产。它是在 1789 年由 Elija Craig 发明的。

（四）加拿大威士忌（Canadian Whisky）

加拿大生产威士忌酒已有 200 多年的历史，其著名产品是稞麦（黑麦）威士忌酒和混合威士忌酒。在稞麦威士忌酒中稞麦（黑麦）是主要原料，占 51% 以上，再配以大麦芽及其他谷类组成，此酒经发酵、蒸馏、勾兑等工艺，并在白橡木桶中陈酿至少 3 年（一般陈酿 4～6 年）才能出品。该酒口味细腻，酒体轻盈淡雅，酒精度在 40° 以上，特别适合作为混合酒的基酒。加拿大威士忌酒在原料、酿造方法及酒体风格等方面与美国威士忌酒相似。

（五）日本威士忌（Japanese Whisky）

日本威士忌属苏格兰威士忌类型。生产方法采用苏格兰传统工艺和设备，从英国进口泥炭，用于烟熏麦芽，从美国进口白橡木桶，用于贮酒，甚至从英国进口一定数量的苏格兰麦芽威士忌原酒，用于勾兑自产的威士忌酒。日本威士忌酒按酒度分级，特级酒的酒精含量为 43%，一级酒的酒精含量在 40%（体积）以上。

三得利（Suntory）是日本威士忌最为知名的品牌，其产品包括洛雅（Royal）、角瓶（Kakubin）、特藏（Reserve）、山崎等多个品种。

完成任务

一、威士忌著名品牌的认知

图	品牌（英文）	中文名称	产地	类型	特点	其他

二、独立完成"威士忌酸"的调制与服务

（一）分组练习

每3～5人为一小组，分别扮演调酒师、吧员、客人等不同角色，然后按顺序完成调酒任务并提供对客服务。练习过程中仔细观察每个人的动作及服务效果。

（二）讨论、对比

对每个人的表现进行组内分析讨论、组间对比互评，加深对整个对客服务步骤、方法及要求的理解与掌握。

能力拓展及评价

一、其他摇和法鸡尾酒的调制与服务

调酒配方 1

酒品名称：（中文）得其利　　　　　　　（英文）Daiquiri

项　　目	内　　　　　　　容	
调酒配方	外　　文	中　　文
	1 oz White Rum 2 oz Sweet and Lemon Juice	1 盎司白朗姆酒 2 盎司甜酸柠檬汁
装饰物	糖边	
使用工具	量酒器、摇酒壶	
使用载杯	鸡尾酒杯	
调制方法	摇和法	
操作程序	① 杯子做糖边后备用；② 将摇壶内放入适量冰块；③ 加入甜酸柠檬汁；④ 加入白朗姆酒；⑤ 大力摇匀后滤入带糖边的鸡尾酒杯中	

调酒配方 2

酒品名称：（中文）白兰地亚历山大　　　　（英文）Brandy Alexander

项　　目	内　　　　　　　容	
调酒配方	外　　文	中　　文
	1 oz Brandy 1oz Greme de Cacao(Dark) 1 oz Milk	1 盎司白兰地 1 盎司黑可可酒 1 盎司牛奶
装饰物	豆蔻粉	
使用工具	量酒器、摇酒壶	
使用载杯	鸡尾酒杯	
调制方法	摇和法	
操作程序	① 将摇酒壶内加入适量冰块；② 按顺序加入牛奶、黑可可酒；③ 加入白兰地；④ 大力要匀后滤入鸡尾酒杯；⑤ 在杯中撒入少许豆蔻粉装饰	

调酒配方 3

酒品名称：（中文）红粉佳人　　　　　　（英文）Pink lady

项　　目	内　　　　　　　容	
调酒配方	外　　文	中　　文
	1 oz Gin 1/6 oz Grenadina 1/2 pc Egg White	1 盎司金酒 1/6 盎司红石榴糖浆 1 个鸡蛋白
装饰物	红色樱桃	
使用工具	量酒器、摇酒壶	
使用载杯	鸡尾酒杯	

项　目	内　　　容
调制方法	摇和法
操作程序	① 将摇酒壶内加入适量冰块；② 加入鸡蛋白；③ 加入红石榴糖浆④ 加入金酒；⑤ 大力摇匀后滤入鸡尾酒杯；⑥ 以1支带把红樱桃挂杯装饰

二、综合评价

教师对各小组的制作过程、成品、酒水服务进行讲评，然后把个人评价、小组评价、教师评价简要填入评价表中。

被考评人					
考评地点					
考评内容					
考评标准	内　　　容	分值 / 分	自我评价 / 分	小组评议 / 分	实际得分 / 分
	熟知鸡尾酒的分类和基本结构	10			
	熟悉掌握鸡尾酒的调制方法及原则	20			
	熟记调制鸡尾酒的步骤及注意事项	10			
	掌握品尝、鉴别鸡尾酒的步骤及技巧	20			
	掌握鸡尾酒及基酒相关知识	20			
	鸡尾酒促销能力	10			
	鸡尾酒规范服务	10			
合　　计		100			

课后任务

1．巩固练习以"威士忌酸"为代表的摇和法鸡尾酒的调制与服务。

2．威士忌服务。

任务六　"玛格丽特"的调制与服务——摇和法（双手）

任务描述

"玛格丽特"是一款经典的鸡尾酒，也是酒吧畅销的鸡尾酒。调酒师要能够独立完成以玛格丽特为代表的摇和法鸡尾酒调制及服务；能够提供主酒特基拉酒的不同服务并有效进行推销。

情境引入

一位看上去情绪低落的女士走进酒吧，点了一杯"玛格丽特"，调酒师一边招呼这位客人，一边调制"玛格丽特"。

任务分析

完成玛格丽特的操作和服务，应熟练掌握：

> • "玛格丽特"的配方
> • 正确规范的摇和法鸡尾酒（双手）调制及服务
> • 特基拉的特点、品牌
> • 特基拉的饮用方法和服务要求

必备知识

一、玛格丽特的配方

配方：特基拉酒 2 oz、橙皮香甜酒 1/2 oz、鲜柠檬汁 1 oz。

说明：1949 年，玛格丽特获全美鸡尾酒大赛冠军，创作者是洛杉矶的简·杜雷萨。1926 年，他和恋人玛格丽特外出打猎，但玛格丽特不幸中流弹身亡。简·杜雷萨为纪念爱人，将自己的获奖作品以她的名字命名。

二、载杯的认知

载杯的选择：玛格丽特杯。

特点：玛格丽特杯容量为 6 oz，高脚、阔口、浅碟形，专用于盛放玛格丽特鸡尾酒。

三、装饰物的制作与搭配

装饰物：雪霜杯盐边、青柠角。

装饰物的制作：用青柠角擦拭酒杯的杯沿，然后让杯口蘸上细盐；青柠檬切角。

制法：先将浅碟香槟杯用精细盐圈上杯口待用，并将上述材料加冰摇匀后滤入杯中，饰以一片柠檬片即可。

四、摇和法鸡尾酒（双手）的调制方法及服务要求

调制方法：双手摇和法。

器材准备：冰桶、冰夹（冰铲）、摇酒器（波士顿摇酒壶）、滤冰器、量杯、鸡尾酒载杯、装饰物。

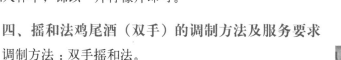

制作方法：

① 制作雪霜杯（盐边）。

② 将清洁的摇酒器分开，将冰块放入底杯。

③ 将烈酒、配酒、果汁等倒入有冰块的底杯中，盖上上盖。

④ 右手手掌抵住上盖，左手手掌扶住壶底。

⑤ 握紧摇酒器，手背抬高至肩膀，再用手臂快速来回摇动，至外表结霜即可。

⑥ 打开上盖，用滤冰器将酒倒入酒杯中。

⑦ 加上装饰品即可。

拓展知识

一、特基拉的知名品牌

（一）奥美加（Olmeca）

奥美加高档特基拉酒植根于古代墨西哥奥美加文化，富有浓郁的墨西哥风情和迷人的异国情调。奥美加充分汲取了墨西哥哈里斯哥高地植物的馥郁芳香，采用传统的工艺以确保获得独特的醇和口感和高度纯净的品质。该酒的名称可使人想起墨西哥最古老的 Olmeca 文明，酒标上的人头即为模拟 Olmeca 文明遗物。

（二）豪帅快活（Jose Cuervo）

Cuervo 本是西班牙语中乌鸦的意思，但这个名字却是在 1765 年确定的。其中，白牌是在蒸馏后未经酒桶处理成熟的产品，口味清爽；金牌 Tequila 是储藏在白坚木桶中陈酿两年而成的，它和威士忌或白兰地一样，在酒中含有一种由木桶成熟所带来的特有风味。该酒以为龙舌兰为原料，不加砂糖，是精心竭力生产高质量的酒品。

（三）雷博士（Pepe Lopez）

雷博士龙舌兰酒是产于墨西哥哈利斯科州的一种龙舌兰酒，1857 年，在墨西哥东部连绵山脉中的特吉拉村庄开始生产。该酒采用种植 8～12 年的珍贵龙舌兰为主要原料，经双重蒸馏，确保其香味浓郁。

雷博士龙舌兰酒在 1998 年击败了 Cuervo 1800、Porfidio 等众多对手，获得世界龙舌兰酒大奖，并得到墨西哥政府质量和原产地认可奖章。

（四）索萨（Sauza）

在墨西哥所卖出的特基拉中，Sauza 占其中的 1/3，其销售可见不错。Sauza 是在 1873 年由 Sauza 公司所创立的。创业以来经过四代人的经营，保持着其古老的传统制造方式。该酒以龙舌兰、砂糖为原料，口感浓烈，劲道十足。

（五）1800

1800 系列龙舌兰酒是 1800 年酿造保存下来的，除了酒龄高外，成分也属于高端的 100% 纯度，也就是说酒的每一滴液体都是来自天然的龙舌兰草，没有其他糖分来源或添加物。

1800 龙舌兰酒为了显其身价，还邀请了 9 个艺术家为其设计了 9 种不同款色的酒瓶图案，每款限量发售 1 800 瓶，售价为 1 万美元起。

二、特基拉酒饮用方法和服务要求

特基拉酒适宜冰镇后纯饮，或是加冰块饮用。

用量：1 oz。

载杯：纯饮多使用烈性酒杯；加冰用古典杯；调配鸡尾酒根据配方选择载杯。

Mezcal 酒在墨西哥以外的国家和地区很少饮用，但还是可以买到在它的瓶底置有食龙舌兰植物根部的小虫，据说和酒吞下它能带给饮者勇气。

知识链接

一、特基拉的起源

特基拉酒又称龙舌兰酒，是墨西哥的特产，是美洲大陆墨西哥文化和灵魂的重要象征，以龙舌兰（Agave）为原料，因产地而得名，是酒吧必备的基酒之一。

特基拉是墨西哥哈利斯科州的一个小镇，龙舌兰（Agave，墨西哥当地人又称其为 Maguey）是种墨西哥原生的特殊植物，有着长长的、多纤维的披针形叶子，颜色蓝绿，龙舌兰植物要经过 10 ～ 12 年才能成熟，它那灰蓝色的叶子有时可达 10 尺长。成熟时外观就像巨大的郁金香。龙舌兰酒制造业者把外层的叶子砍掉，取其中心部位 Pinal（即凤梨之意），这种布满刺状的果实酷似巨大的凤梨，最重可达 150 磅，果实香甜、黏稠。把它放入炉中蒸煮，浓缩甜汁，并且把淀粉转换成糖类。将经过蒸煮的 Pina 再送到另一个机器中挤压成汁发酵。果汁发酵达到适宜酒精度即开始蒸馏。

早在古印第安文明的时代，龙舌兰就被视为是一种非常有神性的植物，是天上的神给予人们的恩赐。阿兹台克（Aztec）文化中，龙舌兰被认为是一种神圣的植物，是神灵玛雅胡埃的化身，传说天上的神用雷电打中生长在山坡上的龙舌兰而创造出龙舌兰酒，土著部落将龙舌兰和它的副产品制成了各种日用品，同时墨西哥人学会了烹调龙舌兰的球果。

在公元三世纪时，居住于中美洲地区的印第安文明早已发现发酵酿酒的技术，他们用生活中任何可以得到的糖分来源来造酒，除了玉米和当地常见的棕榈汁外，含糖量较多的龙舌兰也很自然地成为造酒的原料。以龙舌兰汁为原料发酵后制造出来的 Pulque 酒在宗教信仰活动中使用，除了饮用之后可以帮助祭司们与神明的沟通（其实是饮酒后产生的酒醉或幻觉现象），在活人祭献之前也会先让牺牲者饮用 Pulque，使其失去意识或降低反抗能力，而方便仪式地进行。

二、特基拉的发展

16 世纪在将蒸馏术带来新大陆之前，龙舌兰酒一直保持着其纯发酵酒的身份。西班牙人想在当地寻找一种适合的原料，以取代不足以满足他们庞大消耗量的葡萄酒或其他欧洲烈酒。于是，他们选中了有着奇特植物香味的 Pulque，但又嫌这种发酵酒的酒精度远比葡萄酒低，因此尝试使用蒸馏的方式提升 Pulque 的酒精度，于是产生了以龙舌兰制造的蒸馏酒。

由于这种新产品是用来取代葡萄酒的，于是获得了 Mezcal Wine 的名称。Meal Wine 的雏形经过非常长的尝试与改良后，才逐渐变成今日见到的 Mezcal Tequila，而在这进化的过程中，它也经常被赋予许多不尽相同的命名，Mezcal Brandy，Agave Wine，Mezcal Tequila 等，最后才变成人们熟悉的 Tequila——该名称取自盛产此酒的城镇名。比较有趣的是，龙舌兰酒商业生产化的创始人荷塞·奎沃（Jose Cuervo）在 1893 年的芝加哥世界博览会上获奖时，他的产品是命名为龙舌兰白兰地(Agave Brandy)，当时几乎所有的蒸馏酒都被称为白兰地，如金酒(Gin Brandy）等。

该酒经各类品种的不断尝试，发现蓝绿色的质量最好，1849 年正式冠以英文名 Tequila。蒸馏技术的不断进步和发展使特基拉的酿造工艺日益完善，名声远扬。1873 年，该酒首次运抵 Texas；1944 年，正值美国市场金酒短缺，特基拉开始逐步流行。

特基拉酒有一名非常经典的广告词：Life is harsh，your tequila shouldn't be——生活是苦涩的，而您的 Tequila 酒却不是。

三、特基拉的生产工艺

与其他酒类经常使用的原料（如谷物与水果等）相比，龙舌兰酒使用的则非常特殊且奇异——龙舌兰草心（鳞茎）。在几种龙舌兰酒中，Tequila 使用蓝色龙舌兰的汁液作为原料，根据土壤、气候与耕种方式不同，这种植物有 8 ～ 14 年的平均成长期。相比之下，Mezcal 所使用的其他龙舌兰品种在成长期方面普遍比蓝色龙舌兰短。

除品种外，龙舌兰草的品质往往也取决于它的大小，体积越大的龙舌兰价格就越好。位于铁奇拉镇外死火山口边坡上的龙舌兰田中种植的作物一般被认为是品质较优秀的龙舌兰草，而以这些高品质龙舌兰草为原料少量制造的产品的评价普遍比集中在城镇附近的大型生产厂商生产的产品高。根据法规，只要使用的原料有超过 51% 是来自蓝色龙舌兰草，制造出来的酒就有资格称为 Tequila，其不足的原料是以添加其他种类的糖（通常是甘蔗提炼出的蔗糖）来代替，称为 Mixto。有些 Mixto 是以整桶的方式运输到不受墨西哥法律规范的外国包装后再出售，不过法规规定只有 100% 使用蓝色龙舌兰作为原料的产品，才有资格在标签上标识 100% Blue Agave 的说明。

今天，在墨西哥用来制造 Tequila 的蓝色龙舌兰是被当做一种农作物人工栽种的。虽然龙舌兰原本是种利用蝙蝠来传递种子的植物，但实际上都是利用从 4 ～ 6 年的母株上取下的幼枝，用插枝法的方式于雨季前开始栽种，每英亩土地上栽种 1 000 ～ 2 000 株。

龙舌兰草一旦栽种，需要等待至少 8 年才能采收，在制酒的原料植物，其等待收成的时间可以算是较长的。有些比较强调品质的酒厂甚至会进一步让龙舌兰长到 12 年后才收成，因为植物长得越久，里面蕴含的可以用来发酵的糖分就越高。接近采收期的植物的叶子部分会被砍除，以便激发植物的熟成效应。有些种植者会在龙舌兰成长的过程中施肥除虫，但龙舌兰田（Campos De Agave）却完全不需要灌溉，这是因为实验发现，人工灌溉虽然会让龙舌兰长得更大，却不会增加其糖分含量，龙舌兰成长所需的水分全都是来自每年雨季时的降水。

栽种与采收龙舌兰是种非常传统的技艺，这些栽植称为 Jimador。由于原本从地底下开始生长，并且慢慢破土而出的龙舌兰"心"会在植物成年后长出高耸的花茎（Quixotl，其高度有时可以超过 5 m），大量消耗花心里面的糖分，因此及时将长出来的花茎砍除，也是 Jimador 必须进行的工作之一。采收时，Jimador 需要先把长在龙舌兰心上面的上百根长叶坎除，然后再把这凤梨状的肉茎从枝干上坎下。通常这"心"的部分重量为 80 ～ 300 磅（约合 35 ～ 135 kg），某些成长在高地上的稀有品种甚至会重达 500 磅（200 kg）。一个技术优良的 Jimador 一天可以采收超过 1 吨重的龙舌兰心，原料到了酒厂后，通常会被十字剖成四瓣，以便进一步的蒸煮处理。由于需要的龙舌兰熟成程度不同，采收工作一整年都可以持续进行。有些蒸馏厂会使用较年轻的龙舌兰来造酒，但像马蹄铁龙舌兰（Tequila Herradura）这种知名老厂会严格要求只使用 10 年以上的龙舌兰作为原料。

有些酒厂在接收收割回来的龙舌兰心后，会先将其预煮过，以便去除草心外部的蜡质或残留没有砍干净的叶根，因为这些物质在蒸煮的过程中会变成不受欢迎的苦味来源。使用现代设备的酒厂则是以高温的喷射蒸气来达到相同的效果。传统上，蒸馏厂会使用蒸汽室，或是西班牙文中称为 Horno 的石造或砖造烤炉，慢慢地将切开的龙舌兰心煮软，需要 50 ～ 72 小时。在 60 ～ 85℃的慢火烘烤之下，其植物纤维会慢慢软化、释放出天然汁液，但又不会因为火力太强、太快而煮焦，让汁液变苦或不必要地消耗掉宝贵的可发酵糖分。另外，使用炉子烘烤龙舌兰的另外一个好处是可以保持植物原有的风味。不过，碍于大规模商业生产的需求，如今许多大型的蒸馏厂比较偏向使用高效率的蒸汽高压釜（Autoclaves）或压力锅来蒸煮龙舌兰心，大幅缩短过程耗时（可缩短 8 ～ 14 小时）。蒸煮的过程除了可以软化纤维，释放出更多的汁液外，还可以将结构复杂的碳水化合物转化成可以发酵的糖类。直接从火炉中取出的龙舌兰心尝起来非常像是番薯或芋头，但多了一种龙舌兰特有的气味。传统作法的蒸馏厂会在龙舌兰心煮好后让其冷却 24 ～ 36 小时，再进行磨碎除浆，不过也有一些传统酒场蓄意保留这些果浆，一起去发酵。当龙舌兰心彻底软化且冷却后，工人会用大榔头将它们打碎，然后移到一种传统的让驴子或牛推动、称为 Tahona 的巨磨中使其磨得更碎。现代的蒸馏厂除了可能会以机械的力量来取代畜力外，有些酒厂甚至会改用自动碾碎机来处理这些果浆或碎渣，将杂质去除作为饲料或肥料使用。至于取出的龙舌兰汁液（称为 Aquamiel，意指糖水），则在掺调一些纯水之后，放入大桶中等待发酵。

接下来，工人会在称为 Tepache 的龙舌兰草汁上洒下酵母，虽然根据传统做法，制造龙舌兰酒使用的酵母采集自龙舌兰叶上，但今日大部分的酒厂都是使用以野生菌株培育的人工酵母或商业上使用的啤酒酵母。有些传统的 Mezcal 或是 Pulque 酒是利用空气中飘散的野生酵母造成自然发酵，但在 Tequila 之中只有老牌的马蹄铁龙舌兰（Tequila Herradura）一家酒厂是强调使用这样的发酵方式。不过，某些人认为依赖天然飘落的酵母风险太大，为了抑制微生物滋生，往往还得额外使用抗生素来控制产品的稳定度，利与弊颇值得争议。用来发酵龙舌兰汁的容器可能是木造或现代的不锈钢酒槽，如果保持天然的发酵过程，其耗时往往需要 7 ～ 12 天。为了加速发酵过程，许多现代化的酒厂透过添加特定化学物质的方式加速酵母的增产，把时间缩短到两三天。较长的发酵时间可以换得较厚实的酒体，酒厂通常会保留一些发酵完成后的初级酒汁，用来当做下一次发酵的引子。

当龙兰汁经过发酵过程后，制造出来的是酒精度在 5% ～ 7% 之间，类似于啤酒的发酵酒。传统酒厂会以铜制的壶式蒸馏器进行两次蒸馏，现代酒厂则使用不锈钢制的连续蒸馏器，初次的蒸馏耗时 1.5 ～ 2 小时，制造出来的酒其酒精度在 20% 左右。第二次的蒸馏耗时 3 ～ 4 小时，制造出来的酒的酒精含量约 55%。原则上每一批次的蒸馏都被分为头、中、尾 3 部分，初期蒸馏出来的产物酒精度较高，但含有太多醋醛（Aldehydes），因此通常会被丢弃。中间部分是品质最好的，收集起来作为产品的主要部分。至于蒸馏到末尾时产物里面的酒精与风味已经开始减少，部分酒厂会将其收集起来加入下一批次的原料中再蒸馏，其他酒厂则是直接将其丢弃。有少数强调高品质的酒厂，会使用三次蒸馏来制造 Tequila，但太多次的蒸馏往往会减弱产品的风味，因此其必要性常受到品酒专家的质疑。相比之下，大部分的 Mezcal 都只进行一次的蒸馏，只有少数高级品会采用二次蒸馏。从开始的龙舌兰采收到制出成品，大约每 7 kg 的龙舌兰心制造出 1 L 的酒。

刚蒸馏完成的龙舌兰新酒是完全透明无色的，市面上看到的有颜色的龙舌兰都是因为放在橡木桶中陈酿过，或是因为添加酒用焦糖的缘故（只有 Mixto 才能添加焦糖）。陈酿龙舌兰酒所使用的橡木桶来源很广，最常见的还是美国输入的二手波本威士忌酒桶，但也不乏有酒厂会使用更少见的木桶，如西班牙雪利酒、苏格兰威士忌、法国干邑白兰地等使用全新的橡木桶。龙舌兰酒并没有最低的陈酿期限要求，但特定等级的酒则有特定的最低陈酿时间。白色龙舌兰（Blanco）是完全未经陈酿的透明新酒，其装瓶销售前是直接放在不锈钢酒桶中，或蒸馏后就直接装瓶。大部分的酒厂都会在装瓶前用软化过的纯水将产品稀释到所需的酒精度（大部分酒精含量在 37% ～ 40%，少数超过 50%），并且经过最后的活性炭或植物性纤维过滤，将杂质完全去除。如同其他酒类，每一瓶龙舌兰酒里面所含的酒液都可能来自多桶年份相近的产品，利用调和的方式来确保产品口味的稳定。不过，也正由于这个原因，高级龙舌兰酒市场里偶尔也可以见到稀有的 Single Barrel 产品，感觉与苏格兰威士忌或法国干邑的原桶酒类似，特别强调整瓶酒都是来自特定一桶酒，并且附上详细的木桶编号、下桶年份与制作人名称，限量发售。所有要装瓶销售的龙舌兰酒都需要经过 Tequila 规范委员会（Consejo Regulador Del Tequila，CRT）派来的人员检验确认后，才能正式出售，打破龙舌兰是一种制作方式随便、品质欠佳的酒类印象。

四、特基拉的特点

特基拉市一带是为 Maguey 龙舌兰的品质最优良的产区，且也只有以该地生产的龙舌兰酒才允许以 Tequila 之名出售；若是其他地区所制造的龙舌兰酒则称为 Mezcal。特基拉酒的口味凶烈，香气独特。经两次蒸馏酒精纯度达 104 ～ 106 proof，然后放入橡木桶陈酿。陈酿时间不同，颜色和口味差异很大，白色是未经陈酿，银白色贮存期最多 3 年，金黄色贮存期为 2 ～ 4 年，特级特基拉需要更长的贮存期。装瓶时酒精纯度要稀释在 80 ～ 100 proof，包装体现墨西哥的民族特色。

特基拉酒是墨西哥的国酒，墨西哥人对此情有独钟，饮酒方式也很独特，常用于净饮。从 18 世纪开始，为了获得龙舌兰入口带来的强烈感觉，人们求助于盐和柠檬，龙舌兰酒、盐和柠檬配合食用的习惯始于最初的龙舌兰酒的爱好者们。据说这种饮用方式是因为盐可以促使人产生更多的唾液，而柠檬可以缓解烈酒带来的对喉咙的刺激。每当饮酒时，墨西哥人总先在手背上倒些海盐沫来吸食，然后用腌渍过的辣椒干、柠檬干佐酒，恰似火上烧油，美不胜言。另外，特基拉酒也常作为鸡尾酒的基酒，如墨西哥日出（Tequila Sunrise）、玛格丽特（Margarite），深受广大消费者喜爱。其名品有：凯尔弗（Cuervo）、斗牛士（EI Toro）、索查（Sauza）、欧雷（O1e）、玛丽亚西（Mariachi）、特基拉安乔（Tequila Aneio）。

"马儿樽"是龙舌兰酒专用酒杯的名称，如今这种酒杯由玻璃制成，杯体成椭圆形，当人们问及佩带这种饰物的原因时，他们回答说："为了在马背上享受特基拉。"当时，人们习惯用这种杯子一下子喝光一小杯特基拉龙舌兰酒。

五、特基拉的等级和分类

（一）按酿造工艺分

通常人们提到龙舌兰酒时，可能是指下列几种酒中的一种，但如果没有特别说明，最有可能的还是指 Tequila，其他几款酒则大多是墨西哥当地人才较为熟悉。

① Pulque 是用龙舌兰草的心为原料，经过发酵而制造出的发酵酒类。最早由古代的印第安文明发现，在宗教上有不小的用途，也是所有龙舌兰酒的基础原型。由于没有经过蒸馏处理，所以酒精度不高，目前在墨西哥许多地区仍然有酿造。

② Mezcal 是所有以龙舌兰草心为原料，制造出的蒸馏酒的总称。简单来说，Tequila 是 Mezcal 的一种，但并不是所有的 Mezcal 都能称为 Tequila。开始时，无论是制造地点、原料或作法上，Mezcal 都比 Tequila 的范围广泛，规定不严谨。但近年来，Mezcal 也渐渐有了较为确定的产品规范以便能争取到较高的认同地位，与 Tequila 分庭抗礼。

③ Tequila 是龙舌兰酒一族的顶峰，只有在某些特定地区使用一种称为蓝色龙舌兰草（Blue Agave）的植物作为原料制造的酒，才有资格冠上 Tequila 之名。还有一些其他种类，同样也是使用龙舌兰为原料所制造的酒类，如齐瓦瓦州（Chihuahua）生产的 Sotol。这类的酒通常都是比较区域性的产品，而不是很出名。严格规定只能使用龙舌兰多达 136 种的分支中品质最优良的蓝色龙舌兰（Blue Agave）作为原料。这种主要生长在哈里斯科州海拔超过 1 500 m 的高原与山地的品种，最早是由德国植物学家佛朗兹·韦伯（Franz Weber）在 1905 年时命名分类，因此获得 Agave Tequilana Weber Azul 的学名。

无论是 Tequila 还是其他以龙舌兰为原料的酒类，都是墨西哥国原生的酒品，其中 Tequila 更是该国重要的外销商品与经济支柱，因此受到极为严格的政府法规限制与保护，以确保产品的品质。虽然 Tequila 这名字的起源是个谜，但是生产这种酒的主要产地境内，无论是山脉、城镇还是酒本身，都拥有一样的名字。Tequila 酒的生产中心是墨西哥哈利斯科州（Jalisco）境内瓜达拉哈拉（Guadalajara）和特皮克（Tepic）之间的小城镇铁奇拉（Tequila），而传说中这种酒最早的原产地就是该镇郊外同名的火山口周围边坡。曾经一段时间 Tequila 酒只被允许在哈利斯科州境内生产，但是在 1977 年 10 月 13 日，墨西哥政府修改了相关法令，放宽 Tequila 的产地限制，允许该种酒在周围几个州的部分行政自治区（Municipios）生产，其允许范围请参见附表。有趣的是，虽然规范已经放宽了数十年之久，但事实上在拥有执照的蒸馏厂中，仅有两家酒厂不在哈利斯科州境内。

（二）按颜色和口味分

特基拉酒在铜制单式蒸馏中蒸馏两次，未经过木桶成熟的酒透明无色，称为 White Tequila，味道较呛；另一种称为 Gold Tequila，因淡琥珀色而得名，通常在橡木桶中至少贮存一年，味道与白兰地近似。

除了颜色有金色、银色（透明）外，Tequila 其实也是有产品等级差异的。虽然各家酒厂通常会根据自己的产品定位，创造发明一些自有的产品款式，但是下面几种分级，却是有法规保障，不可滥用的官方标准。

1. 白色特基拉（Blanco Plata）

白色特基拉清亮透明，带有强烈的青草气味。

Blanco 与 Plata 分别是西班牙文中白色与银色的意思。在龙舌兰酒的领域中，它可以被视为一种未陈酿酒款，并不需要放入橡木桶中陈酿。在此类龙舌兰酒中，有些款式甚至是直接在蒸馏后就装瓶，有些则是放入不锈钢容器中储放，但也有些酒厂为了让产品能比较顺口，选择短暂地放入橡木桶中陈酿。只是有点特殊的是，比起一般酒类产品的陈酿标准都是规定存放的时间下限，Blanco 等级的龙舌兰规定的却是上限，最多不可超过 30 天。注意一点，Blanco 这种等级标识只说明了产品的陈酿特性，却与成分不完全相关，在这等级的酒中也有成分非常纯正的"100% Agave"产品存在，不见得都是混制酒 Mixto。Blanco 等级的龙舌兰酒通常都拥有比较辛辣、直接的植物香气，但在某些喜好此类酒款的消费者眼中，白色龙舌兰酒才能真正代表龙舌兰酒与众不同的风味特性。

2. 金色特基拉（Jven Abocado Reposado）

Jven Abocado 在西班牙文里面意指"年轻且顺口的"，此等级的酒又称为 Oro（金色的）。基本上，金色龙舌兰与白色龙舌兰相同，只不过金色的龙舌兰加上局部的调色与调味料（包括酒用焦糖与橡木萃取液，其含量不得超过 1%），使得它们看起来有点像是陈酿的产品。按分类来说，这类的酒全都属于 Mixto，虽然理论上没有 100% 龙舌兰制造的产品高级，但在外销市场上，这等级的酒因为价格实惠，因此仍然是销售上的主力。

Reposado 是西班牙文里面"休息过的"之意，意指此等级的酒经过一定时间的橡木桶陈酿，只是还放不到满一年的程度。木桶里的存放通常会让龙舌兰酒的口味变得比较浓厚、复杂一些，因为酒会吸收部分橡木桶的风味而且时间越长，颜色越深。Reposado 的陈酿时间介于两个月到一年之间，目前此等级的酒占墨西哥本土 Tequila 销售的最大宗，占有率达全部的六成水准。

3. 古老特基拉（Anejo）

Anejo 在西班牙语中有"古老"之意，其贮藏于木桶中至少一年，由于经长时间酝酿，其强烈的味道已被冲淡，制造出非常温和、爽口的口感，与白兰地非常相近。

与其他等级不同，陈酿龙舌兰酒受到政府的管制更多，它们必须使用容量不超过 350 L 的橡木桶封存，由政府官员上封条，虽然规定上只要超过一年的都可称为 Anejo，但有少数非常稀有的高价产品。例如，Tequila Herradura 著名的顶级酒款 Seleccion Suprema 就是陈酿超过 4 年的超高价产品之一，其市场行情甚至不输给一瓶陈酿 30 年的苏格兰威士忌。一般来说，专家们都同意龙舌兰最适合的陈酿期限是 4 ~ 5 年，超过 5 年桶内的酒精就会挥发过多。除了少数陈酿 8 ~ 10 年的特殊酒款外，大部分的 Anejo 都是在陈酿时间满后，直接移到无陈酿效用的不锈钢桶中保存，等待装瓶。Reposado 与 Anejo 等级的 Tequila 并没有规定必须全用龙舌兰为原料，如果产品的标签上没有特别加上说明，这就是一瓶陈酿的 Mixto 混合酒。例如，潇洒龙舌兰（Tequila Sauza）的 Sauza Conmemorativo 就是一瓶少见的陈酿 Mixto 酒。

除了以上 3 种官方认可的等级分法外，酒厂也可能以这些基本类别的名称做变化，或自创等级命名来促销产品，如 Gran Reposado、Blanco Suave 等。Reserva De Casa 也是一种偶尔见到的产品名称，通常是指该酒厂最自豪的顶级招牌酒，但请切记，这些不同的命名全是各酒厂在行销上的技巧，只有上述 3 种才具有官方的约束力量。

每一瓶真正经过认证而售出的 Tequila 都应该有一张明确标识着相关资讯的标签，这张标签通常不只是简单的说明产品的品牌而已，事实上在其中蕴藏着许多重要的信息。

六、特基拉的级别

特基拉有 Blanco、Joven Abocado、Reposado 与 anejo 4 个产品等级，这些等级标识必须符合政府的相关法规，而非依照厂商意愿随意标识。不过，有些酒厂为了更进一步说明自家产品与其他厂不同，会在这些基本的分级上做些变化，但这些都已不是法律规范的范围了。

纯度标识：只有标识 100% Agave（或是更精确的，100% Blue Agave 或 100% Agave Azul）的 Tequila，才能确定这瓶酒中的每一滴液体都是来自天然的龙舌兰草，没有其他糖分来源或添加物（稀释用的纯水除外）。如果一瓶酒上并没有做此标识，人们最好假设这瓶酒是一瓶 Mixto。注意的是，由于 1990 年代末期严重的植物病虫害造成龙舌兰大量减产，其原料价格迄今仍在直上升中。为了维持售价，许多酒厂纷纷把原本是纯龙舌兰成分的产品款式降级成混用其他原料的 Mixto，因此购买相关产品的时候应该多注意标签，不要认为这瓶酒的品牌与品名都与之前买过的一样，其成分原料就会与以往相同。

蒸馏厂注册号码 Normas Oficial Mexicana（墨西哥官方标准，简称 NOM）是每一家经过合法注册的墨西哥龙舌兰酒厂都会拥有的代码。目前墨西哥约有 70 家蒸馏厂，制造出超过 500 种的品牌销售国内外，NOM 相当等于这些酒的"出生证明"，从上面可以看出这瓶酒的制作者是谁（并不一定能看出是哪家工厂制造的，因为酒厂只需要以母公司的名义注册就可以取得 NOM）。因为并不是每一个品牌的产品都是贩售者自行生产的，有些著名品牌（如 Porfidio 或较早期时的 Patron）本身就没有自己的蒸馏厂。

关于目前名列墨西哥官方资料中领有 NOM 号码的蒸馏厂名单，包括如下 3 种：

（一）Hecho en Mexico

Hecho en Mexico 西班牙文中"墨西哥制造"的意思。墨西哥政府规定，所有该国生产的龙舌兰酒都必须标识这排文字，没有这样标识的产品则可能是一款不在该国境内制造包装、不受该国规范保障与限制的产品。其实墨西哥并不是世界上唯一生产过 Tequila 酒的国家，在某些拥有类似水土与气候环境的地方，也曾有人尝试过生产类似 Tequila 的酒类，甚至曾有人在南非以移植栽种的蓝色龙舌兰草制造号称品质不低于墨西哥的同类产品。不过，在经过国际上的协议后，目前包括欧盟在内的世界主要国际商业组织几乎都已认定，Tequila 是个受国际公约保护，只允许在墨西哥生产的产品。自此之后，纵使有其他国家生产、使用相同原料与制造方式制作出的酒，也不可以在国际上用 Tequila 的名义销售。

（二）CRT 标章

CRT 标章的出现代表这瓶产品是受到 CRT（Consejo Regulador Del Tequila，龙舌兰酒规范委员会）的监督与认证，然而它只保证了产品符合法规要求的制造程序，并不确保产品的风味与品质表现。Hacienda 是西班牙文中类似庄园的一种单位，这个字经常会出现在制造龙舌兰酒的酒厂地址里。因为许多墨西哥最早的商业酒厂，都是墨西哥的富人们在自己拥有的庄园里面现地创立，并且将这习俗一直流传到今日。

（三）识别生产厂商

从龙舌兰酒标签上的 NOM 编号可以看出该产品实际上的制造厂商是谁，需要注意的是，有些酒厂会同时替多家品牌生产龙舌兰酒，甚至有可能是由互相竞争的品牌分别销售。当然，既然有一厂多牌的现象，一个品牌底下有多个 NOM 编号也是可能。

完成任务

一、特基拉著名品牌的认知

序号	品牌（英文）	中文名称	产地	类型	特点	其他

二、独立完成"玛格丽特"的调制及服务

（一）分组练习

每 3 ～ 5 人为一小组，分别扮演调酒师、吧员、客人等不同角色，然后按顺序完成调酒任务并提供对客服务。练习过程中仔细观察每个人的动作及服务效果。

（二）讨论、对比

对每个人的表现进行组内分析讨论、组间对比互评，加深对整个对客服务步骤、方法及要求的理解与掌握。

能力拓展及评价

一、蓝色玛格丽特的调制与服务

酒品名称：（中文）蓝色的玛格丽特　　　　（英文）Blue Margarita

项　目	内　　　　　容	
	外　　文	中　　文
调酒配方	1 oz Tequila 1/2 oz Blue Curacao 3/4 oz Sweetened Lemon Juice	1 盎司得其拉 1/2 盎司蓝橙汁酒 3/4 盎司青柠汁
装饰物	盐边、青柠角	
使用工具	量酒器、摇酒壶、吧勺、电动搅拌器	
使用载杯	鸡尾酒杯、古典杯、卡伦杯、酸酒杯、香槟杯	
调制方法	摇和法	
操作程序	① 将杯口作盐边；② 将适量的冰块加入壶中；③ 将 3/4 oz 青柠汁倒入壶中；④ 加入 1/2 oz 蓝橙汁酒；⑤ 加入 1 oz 得其拉酒；⑥ 大力摇匀后滤入鸡尾酒杯中；⑦ 以青柠角装饰	

二、综合评价

教师对各小组的制作过程、成品、酒水服务进行讲评，然后把个人评价、小组评价、教师评价简要填入评价表中。

被考评人					
考评地点					
考评内容					
考评标准	内　　容	分值 / 分	自我评价 / 分	小组评议 / 分	实际得分 / 分
	熟知鸡尾酒的分类和基本结构	10			
	熟悉掌握鸡尾酒的调制方法及原则	20			
	熟记调制鸡尾酒的步骤及注意事项	10			
	掌握品尝、鉴别鸡尾酒的步骤及技巧	20			
	掌握鸡尾酒及基酒相关知识	20			
	鸡尾酒促销能力	10			
	鸡尾酒规范服务	10			
合　　计		100			

📖 课后任务

1．巩固练习以"玛格丽特"为代表的摇和法鸡尾酒的调制与服务。
2．特基拉酒的推销及服务。

任务七 "香蕉得其利"的调制与服务——搅和法

✍ 任务描述

果香四溢的鸡尾酒一向受女士的喜爱，调酒师要能够根据客人的口味需求向客人推销鸡尾酒；能够独立完成以香蕉得其利为代表的搅和法鸡尾酒调制及服务；能够流利回答客人有关朗姆酒相关知识并提供相应服务。

> **情境引入**
>
> 在炎炎的夏日，一位女士来到酒吧，需要一杯清凉可口果香四溢的鸡尾酒，调酒师为她推荐了香蕉得其利……
>
> **任务分析**
>
> 完成香蕉得其利的操作和服务，应熟练掌握：
> • "香蕉得其利"的配方
> • 雪霜杯（糖边）装饰的操作
> • 搅拌机的使用
> • 搅和法鸡尾酒的操作
> • 长饮类鸡尾酒的特点
> • 正确规范的搅和法鸡尾酒调制及服务
> • 朗姆酒的特点、品牌
> • 朗姆酒的饮用方法和服务要求

必备知识

一、香蕉得其利配方

配方:白朗姆酒:1 oz、柠檬汁、白糖水、碎冰 1 勺、香蕉半根。

二、载杯的认知

载杯的选择:科林斯杯或特饮杯。

科林斯杯又称哥连士杯、高杯、直身杯,这种杯常用的容量是 12 oz,外形与海波杯大致相同,杯身略高,多用于盛放混合饮料、鸡尾酒及奶昔。

三、装饰物的制作与搭配

装饰物:雪霜杯糖边、香蕉片。

装饰物的制作:用青柠角擦拭酒杯的杯沿,然后让杯口蘸上糖,切香蕉片。

四、搅和法鸡尾酒的调制方法及服务要求

(一)香蕉得其利的调制方法

器材准备:冰桶、冰夹(冰铲)、搅拌机、量杯、鸡尾酒载杯、装饰物。

制作方法:

① 将备好搅拌机、冰夹(冰铲)、量杯、鸡尾酒载杯等清洗干净。

② 将 1 oz 白朗姆酒、适量柠檬汁、白糖水、1 勺碎冰和半根熟香蕉加入搅拌机。

③ 打开搅拌机开关开始搅拌。

④ 搅拌结束,将饮品倒入准备好的杯中。

⑤ 用香蕉片作为装饰物出品。

(二)长饮类(Long Drinks)鸡尾酒特点

① 基酒所占含量小,酒精度较低,在 8° 左右。

② 放 30 min 也不会影响风味的鸡尾酒,加冰,适合餐时或餐后饮用。

③ 通常使用兑和法、摇和法或搅和法来进行调制。

④ 载杯为典型的平底高杯,也可以使用富有创意的独特酒杯。

 拓展知识

一、朗姆酒的知名品牌

（一）Bacardi（百家得）

百家得朗姆酒为 19 世纪古巴葡萄酒进口商法孔度先生创作的。他发展出一套完美的蒸馏及混合程序，配以当地特产的糖浆，酿造出具有醇、和、净等特色的烈酒。如今，百家得朗姆酒的生产者仍是法孔度先生的后人，酒液储藏于美洲白橡木桶中，使酒质清爽顺滑。百家得朗姆酒在天然木桶中培养出香醇芬芳得酒味，而色泽较深的金朗姆酒是以烧焦橡木得酒桶储藏，轻盈酒质更富香气。

百家得保留了原始独有的酿制方法，这一切都使百家得朗姆酒直到今天还是如此的特别。百家得公司的这种激情一直会给全世界带来最好的朗姆酒。每年从 11 月到另一年 4 月，买家们都要搜索拉丁热带区的国家来寻找世界上品质最好的甜糖浆的茎，然后把它小心地运输到百家得工厂里，在合适的温度下存储。由于糖浆是有机物质，需要恰当储存。为了确保储存，百家得投重资来提供一个密闭的、干燥的、可控的温度现代化的水槽容器来存储糖浆。即使通过这么精心的管理，百家得工厂还要再增加一个步骤。所有的糖浆都必须符合严格的品质标准，任何不达标的都会被丢弃。只有质量最好的糖浆才允许进入发酵过程，下一步才能生产出世界上最好的朗姆酒。

（二）Captain Morgan（摩根船长）

摩根船长朗姆酒由加勒比海最优良的甘蔗经过连续的蒸馏方式酿造而成，然后再放入橡木桶中经过一年的陈酿，使酒质和口味发挥到最好，创始人摩根船长是一位出色的冒险家，喜欢寻求刺激。

这款富有强烈岛国风味的朗姆酒的名称是从一名曾经做过海盗的牙买加总督而来。三款摩根船长朗姆酒各具特色：摩根船长金朗姆酒酒味香甜；摩根船长白朗姆酒以软化见称；摩根船长黑朗姆则醇厚馥郁，是酒吧必用的调配酒。

（三）Mulata（慕兰潭）

慕兰潭由维亚克拉拉圣菲朗姆酒公司生产。将蒸馏后的酒置于橡木桶内制成，有多种香型和口味。

（四）Ronrico（郎立可）

朗立可是普路拖利库生产的朗姆酒，于 1860 年创立，酒名是由朗姆和丰富两个词合并而成。酒品分为白色和蓝色，哥录特型酒需要木桶酿成。

（五）Lambs（拉姆斯）

拉姆斯是马铃薯朗姆酒。英国海军与朗姆酒的关系源远流长，并且留有许多逸话。1655—1970 年，英国海军都要发放朗姆酒，此酒的酒名是由海军士兵们起的，颜色较浅。

（六）Cockspum（口库斯巴）

口库斯巴是巴录巴特式朗姆酒，由当地顶尖级的旖旎公司生产。它将制糖后的剩余材料作为朗姆酒的原材料生产，经过两次蒸馏，用两年的时间制成。酒名为雄鸡爪。

（七）Mount Gay（奇峰）

奇峰是巴录巴特式朗姆酒，由西印度群岛的克依公司生产。酒名是由 17 世纪同一岛屿上的农场主克依起的。该酒是使用橡木桶制成的。

（八）Lemon Hart（柠檬哈妥）

柠檬哈妥是夏纳产朗姆酒，哈妥是经营砂糖和朗姆酒的贸易商，曾经为英国海军供应过朗姆酒。1804 年开始经营品牌。此酒酒精度为 75.5°，是烈性朗姆酒，由巴罗公司生产。

（九）Don Q（唐 Q）

唐 Q 酒由塞拉内公司生产，商标中对香味和口味均有描述，此酒属浅色品种。除了金色外，还有水晶色。

（十）Pusser's Rum（帕萨姿）

市场上销售的帕萨姿是 1970 年的新品，此酒以前一直是英国海军的特工品。由帕萨姿公司生产，产品分为浅色和蓝色。

二、饮用方法和服务要求

陈酿浓香型的朗姆酒可作为餐后酒纯饮，可加冰块。纯饮用利口酒杯，加冰用古典杯或威士忌杯。白色淡香型的朗姆酒适宜做混合酒的基酒，可兑入果汁、碳酸饮料，加冰，金色的朗姆酒纯饮、加冰皆可。

朗姆酒被誉为"随身酒吧"，可以和各种软饮料搭配，调出香醇可口的鸡尾酒。

知识链接

一、朗姆酒的定义

朗姆酒又称糖酒，是制糖业的一种副产品，它是以甘蔗压出来的糖汁或糖蜜为原料，经发酵、蒸馏、陈酿而生产的一种蒸馏酒。此种酒的主要生产特点是：选择特殊的生香（产酯）酵母和加入产生有机酸的细菌，共同发酵后，经蒸馏、陈酿而成。朗姆酒也称火酒，它的绰号为"海盗之酒"。英国曾流传一首老歌，是海盗用来赞颂朗姆酒的，过去航行在加勒比海地区的海盗都喜欢喝朗姆酒。

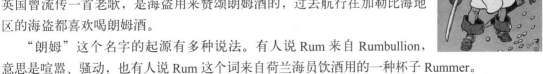

"朗姆"这个名字的起源有多种说法。有人说 Rum 来自 Rumbullion，意思是喧嚣、骚动，也有人说 Rum 这个词来自荷兰海员饮酒用的一种杯子 Rummer。

1745 年，英国海军上将弗农在航海时发现手下的士兵患了坏血病，就命令士兵们停止喝啤酒，改喝西印度群岛的朗姆酒，结果把病治好了，这些士兵为了感谢他，称弗农上将为老古怪（Rum 有古怪的意思），把这种酒精饮料称为朗姆。

二、朗姆酒的起源及发展

（一）朗姆酒的起源

朗姆酒的产地包括西半球的西印度群岛，以及美国、墨西哥、古巴、牙买加、海地、多米尼亚、特立尼达和多巴哥、圭亚那、巴西等国家和地区，非洲岛国马达加斯加也出产朗姆酒。

朗姆酒的起源甚至可以追溯到古代，很早以前在印度和中国，人们就用甘蔗汁发酵酿酒，几千年前马来人酿的 Brum 就是这类酒。甘蔗并非原产于西印度群岛而是产于印度，哥伦布第二次航行美洲时来到西印度群岛，从加纳利群岛带来了制糖甘蔗的根茎，热带的气候使得西印度群岛变成甘蔗王国。

最早接受朗姆酒的是那些航行加勒比海的海盗及寻找新大陆的冒险家们，他们用朗姆酒壮胆，用朗姆酒狂欢，也用朗姆酒给自己的伤口消毒。对海盗们来说，朗姆酒是他们航行中最重要的伙伴，可以没有食物、没有金币，但不能没有朗姆酒甚至有的船长，还会用朗姆酒来为他们的船员发工资。

（二）朗姆酒的发展

世界上朗姆酒的原产地在古巴共和国。古巴朗姆酒、古巴咖啡、古巴雪茄为古巴 3 大知名产品。它在生产中保留传统的工艺，并且经过一代一代相传，一直保留至今。朗姆酒是古巴人的一种传统酒，古巴共和国朗姆酒是由酿酒大师把作为原料的甘蔗蜜糖制得的甘蔗烧酒装进白色的橡木桶，经过多年的精心酿制，使其产生一股独特的、无与伦比的口味，从而成为古巴人喜欢喝的一种酒，并且在国际市场上获得了广泛欢迎。朗姆酒属于天然产品，由制糖甘蔗加工而成。整个生产过程从对原料的精心挑挑选，到生产的酒精蒸馏，甘蔗烧酒的陈酿，各个步骤的把关都极其严格。朗姆酒的质量由陈酿时间决定，有一年的，有几十年的。市场上销售的朗姆酒通常为 3 年和 7 年两种，它们的酒精含量分别为 38°和 40°，生产过程中除去了重质醇，把使人愉悦的酒香给保存下来。古巴朗姆酒的历史是古巴共和国历史重要的一部分。

哥伦布第二次航行美洲时来到古巴，他从加纳利群岛带来了制糖甘蔗的根茎。让人们意想不到的是，这些根茎代替了人们来到土著人称为 Cipango 的这个岛上寻找的金子。在怀念天主教皇费尔迪南和伊莎贝拉一文中有这样一句："把切下的制糖甘蔗一个一个小节种在土里后，就会长成一大片。"古巴有肥沃的土壤、水质和阳光，使刚刚栽上的作物能够在印第安酋长周围成长，制糖甘蔗就这样在古巴这片土地上广泛生长了。人们开始榨取甘蔗制糖，在制糖时剩下许多残渣，这种副产品称为糖蜜。把糖蜜、甘蔗汁在一起蒸馏，就形成新的蒸馏酒，但当时的酿造方法非常简单，酒质不好，这种酒只是种植园的奴隶们喝，奴隶主们喝葡萄酒，后来蒸馏技术得到改进，把酒放在木桶中储存一段时间，就成为爽口的朗姆酒了。印第安人用来榨甘蔗汁的第一代工具称为古尼亚亚（La Cunyaya），随后有了用畜力（马和牛）作为动力的制糖作坊，再后来又进一步使用大功率水力设备的制糖厂，最后是现代化的制糖厂。原来的劳动力被从非洲带来的黑奴替代，成为古巴共和国制糖工业发展的一个重要因素。1539 年，在卡洛斯五世的诏谕中就出现过一些制糖工业的产品，如白糖、粗糖、纯白糖、精制白糖、浮渣、精炼浮渣、蔗糖浆、蔗糖蜜等。法国传教士拉巴（Jean Baptiste Labat，1663—1738）看到岛上处于原始生活状态的土著人、黑人和一小部分居民用甘蔗汁制作一种刺激性的烈性饮料，喝下后能使人兴奋并能消除疲劳。这种饮料是经发酵而成的，欧洲人早在 18 世纪就知道了这种方法。后来经过海盗、商人传到古巴。其中以弗朗西斯、德雷克最为出名。是他把用甘蔗烧酒作为基酒的一种大众饮用酒称为德拉盖（Draque）的。

古巴人说的甘蔗烧酒就是用甘蔗汁酿造的烧酒，在安的列斯群岛、哥伦比亚、洪都拉斯及墨西哥都生产这种烧酒，都是用制糖甘蔗糖蜜经发酵蒸馏获得的，所不同的是，古巴共和国朗姆酒清澈透明，具有一股愉悦的香味，是古巴朗姆酒生产过程的一个特色。1791 年，由于海地黑奴的骚乱，制糖厂遭到破坏，于是古巴垄断了对欧洲食糖的出口。19 世纪中期，随着蒸汽机的引进，甘蔗种植园和朗姆酒厂在古巴共和国增多了。1837 年，古巴铺设铁路，引进一系列的先进技术，其中有与酿酒业有关的技术，西班牙宗主国决定采取大力发展古巴共和国制糖业的措施让古巴共和国出口食糖，引进新技术使生产过程发生变化。古巴酿制出一种低度酒精的朗姆酒——醇绵芳香、口味悠长的优质朗姆酒。喝朗姆酒在古巴已成为人们日常生活的一部分，朗姆酒酿造厂主要分布在哈瓦那、卡尔得纳斯、西恩富戈斯和古巴共和国圣地亚哥。新型的朗姆酒酿造厂出产的品牌有慕兰潭（Mulata）、圣卡洛斯（San Carlos）、波谷伊（Bocoy）、老寿星(Matusalen)、哈瓦那俱乐部(Havana club)、阿列恰瓦拉(Arechavala)和百得加(Bacardi)，古巴企业家采用成批生产酿酒工艺替代手工制作后，朗姆酒产量大大增加。

1966 年和 1967 年，古巴朗姆酒酿造业发展史上开创了新篇章。从那时起，古巴所有出口的朗姆酒都贴有原产地质量保证标记，以表明朗姆酒的高质量和真品。这种朗姆酒共有 9 个品牌，如混血姑娘，桑坦洛（Santero）等。古巴朗姆酒在国际消费市场的影响越来越大，在欧洲和拉美市场占了重要的份额。知名人士喝了古巴朗姆酒后，对其品质无不啧啧称赞，深表满意。

三、朗姆酒的生产工艺

朗姆酒生产的原料为甘蔗汁、糖汁或糖蜜。甘蔗汁原料适合于生产清香型朗姆酒。甘蔗汁经真空浓缩被蒸发掉水分，可得到一种较厚的带有粘性液态的糖浆，适宜于制备浓备型朗姆酒。

原料预处理分成几个不同的阶段：首先要通过澄清去除胶体物质，尤其是硫酸钙，在蒸馏时会结成块状物质。糖蜜预处理的最后阶段是用水稀释，经冲稀后的低浓度溶液中，总糖含量为 $0.1 \sim 0.12$ g/ml，是适宜的发酵浓度，并添加硫酸铵或尿素。朗姆酒可以直接饮用，也可以与其他饮料混合成好喝的鸡尾酒，在晚餐时作为开胃酒来喝，还可以在晚餐后喝。在重要的宴会上它是个极好的伴侣。

从管道交错、蒸馏柱炽热的机器中配制出朗姆酒。酒厂承袭传统工艺，每到生产旺季，均采用传统酿造方法。机器虽好，但不能识别酒香，好酒只能出自好酿酒师之手。酿造工艺代代相传，酿造经验点滴积累。酿酒师堪称艺术大师，不仅能够驾驭酿酒原料，而且能随心所欲地塑造朗姆酒的香型。朗姆酒的传统酿造方法如下：先将榨糖余下的甘蔗渣稀释，然后加入酵母，发酵 24 小时以后，蔗汁的酒精含量为 5%～6%，俗称葡萄酒。之后进行蒸馏，第一个蒸馏柱中有 21 层，由一个蒸汽锅炉将蔗汁加热至沸腾，使酒精蒸发，进入蒸馏柱上层，同时使酒糟沉入蒸馏柱下层，以待排除。

最后工序是陈化朗姆酒，经过这一工序后，蒸馏酒精进入第二个蒸馏柱进行冷却、液化处理。第二个蒸馏柱有 18 层，用于浓缩；以温和的蒸汽处理，可根据酒精所含香料元素的密度分别提取酒的香味：重油沉于底部；轻油浮于中间；最上层含重量最轻的香料，其中包括绿苹果香元素。只有对酒精香味进行分类处理，酿酒师才能够随心所欲地配对朗姆酒。

四、朗姆酒的特点

朗姆酒是一种带有浪漫色彩的酒，具有冒险精神的人都喜欢用朗姆酒作为他们的饮料，据说，英国人在征服加勒比海大小各岛屿时，最大的收获是为英国人带来了喝不尽的朗姆酒。朗姆酒的热带色彩也为冰冷的英伦之岛带来了热带情调。

朗姆酒是微黄、褐色的液体，具有细致、甜润的口感。酒液淡黄，香型突出，没有冲刺口味，具有芬芳馥郁的酒精香味，余香长久，可以直接单独饮用，也可以与其他饮料混合成好喝的鸡尾酒。在重要的宴会上朗姆酒是极好的伴侣。朗姆酒是否陈酿并不重要，重要的是是否产于原产地。

朗姆酒的饮用也很有趣。在出产国和地区，人们大多喜欢喝纯朗姆酒，不加以调混。实际上，这是品尝朗姆酒最好的作法。而在美国，一般把朗姆酒用来调制鸡尾酒。朗姆酒的用途也很多，它可在烹饪上作为糕点、糖果、冰淇淋，以及法式大菜的调味，在加工烟草时加入朗姆酒可以增加风味。除此之外，朗姆酒在饮用时还可加冰、加水、加可乐和加热水。据说，用热水和黑色朗姆酒兑在一起便是冬天治感冒的特效偏方。

人们对朗姆酒也有许多评价，英国大诗人威廉·詹姆斯说："朗姆酒是男人用来博取女人芳心的最大法宝。它可以使女人从冷若冰霜变得柔情似水。"

事实上，朗姆酒更适合勇敢的人，尽管酿造朗姆酒的原料听上去并不太有男子气概，但那种朗姆酒确实征服了野性十足、霸气张扬的海盗。

在哈瓦那的五分钱小酒馆，至今还保留着海明威在 1954 年 12 月留下的手迹：

"我的莫希托在五分钱小酒馆，我的达伊基里在小佛罗里达餐馆。"所谓的"莫希托"和"达伊基里"，分别是用朗姆酒调制的两款鸡尾酒。朗姆酒始终是野性的、充满活力的，它曾是德国哲学大师叔本华宣扬唯意志论的道具，也曾在美国文豪海明威于哈瓦那出海时充当船票，更在 100 年前成为古巴革命军对抗西班牙殖民者自由呼喊的代表，朗姆酒的酒精含量通常在40% ～ 75.5%。通常不甜，但也有加糖的。

五、朗姆酒的分类

（一）按照风味特征分类

按照风味特征分类，朗姆酒可分为浓香型和轻香型。

浓香型：首先将甘蔗糖澄清，再接入能产丁酸的细菌和产酒精的酵母菌，发酵 10 天以上，用壶式锅间歇进行 2 次蒸馏，得到 86% 左右的无色原朗姆酒，生成无色的透明液体，然后在橡木桶中熟化 5 年以上，勾兑成金黄色或淡棕色的成品酒。浓烈朗姆酒呈金黄色，酒香和糖蜜香浓郁，味辛而醇厚，酒精含量为 45% ～ 50%。浓烈型朗姆酒以牙买加的为代表。

轻香型：甘蔗糖只加酵母，发酵期短，用甘蔗糖蜜、甘蔗汁加酵母进行发酵后蒸馏。在木桶中储存多年，再勾兑配制而成。酒液呈浅黄到金黄色，酒度在 45°～ 50°。清淡型朗姆酒主要产自波多黎各和古巴，它们有很多类型并具有代表性。塔式连续蒸馏，产出 95°的原酒，贮存勾兑成浅黄色或金黄色的成品酒，以古巴朗姆为代表。

（二）按照不同原料和酿制方法分类

按照不同原料和不同酿制方法分类，朗姆酒可分为朗姆白酒、朗姆老酒、淡朗姆酒、朗姆常酒、强香朗姆酒等，酒精度为 40°～ 75.5°，酒液有琥珀色、棕色，也有无色的。

1．淡朗姆酒（Silver Rum，也称 White Rum、Light Rum）

银朗姆又称白朗姆，是指蒸馏后的酒需要经活性炭过滤后入桶陈酿一年以上。酒味较干，香味不浓。无色、味道精致、清淡，是鸡尾酒基酒和兑和其他饮料的原料。

2．中性朗姆酒（Gold Rum 或 Medium Rum）

金朗姆又称琥珀朗姆，是指蒸馏后的酒需要存入内侧灼焦的旧橡木桶中至少陈酿 3 年。酒色较深，酒味略甜，香味较浓。生产过程中在糖蜜上加水，使其发酵，然后仅取出浮在上面澄 清的汁液蒸馏、陈酿，出售前用淡朗姆或浓朗姆兑和至合适程度。

3．浓朗姆酒（Dark Rum）

黑朗姆又称红朗姆，是指在生产过程中需要加入一定的香料汁液或焦糖调色剂的朗姆酒。酒色较浓（深褐色或棕红色），酒味芳醇。在生产过程中，先在糖蜜放中加入上次蒸馏留下残渣或甘蔗渣，放两三天使其发酵，甚至要加入其他香料汁液，再放在单式蒸馏器中蒸馏，注入内侧烤过的橡木桶陈酿数年，因色泽浓也称 Heavy Rum。

4．Old Rum

Old Rum 需要经过 3 年以上的贮存，醇厚优雅，口味甘润，酒精度在 40°～ 43°。

5．传统型朗姆酒（Traditional Rum）

传统型朗姆酒呈琥珀色，酒色透明，甘蔗香味精细醇厚。

6．Great Aroma Rum

Great Aroma Rum 酒精度高达 75°，是强烈的朗姆酒。

六、朗姆酒的产区及特色

① 波多黎各（Puerto Rico Rum）：是以其酒质轻而著称，有淡而香的特色。
② 牙买加（Jamaica Rum）：味浓而辣，呈黑褐色。
③ 维尔京群岛（Virgin Island Rum）：质轻味淡，但比波多黎各产的朗姆酒更富糖蜜味。
④ 巴巴多斯（Barbados Rum）：介于波多黎各味淡质轻和牙买加味浓而辣之间。
⑤ 圭亚那（Guyana Rum）：比牙买加产的朗姆酒味醇，但颜色较淡，大部分销往美国。
⑥ 海地（Haiti Rum）：口味很浓，但很柔和。
⑦ 巴达维亚（Batauia Rum）是爪哇出的淡而辣的朗姆酒，有特殊的味道，是因为糖蜜的水质以及加了稻米发酵的缘故。

⑧ 夏威夷（Hawaii Rum）：是市面上所能买到的酒质最轻、最柔及最新制造的朗姆酒。

⑨ 新英格兰（New England Rum）：酒质不淡不浓，用西印度群岛所产的糖蜜制造，适合调热饮。

完成任务

一、朗姆酒著名品牌的认知

序号	品牌（英文）	中文名称	产地	类型	特点	其他

二、独立完成"香蕉得其利"的调制及服务

（一）分组练习

每 3 ～ 5 人为一小组，分别扮演调酒师、吧员、客人等不同角色，然后按顺序完成调酒任务并提供对客服务。练习过程中仔细观察每个人的动作及服务效果。

（二）讨论、对比

对每个人的表现进行组内分析讨论、组间对比互评，加深对整个对客服务步骤、方法及要求的理解与掌握。

能力拓展及评价

一、其他搅和法鸡尾酒的调制

酒品名称：（中文）黄金飞士　　　　　　　（英文）Golden Fizz

项　　目	内　　　　容	
	外　　文	中　　文
调酒配方	1 oz Gin 3 oz Sweetened Lemon Juice 1 pc Egg Yolk Soda Water	1 盎司金酒 3 盎司甜酸柠檬汁 1 个鸡蛋黄 苏打水
装饰物	樱桃、橙片	
使用工具	量酒器、摇酒壶、吧勺	
使用载杯	卡伦杯	
调制方法	摇和法、搅和法	
操作程序	① 先将适量冰块倒入摇酒壶中；② 加入 3 oz 甜酸柠檬入壶中；③ 加入 1 oz 金酒入壶中，加入蛋黄；④ 大力摇匀后滤入加有冰块的卡伦杯中；⑤ 加苏打水搅和至 8 分满；⑥ 将樱桃、橙片挂在杯中	

二、以朗姆酒为基酒的鸡尾酒调制

酒品名称：（中文）两者之间　　　　　　　　（英文）Between Sheets

项　目	内　　　　容	
	外　　文	中　　文
调酒配方	1/2 oz Light Rum 1/2 oz Brandy 1/2 oz Triple Sec 1.5 oz Sweetened Lemon Juice	1/2 盎司白朗姆酒 1/2 盎司白兰地酒 1/2 盎司橙味酒 1.5 盎司青柠汁
装饰物	红樱桃	
使用工具	量酒器、摇酒壶	
使用载杯	鸡尾酒杯	
调制方法	摇和法	
操作程序	① 先将适量冰块加入摇酒壶中；② 将 1.5 oz 青柠汁加入壶中；③ 将 1/2 oz 橙味酒加入壶中；④ 将 1/2 盎司白朗姆酒、1/2 oz 白兰地加入壶中；⑤ 大力摇匀后滤入鸡尾酒杯中；⑥ 用红樱桃装饰	

三、综合评价

教师对各小组的制作过程、成品、酒水服务进行讲评，然后把个人评价、小组评价、教师评价简要填入评价表中。

被考评人					
考评地点					
考评内容					
考评标准	内　　容	分值 / 分	自我评价 / 分	小组评议 / 分	实际得分 / 分
	熟知鸡尾酒的分类和基本结构	10			
	熟悉掌握鸡尾酒的调制方法及原则	20			
	熟记调制鸡尾酒的步骤及注意事项	10			
	掌握品尝、鉴别鸡尾酒的步骤及技巧	20			
	掌握鸡尾酒及基酒相关知识	20			
	鸡尾酒促销能力	10			
	鸡尾酒规范服务	10			
	合　　计	100			

课后任务

1．巩固练习以"香蕉得其利"为代表的搅和法鸡尾酒的调制与服务。

2．朗姆酒的推销及服务。

任务八　"爱尔兰谷仓"的调制与服务——搅和法

任务描述

甜品是女孩的最爱，酒吧中也专门提供此类鸡尾酒。调酒师要能独立完成以爱尔兰谷仓为代表的搅和法鸡尾酒调制及服务，同时要能介绍有关甜食酒的常识并提供相应的服务。

情境引入

一位年轻时尚的女孩来到酒吧，喜欢奶油口味、新奇特色的酒品，调酒师为她推荐爱尔兰谷仓，下面就为她边介绍边调制吧。

任务分析

完成爱尔兰谷仓的操作和服务，应熟练掌握：

• "爱尔兰谷仓"的配方
• 发泡奶油的制作
• 雪霜杯（糖边）装饰的操作
• 甜食酒的特点、品牌
• 甜食酒的饮用方法和服务要求

 **必备知识**

一、"爱尔兰谷仓"配方

配方：0.5 oz 百利甜酒、0.5 oz 咖啡蜜、3 oz 牛奶、2 块奥利奥饼干、2 勺香草冰激凌、1 勺碎冰。

装饰物：发泡奶油、红樱桃（奥利奥饼干）、巧克力糖浆。

二、载杯的认知

载杯的选择：飓风杯。

特点：飓风杯容量 16 oz，属于长饮类酒杯。容量大，杯身由向内弧形收紧，造型特殊。

三、装饰物的制作与搭配

装饰物：发泡奶油。

装饰物的制作：

① 打开瓶盖，倒入鲜奶油到 5 分满。

② 将一支 8 g 装的氮气，装入转紧，上下 45°摇晃（务必锁紧，以免漏气）。

③ 装上花嘴，挤出奶油。

 **拓 展 知 识**

一、甜食酒

甜食酒是在用完正餐，吃甜点时饮用的一种酒品。甜食是西餐的最后一道食物，有几种专门搭配的强化葡萄酒称为甜食酒，其主要特点是口味较甜。甜食酒又称强化葡萄酒，通常以葡萄酒作为基酒。在葡萄酒的生产过程中为了保留其葡萄糖分，所以在发酵过程中加入白兰地以终止发酵，这种酒的酒精含量超过普通餐酒的一倍，开瓶后仍可保存较长的时间，主要分类有雪利酒、波特酒、玛德拉酒、玛萨拉酒等。

甜食酒的出现始于17世纪中期的欧洲大陆，国与国之间酒水贸易日渐加深，为保证酒质延长保质期，在酒中加入蒸馏酒，抑制酵母菌的生长，保留糖分。英国人在甜食酒的推广和普及上功不可没。

二、甜食酒的分类

（一）波特酒

1. 波特酒的特点

波特酒是葡萄牙保护的品牌葡萄酒，产于葡萄牙北部杜罗（Douro）河谷，源于地名。波特酒的主要集散地是波尔图（Porto）。波特酒的制法如下：用古老的"脚踩法"将葡萄捣烂，避免踩碎葡萄籽；然后发酵，等糖分在10%左右时加入白兰地酒终止发酵，但保持酒的甜度，经过2次剔除渣滓的工序，然后运到酒库里陈酿、贮存，一般要陈酿2～10年，最后按配方混合调出不同类型的波特酒。根据葡萄牙政府的政策,如果酿酒商想在自己的产品上写"波特"的名称，必须满足如下3个条件：

① 用杜罗河上游的奥特·杜罗（Alto Douro）地域所种植的葡萄酿造，为了提高产品的酒度，用来兑和的白兰地也必须使用这个地区的葡萄酿造。

② 必须在杜罗河口的维拉·诺瓦·盖亚酒库（Vila Nova de Gaia）内陈酿和贮存，并从对岸的波特港口运出。

③ 产品的酒度在16.5°以上。

杜罗河历来有"黄金河谷"的美誉，是葡萄牙的母亲河，是葡萄牙人诞生的摇篮，祖祖辈辈辛苦耕耘，在多罗河两岸的山坡、峭壁和片岩中开垦出一片片梯田葡萄园，每当金秋葡萄收获季节，多罗河两岸黄红色的葡萄林如同仙境一般。

波特酒能在全球风靡一时，主要是英国人的功劳，英国商人在12世纪就开始在这里生产葡萄酒，并主要出口到英国市场，特别是在17世纪，英国一位名为Pombal Perhaps的侯爵在当时是非常精明能干的显要政客，他制定了葡萄酒的产区和葡萄酒的严格规则，划分了葡萄园的区域。该规则是全球最早的葡萄酒的规则。

2. 波特酒的分类

（1）白波特（White Port）

白波特用灰白色的葡萄酿造,一般是作为开胃酒饮用的,主要产自葡萄牙北部崎岖的杜罗河山谷。酒的颜色呈浅金黄色，陈酿时间越长，颜色越深。该酒口感圆润，通常还带着香料或者蜜的香气，产量较少，酿法和红波特酒类似，只是缩短或取消了浸皮的时间而已，通常也经过橡木桶熟成，除了一般甜味的白波特酒，标识 Dry White Port 的白波特酒大多含有一点甜味，酒精度也较低。

（2）红宝石波特（Ruby Port）

红宝石波特是最年轻的波特，它在木桶中成熟，陈酿一年左右，酒体丰满，果香味突出，保持着新葡萄酒的色彩，适宜在幼龄时饮用，不宜长期窖藏，当地人喜欢当成餐后甜酒。Fine Old Ruby Port（陈年宝石红）以几种优质的葡萄酒勾兑，于桶中陈酿 4 年，在 -9℃ 左右的低温处理后装瓶。其果香突出，口味甘润。

（3）茶红波特（Tawny Port）

茶红波特由白葡萄酒和红宝石波特酒勾兑，是比较温和精细的木桶陈酿酒。比宝石波特存放的时间要长，酒体柔顺，具坚果香，陈酿 6～10 年，直到出现茶色（一般指的是红茶色）即可。10 年以上的茶色波特称为 Fine Old Tawny Port（陈年茶红波特），贴上的标签有 10 年、20 年、30 年，甚至 40 年的。

（4）年份（好年成）波特（Vintage Port）

年份波特是相当美妙的波特酒，只在最好的年份才做，而且也是挑选最好的葡萄酿造而成（不混合其他年度）。通常每 10 年才会有 2～3 个年份生产这种味道最浓、最珍贵的波特酒，只经两年的大型木桶培养，年轻时酒色浓黑，甜美丰厚，多单宁，需要经过 10 年以上的瓶中储存才会成熟，通常一家酒商会混合来自不同庄园的葡萄酒。但有时也会独立装瓶，称为单一酒庄年份波特（Single Quinta Vintage Port）。由于这类酒是瓶陈，所以酒渣很多，喝的时候需要换瓶，酒的口味也非常浓郁芬芳。其口味纯厚，果香、酒香协调，甜爽温润，甚至可以存放 50 年以上。商标注明其时间。

目前公认的年度有 1927、1934、1935、1942、1945、1947、1948、1950、1955、1958、1960、1963、1966、1970、1977、1980、1982、1983、1985。

（5）迟装瓶年份波特（Quinta Vintage Ports Or Late Bottled Vintage Port）

迟装瓶年份波特简称 LBV，是延长木桶陈酿期的好年成酒，酒标上有特大年成号，和年份波特一样，采用同一年份的葡萄制成，会经过 4～6 年的木桶陈酿后装瓶，不及年份波特浓郁，但却较快成熟，无须等待太久，且价格便宜很多。大部分是商业化的而且便宜的酒，口味比较重，饮用时需要换瓶。

（6）单一酒庄年份波特（Single Quinta Port）

单一酒庄年份波特指的是葡萄来自一个酒园，用最优秀的葡萄酿造，有着特殊风格，在木桶中贮藏 2 年后转入瓶中陈酿 10 年。口感厚实、浓郁，味道和谐，长时间陈酿会产生沉淀。

（二）雪利酒

雪利是英文 Sherry 的译音，也可译成谐丽、谢利等，这种酒在西班牙称为雷茨酒。如今，世界上许多国家和地区都已仿制雪利酒，但酒质仍以西班牙的最佳。只有在西班牙赫雷斯（Jerez）地区生产的酒才可称为 Sherry，否则要冠以国名，如 American Sherry 等。

赫雷斯位于西班牙西南部安达鲁西亚（Andalusia），雪利酒于中世纪出现，流行于贵族之间。400 多年前它由英国人推广至世界各地，19 世纪末成为流行饮品。英国人认为 Jerez 绕嘴，所以改为 Sherry（王子之意）。莎士比亚称其为："装在瓶子里的西班牙阳光。"

1. 雪利酒的生产工艺及特点

制作雪利酒时，先将葡萄晾干，等水分减少、糖分增加时才开始榨汁，同时为了提高酸味，会加入少许的石膏发酵，然后再装入桶中二次发酵，最后加入白兰地增加酒精浓度。雪利酒的颜色很多，透明、深黄、棕色、琥珀色（如阿蒙提那多酒），清澈透明，口味复杂柔和，香气芬芳浓郁，是世界著名的强化葡萄酒。雪利酒的酒精含量高，为 15% ～ 20%。酒是人为改变的，甜型雪利酒的含糖量高达 25%，干型雪利酒的糖分为 1.5 g/L（发酵后残存的）的酸度为 4.4 g/L。

雪利酒的甜度受发酵时加入白兰地的时机影响，越早加入白兰地越甜，越晚加入越不甜，酒精浓度则是受加入白兰地的多少影响。

（1）葡萄品种与采摘

西班牙的雪利酒一般是从 9 月初开始酿制（葡萄已充分成熟），到 10 月中旬结束，开始采摘的葡萄是早熟品种巴诺米洛（Palomino），然后是香味特殊的佳利酿（Carignane）、阿里山大玫瑰香、麝香葡萄干（Muscatel）和 Pedro Ximenez 等。不能一次把葡萄全部摘下，未成熟的待成熟后再采摘。

将采下来的成熟葡萄摆在稻草席子上，摆的时候要一串挨着一串，不能重叠。白天让其受太阳曝晒，晚上用帆布盖好（防露水润湿或雨水淋湿），曝晒是西班牙独创的提高葡萄含糖量的好方法（比阴干的方法快，且不易霉烂）。要经常仔细检查，发现腐烂的立即拿走，以免扩大。曝晒时间凭经验而定，正常的好天气（秋季）晒 4~5 天即可。

（2）破碎与榨汁

如今已不再用脚踩葡萄榨汁，而是用现代化的榨汁机压榨葡萄汁。最清澈的葡萄汁可直接收入木桶中，待葡萄渣再无葡萄汁流出时移至压榨机中进行压榨。

曝晒后除去大部分水分的葡萄的含糖量很高，一般为 260 g/L，葡萄渣用水湿润后，连续进行第二次、第三次压榨榨，出来的浓汁另外发酵，其酿制的酒含酒精度低，一般当地销售或再蒸馏制作白兰地。

（3）发酵

将澄清后的葡萄汁移至 480 ～ 500 L 的橡木发酵桶中，每 100 kg 葡萄汁加入 25 ～ 30 g 二氧化硫，以杀死葡萄汁中的杂菌，2 小时后接种酵母种液，接种量为 5% ～ 6%。维持在 30℃进行主发酵，大约经 3 个星期后葡萄汁中的糖分变得很少，在发酵几乎停止此时马上换桶，将沉淀在主发酵桶底下的大量酒脚和新酒分开，避免新酒带上酒脚味或硫化氢味。换桶后的葡萄酒中存有少量糖分，仍可在发酵桶中继续进行发酵，称其为后发酵，可延长至 2 ～ 3 个月之久。

（4）加白兰地混合

在 1、2 月份，用虹吸的方法将上层清酒液输送到消过毒的木桶中，并在每波达（容器 500 kg）中添加 8 ～ 10 L 的上等白兰地（酒精浓度为 76% ～ 78%），这样，一方面可以提高葡萄酒中的酒精含量，另一方面可以抵抗杂菌侵害。

（5）换桶除渣

添加白兰地后，任其静置沉淀，到夏季时，重新换桶除渣，并再加一次白兰地。若不够清亮，可在每 16 kg 酒中加入 2 kg 新鲜牛血或 12 个鸡蛋蛋白搅拌，也有用皂土的，用法是先将皂土溶于一部分白兰地或葡萄酒中，再倒入酒桶中，静置沉淀。

（6）冷、热处理

用虹吸法吸出清亮葡萄酒，在 50 ～ 65℃温度下进行 2 ～ 3 个月的处理，接着移至 -10℃冷库的酒桶中进行冷处理，然后过滤、去渣、换桶。

（7）贮藏陈酿

将上述处理后的葡萄酒移入酒窖的木桶中，贮藏 2 ～ 4 年，陈酿期间，酒色逐渐变深，口味变得复杂而柔和，从容器中浸出的橡木香味溶解于酒中。如果酒窖在温暖干燥的地方，则葡萄酒蒸发的水分多于蒸发的酒精，酒精浓度略有增加；如果酒窖在低温较潮湿的地方，则变化不大，有时酒精浓度略有下降。贮酒桶在生成膜以后，不再洗涤，使微生物始终保存在木桶上，而使酒具有独特的酯类香气，另一个特殊操作工艺是不使酒桶装满酒，这样便于氧化，以加速老熟。

（8）调和装瓶

西班牙多采用分级调和方法，在每年的 1 ～ 3 月，对新酿制的葡萄酒进行分类。根据葡萄酒的颜色和香味判定其成熟度和等级分类，用纯酒精调整到所要求的酒精含量 17% ～ 20%。雪利酒有种特别的储存方式，称为索莱拉法（Solera system），是将木桶一层层往上叠，叠成金字塔形状，最老的雪利酒在下面，其次的放在第二层，依此类推，酒龄越年轻的就放在越上面。当从最底层的木桶取出酒后，上层酒桶中的酒会按序往下流，使其流出来的酒永远保持一定的品质。

由于雪利酒采用此法多次混合，无法确定雪利酒年份，因此雪利酒是一种无年份的强化葡萄酒，有些标有年代的雪利酒表示的是该酒开始建立生产系统的年份。

雪利酒酿造的秘密是需要大量空气。因此，雪利葡萄酒贮存在开着窗户的酒窖中，以获得足够的来自近海岸的新鲜海洋空气，雪利葡萄酒桶不完全装满，且不完全封闭，因为酒桶中和酒桶上没有这种空间，就不能在酒液表面产生葡萄酒的香味。

2. 雪利酒的分类

（1）菲诺（Fino）

菲诺产于赫雷斯或圣玛利亚港，酒龄在 5 ～ 9 年，以清淡著称，形成了酵母薄膜，酒液淡黄而明亮，是雪利酒中色泽最淡的酒品，酒度在 17° ～ 18° 之间，属干型，口感甘冽、爽快、清淡、新鲜，不含甜份，是很好的饭前开胃酒。

常见的菲诺类酒品有：

① 曼赞尼拉（Manzanilla）：属干型，色泽淡雅，是西班牙人最喜爱的酒品，产于气候凉爽的沿海城市桑卢卡尔——德巴拉梅达，酒龄在 5 ～ 9 年之间。该酒酒液微红、清亮，香气温馨醇美，口感甘冽、清爽、微苦，酒劲较大，酒精度在 15° ～ 17° 之间。

② 阿莫提拉多（Amontillado）：是陈酿期较长的醇酒，酒龄在 10 ～ 15 年，色泽淡雅，呈金黄色，气味干冽，有很浓的坚果味。该酒有极干、半干型之分，酒精度在 16° ～ 18° 之间。

（2）奥拉露索（Oloroso）

奥拉露索是一种形成了酵母薄膜的葡萄酒，酒龄在 10 ～ 15 年，具有甜味，通常作为饭后酒。该酒酒体色深，透明度好，香气浓郁，而且越陈越香，口味浓烈，柔绵甘冽，但有甘甜之感，酒精度一般在 18° ～ 20° 之间。

奥鲁罗索类雪利酒包括：

① 阿莫罗索（Amorosa）：色泽金黄，酒体丰满，有坚果味，口味凶烈，酒劲很足。

② 巴罗·古塔多（Palo Cortado）：是雪利酒中的珍品市场上少有供应。它的风格很像菲诺，但却属于奥鲁罗索类，人称"具有菲诺酒香的奥鲁罗索"。该酒甘冽醇浓，一般陈酿 20 年才上市。

③ 克林姆雪莉（Cream）：用佩德罗一希梅内斯葡萄或麝香葡萄酿制的甜酒，酒龄在 5 ～ 15 年之间。

（三）玛德拉酒（Madeira）

玛德拉酒产于葡萄牙的玛德拉岛上，是以地名命名的酒品。该酒是用当地生产的葡萄酒与白兰地勾兑而成的一种强化葡萄酒。玛德拉是世界上寿命最长的葡萄酒，最长可达 200 年之久。玛德拉酒的酒精度为 16°～18°，大多属干型白葡萄酒类。饮用初期须稍烫一下，越干越好，作为饭前开胃酒饮用最佳。

玛德拉岛地处大西洋，长期以来被西班牙占领。玛德拉酒产于此岛上，是用当地生产的葡萄酒和葡萄烧酒为基本原料勾兑而成，十分受欢迎。玛德拉酒的酒精含量大多在 16%～18%。玛德拉酒是上好的开胃酒，也是世界上屈指可数的优质甜食酒。运输途中经过赤道升温，酒液成分改变，可延长贮存时间。

酿造玛德拉酒所用到的葡萄原料为 Bual、Verdelho、Malvasia（Malmsey）、Tinta。

玛德拉酒分为 4 大类：Sercial（舍西亚尔）、Verdelho（弗德罗）、Bual（布阿尔）Malmser（玛尔姆赛）。舍西亚尔是干型酒，酒色金黄或淡黄，色泽艳丽，香气优美，人称"香魂"，该酒口味醇厚、浓正，西方厨师常用来做料酒；弗德罗也是干型酒，但比舍西亚尔稍甜一些；布阿尔是半干型或半甜型酒；玛尔姆赛是甜型酒，是玛德拉酒家族中享誉最高的酒，此酒呈棕黄色或褐黄色，香气悦人，口味极佳，比其他同类酒更醇厚浓重风格和酒体给人以富贵豪华的感觉。

玛德拉酒的名品有 Borges（鲍尔日）、Crown Barbeito（巴贝都王冠）、Leacock（利高克）、Franca（法兰加）。

（四）玛拉佳酒（Malaga）

玛拉佳酒产于西班牙南部的玛拉佳省，以产地命名。玛拉佳酒是一种极甜的葡萄酒，酿造方法和波特酒类似，也是采用烧乐腊（Solera）法陈酿，酒精度在 14°～23° 之间，酿造方法与波尔图酒类似，此酒在餐后甜酒和开胃酒中比不上其他同类产品，但具有显著的强补作用，适合病人和疗养者饮用。

较有名的有 Flores Hermanos、Felix、Hijos、Jose、Larios、Louis、Mata、Perez Texeira 等。

（五）玛萨拉酒（Marsala）

玛萨拉酒产于意大利西西里岛的玛萨拉地区，是用当地生产的白葡萄酒中加入蒸馏酒勾兑而成，勾兑好的酒在橡木桶中陈酿 4～5 个月或更长时间。它与波尔图、雪利酒齐名，酒呈金黄带棕色，香气芬芳，口味舒爽、甘润。根据陈酿时间不同，马尔萨拉酒风格也有所区别，陈酿 4 个月的酒称为 Fine（精酿），陈酿两年的酒称为 Superiore（优酿），陈酿 5 年的酒瓶 Verfine（特精酿）。

较为有名的马尔萨拉酒有 Gran Chef（厨师长）、Florio（佛罗里欧）、Rallo（拉罗）、Peliegrino（佩勒克利诺）等。

三、甜食酒的知名品牌

甜食酒有如下几个知名品牌：科伯恩（Cockburn's）；克罗夫特（Croft）；戴尔瓦（Dalva）；桑德曼（Sandeman）；方瑟卡（Fonseca）；泰勒（Taylor's）。

四、饮用方法和服务要求

波特酒在饮用时需要滗酒；菲诺酒可以在喝汤时饮用，也可用作为开胃酒；奥鲁罗索酒是最好的餐后甜酒，不过也可随时饮用。喝雪利酒之前一定要把它冷却，特别是菲诺酒，这样才能显示出它的香味。

完成任务

一、甜食酒的认知

序号	英文名称	中文名称	产地	类型	特点	其他

二、独立完成"爱尔兰谷仓"的调制及服务

（一）分组练习

每 3～5 人为一小组，分别扮演调酒师、吧员、客人等不同角色，然后按顺序完成调酒任务并提供对客服务。练习过程中仔细观察每个人的动作及服务效果。

（二）讨论、对比

对每个人的表现进行组内分析讨论、组间对比互评，加深对整个对客服务步骤、方法及要求的理解与掌握。

能力拓展及评价

一、含六大烈酒的鸡尾酒的调制

酒品名称：（中文）环游世界　　　　　（英文）Around The World

项　　目	内　　　　　　　　　容	
	外　　　文	中　　　文
调酒配方	1/2 oz Gin 1/2 oz Vodka 1/2 oz Rum 1/2 oz Tequila 1/2 oz Whisky 1/2 oz Brandy 1/2 oz Green Creme de Monthe 1/2 oz Syrup 3 oz Pineapple Juice	1/2 盎司金酒 1/2 盎司伏特加 1/2 盎司朗姆酒 1/2 盎司得其拉 1/2 盎司威士忌 1/2 盎司白兰地 1/2 盎司绿薄荷酒 1/2 盎司糖水 3 盎司菠萝汁
装饰物	菠萝、绿樱桃	
使用工具	量酒器、摇酒壶	

续表

项　　目	内　　　　容
使用载杯	卡伦杯
调制方法	摇和法
操作程序	① 将适量冰块倒入壶中；② 将所有材料倒入壶中；③ 大力摇匀后滤入卡伦杯中；④ 用菠萝、绿樱桃装饰

二、综合评价

教师对各小组的制作过程、成品、酒水服务进行讲评，然后把个人评价、小组评价、教师评价简要填入评价表中。

被考评人					
考评地点					
考评内容					
考评标准	内　　容	分值 / 分	自我评价 / 分	小组评议 / 分	实际得分 / 分
	熟知鸡尾酒的分类和基本结构	10			
	熟悉掌握鸡尾酒的调制方法及原则	20			
	熟记调制鸡尾酒的步骤及注意事项	10			
	掌握品尝、鉴别鸡尾酒的步骤及技巧	20			
	掌握鸡尾酒及基酒相关知识	20			
	鸡尾酒促销能力	10			
	鸡尾酒规范服务	10			
合　　计		100			

课后任务

1．巩固练习以"爱尔兰谷仓"为代表的搅和法鸡尾酒的调制与服务。

2．甜食酒的推销及服务。

任务九　"新加坡司令"的调制及服务

任务描述

酒吧提供的一些鸡尾酒不是用单一的方法调制的，需要几种方法结合。调酒师要能独立完成以新加坡司令为代表的综合法（摇和法、调和法及兑和法）鸡尾酒调制及服务；能提供其他综合法知名鸡尾酒调制与服务。

情境引入

一位在国内常驻的外国客人怀着浓郁的思乡之情来到酒吧，调酒师为他推荐一杯新加坡司令来缓解他的乡愁，给他提供温馨的服务 ......

任务分析

完成新加坡司令的操作和服务，应熟练掌握：

• "新加坡司令"鸡尾酒的故事

• "新加坡司令"的配方

• 综合法（摇和法、调和法及兑和法）鸡尾酒调制及服务

必备知识

一、"新加坡司令"鸡尾酒的故事

"新加坡司令"鸡尾酒诞生在新加坡波拉普鲁饭店，是 Ngiam Tong Boon（严崇文）于1915 年间担任新加坡莱佛士酒店 Long Bar 酒吧的酒保时调配发明的。配方几经变更，目前版本的配方是由严崇文的侄子改良的。口感清爽的琴嘶沫酒配上热情的樱桃白兰地，喝起来口味更加舒畅。夏日午后，这种酒能使人疲劳顿消。英国的塞麦塞特·毛姆将新加坡司令的诞生地波拉普鲁饭店评为"充满异国情调的东洋神秘之地"。波拉普鲁饭店所调的新加坡司令用了 10多种水果做装饰，看起来令人赏心悦目。

新加坡航空公司所有航线的所有等级仓位中都免费提供该款鸡尾酒。

传说莱佛士酒店的调酒师为驻新加坡的英国司令设计的这款独特的鸡尾酒，用红色的渐变和独特的口感来缓解司令的思乡之情。

斯林酒又称司令酒（Sling），是鸡尾酒的一种。它是以金酒等烈性酒为基酒，加入利口酒、果汁等调制，再兑以苏打水混合而成的鸡尾酒。这类饮料酒精含量较少，清凉爽口，很适宜在热带地区或夏季饮用。

此款酒结合了摇和法、调和法及兑和法，让学生在原有的基础上提高了调酒技术，增加了调酒的连贯性，并结合新加坡司令的故事完成了客人的特殊需求，恰当地传播了鸡尾酒文化。

二、"新加坡司令"的配方及调制方法

配方：金酒 30 ml、柠檬汁 30 ml、红石榴糖浆 15 ml、樱桃白兰地 15 ml、苏打水 8 分满。

载杯：柯林杯。

装饰物：柠檬片与红樱桃。

作法：向冰摇杯中加入 8 分满冰块，量金酒 30 ml、柠檬汁 30 ml、红石榴糖浆 15 ml 并倒入冰摇杯中，摇至外部结霜，再倒入加适量冰块的柯林杯，加入苏打水至 8 分满，淋上 15 ml 樱桃白兰地，将柠檬片与红樱桃挂于杯口装饰，放入吸管与调酒棒，并将该杯饮料置于杯垫上。

完成任务

独立完成"新加坡司令"的调制及服务。

一、分组练习

每 3～5 人为一小组，分别扮演调酒师、吧员、客人等不同角色，然后按顺序完成调酒任务并提供对客服务。练习过程中仔细观察每个人的动作及服务效果。

二、讨论、对比

对每个人的表现进行组内分析讨论、组间对比互评，加深对整个对客服务步骤、方法及要求的理解与掌握。

能力拓展及评价

一、其他综合法鸡尾酒的调制与服务

（一）长岛冰茶

1. 配方

金酒 15 ml、伏特加 15 ml、白朗姆酒 15 ml、龙舌兰酒 15 ml、白柑橘香甜酒 15 ml、柠檬汁 30 ml、糖水 10 ml、可乐、柠檬片、小雨伞装饰物。

2. 作法

将除可乐外的所有材料倒入摇酒壶中摇匀，滤入盛满块冰的大型柯林杯中，将可乐注满后慢慢调和，然后用柠檬片和雨伞装饰，最后放入吸管。

3. 长岛冰茶的创作

一种说法是在 20 世纪 20 年代美国禁酒令期间，酒保将烈酒与可乐混成一杯看似茶的饮品，因此而调制出冰茶；还有一种说法是在 1972 年，由长岛橡树滩客栈（Oak Beach Inn）的酒保发明了这种以 4 种基酒混制出来的饮料。调和此酒时所使用的酒基本都是 40°以上的烈酒，虽然取名"冰茶"，但口味辛辣。尝试饮用此酒后，再去饮用用酒度稍弱的酒调和的相同配比的鸡尾酒，就不害怕酒精鸡尾酒了。

此酒在纽约州的长岛诞生，最近在日本迅速流行开来。其制作方法种类繁多，主要配比是混合数种烈酒后，用果汁和可乐兑和。

4. 变种

① 长岛冰茶第二代：多加一份波本酒。

② 长岛冰茶第三代：在第二代里多加一份白兰地。

③ 长堤冰茶：用小红莓汁代替可乐。

④ 加州冰茶：用杏仁酒代替龙舌兰与橙皮酒，并用等量的小红莓汁与凤梨汁取代可乐填满。

⑤ 夏威夷冰茶：用 Chambord 覆盆子酒取代龙舌兰与橙皮酒，并用雪碧汽水取代可乐。

⑥ 迈阿密冰茶：用 Midori 蜜瓜酒与桃味蒸馏酒（Peach Schnapps）取代龙舌兰与橙皮酒，而用柳橙汁代替可乐。

⑦ 加勒比冰茶：用牙买加黑兰姆酒（Dark Jamaican Rum）取代龙舌兰与伏特加。

⑧ 德州冰茶：用白兰地取代金酒。

⑨ 东京红茶：用一份 Midori 蜜瓜酒取代可乐，又称三哩岛。

⑩ 比佛利山冰茶：用香槟替代可乐。

⑪ 触电冰茶：用波本酒取代龙舌兰。

⑫ 阿拉斯加冰茶：用 4 份 Blue Curacao 蓝橙甜酒与 4 份 Sweet And Sour Mix 取代龙舌兰酒，用柠檬苏打水取代可乐。

⑬ Baptist Redemption：不加可乐的长岛冰茶。

⑭ 广岛冰茶：Vodka 用生命之水取代，Rum 用 151 取代（皆为同酒型但酒精浓度为两倍）。

⑮ 其他：用真正的红茶代替可乐。

（二）椰林飘香（Pina Colada）

1. 配方

白朗姆酒 30 ml、菠萝汁 80 ml、椰奶 45 ml、菠萝片 1 小片、樱桃 1 个。

2. 作法

将白色朗姆酒、菠萝汁、椰奶倒入雪克杯中摇和，将摇和好的酒注入盛满碎冰块的大型酒杯中，用菠萝片和樱桃装饰杯口，最后添加吸管。

3. 特点

Pina Colada 口味较甜，酒精度为 15°，在西班牙语中是"菠萝茂盛的山谷"的意思。此酒诞生在迈阿密，在美国流行的末期传入其他国家和地区。与此酒归于相同热带鸡尾酒的名品还有"亲亲"。这两款酒其他配料全部一样，只是调酒用基酒不同。此酒是以前"亲亲"在夏威夷诞生时，偶然用朗姆酒调和出的。之后为了与"椰林飘香"相区别，"亲亲"采用伏特加为基酒调和。

二、综合评价

教师对各小组的制作过程、成品、酒水服务进行讲评，然后把个人评价、小组评价、教师评价简要填入评价表中。

被考评人					
考评地点					
考评内容					
考评标准	内　容	分值 / 分	自我评价 / 分	小组评议 / 分	实际得分 / 分
	熟知鸡尾酒的分类和基本结构	10			
	熟悉掌握鸡尾酒的调制方法及原则	20			
	熟记调制鸡尾酒的步骤及注意事项	10			
	掌握品尝、鉴别鸡尾酒的步骤及技巧	20			
	掌握鸡尾酒及基酒相关知识	20			
	鸡尾酒促销能力	10			
	鸡尾酒规范服务	10			
合　计		100			

课后任务

巩固练习以"新加坡司令"为代表的综合法鸡尾酒的调制与服务。

任务十 "林宝坚尼"的调制及服务

任务描述

火焰鸡尾酒是调节气氛的鸡尾酒，深受客人的喜爱。调酒师要能够独立完成以林宝坚尼为代表的花式调法（火焰杯塔）鸡尾酒调制及服务，同时要能够独立完成其他花式调法的知名鸡尾酒（深水炸弹、高山流水、多米诺等）调制与服务。

> **情境引入**
>
> 一位车迷来到酒吧，他酷爱赛车、喜欢冒险、饱含激情，林宝坚尼就十分适合他。
>
> **任务分析**
>
> 完成林宝坚尼的操作和服务，应熟练掌握：
> • "林宝坚尼"的配方
> • "林宝坚尼"鸡尾酒的特点
> • 花式调法（火焰杯塔）鸡尾酒调制及服务

必备知识

一、"林宝坚尼"的配方

林宝坚尼（Lamborghini）的配方如下：

杉布卡 30 ml（白兰地杯）；

咖啡甜酒 15 ml（鸡尾酒杯）；

加利安奴 15 ml（分层效果）；

蓝香橙酒 15 ml（子弹杯）发；

百利甜酒 15 ml（分层）。

二、做法

点然白兰地杯中的酒（从杯的底部开始热杯，一边烧一边转，一定温度后杯中的酒被点燃），然后连同子弹杯将两种酒一起倒入鸡尾杯中，举得越高越好，一条火线从高处流下，非常好看。

倒酒时不能倒得太急，以免溅出，有的配方是在白兰地杯中加白兰地酒，也有的配方是加森佰加，森佰加的燃烧效果比白兰地好很多。

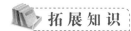

拓展知识

一、森伯加

森伯加是茴香味利口酒，酒精含量为38%，是意大利的经典利口酒。据说西方名人、政要都有大量喝大茴香酒的习惯，也在战争和航海的相关记录中发现大茴香酒具有预防疾病的功效。大茴香的主要产地集中在地中海沿岸，然而最珍贵的大茴香则是产于中国。大茴香为杉布卡香甜酒的主要原料，产品特色为其特殊浓烈的香味。

传统喝法：小子弹杯中装满森伯加后放上 7～8 颗意大利特浓咖啡豆，点燃，这时可以听到咖啡豆燃灼的"滋滋"声，用杯垫盖灭火焰，趁热把酒倒进口中，酒是烫的，咖啡豆是热的。注意不要呛到咖啡豆，也不要吞下去，喝完酒后再慢慢地嚼喷香的咖啡豆。

二、加利安奴利口酒

加利安奴力娇（Galliano Liqueur）始于 19 世纪的意大利米兰，1896 年以来就在米兰的索拉罗按照古老的神秘配方生产。该酒以白兰地为原料，配以 40 种以上的草药和香草，酒精度为 35°，糖分含量为 30%，带有明显的茴香味。Galliano 是意大利著名的英雄人物。

完成任务

独立完成"林宝坚尼"的调制及服务。

一、分组练习

每 3～5 人为一小组，分别扮演调酒师、吧员、客人等不同角色，然后按顺序完成调酒任务并提供对客服务。练习过程中仔细观察每个人的动作及服务效果。

二、讨论、对比

对每个人的表现进行组内分析讨论、组间对比互评，加深对整个对客服务步骤、方法及要求的理解与掌握。

能力拓展及评价

一、花式调法其他知名鸡尾酒调制与服务

（一）深水炸弹

深水炸弹是一款鸡尾酒的名称，在宽口杯中倒入 2/3 的啤酒，再在小杯子中盛满伏特加，然后将小杯子沉入宽口杯，也有人用苏格兰威士忌代替伏特加。

这款鸡尾酒命名为深水炸弹，形容其沉的很深，威力强大，如果像喝啤酒一样喝下去，后劲很大。

深水炸弹也不是有固定的配方，很多调酒师自创深水炸弹，可以不一定用啤酒，专为客人调制，如汽水和利口酒（有色深水炸弹）等。

（二）高山流水

高山流水是一种花式调酒技法，准备多个啤酒杯（上宽下窄），每杯注入约 1/2 的酒水，然后把杯子纵向重叠，再横向放平，把各杯的酒水同时注入事先准备好的依次排开的载杯中，注入时要准确无滴洒。

（三）多米诺

摆一排洛克杯，每杯注入约 1/2 的无色汽水，然后在每两个杯之间的杯沿上摆一排子弹杯，杯里盛装不同颜色的利口酒，碰倒第一个子弹杯后形成多米诺效应，其他的子弹杯依次落入洛克杯杯中。

二、综合评价

教师对各小组的制作过程、成品、酒水服务进行讲评，然后把个人评价、小组评价、教师评价简要填入评价表中。

被考评人					
考评地点					
考评内容					
考评标准	内　容	分值 / 分	自我评价 / 分	小组评议 / 分	实际得分 / 分
	熟知鸡尾酒的分类和基本结构	10			
	熟悉掌握鸡尾酒的调制方法及原则	20			
	熟记调制鸡尾酒的步骤及注意事项	10			
	掌握品尝、鉴别鸡尾酒的步骤及技巧	20			
	掌握鸡尾酒及基酒相关知识	20			
	鸡尾酒促销能力	10			
	鸡尾酒规范服务	10			
合　计		100			

课后任务

巩固练习以"林宝坚尼"为代表的花式调法鸡尾酒的调制与服务。

任务十一　"龙舌兰炸弹"的调制及服务

任务描述

在特殊的节日，客人需要良好的气氛，情趣气氛鸡尾酒便成为最佳的选择。调酒师要能独立完成以龙舌兰炸弹为代表的情趣气氛鸡尾酒调制及服务。

情境引入

一桌客人在酒吧庆祝生日，调酒师为他们推荐了龙舌兰炸弹来为客人助兴，增强客人的欢乐气氛。

任务分析

完成龙舌兰炸弹的操作和服务，应熟练掌握：

• "龙舌兰炸弹"的配方

• "3个好朋友"的饮用方法

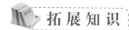 **必备知识**

一、"龙舌兰炸弹"的配方及方法

配方：龙舌兰 1 oz、七喜。

载杯：子弹杯。

方法：将 1 oz 龙舌兰酒倒入子弹杯，再向该杯中加满七喜，用杯垫盖住酒杯，用力敲下，再一饮而尽。

二、"3个好朋友"的饮用方法

Los Tres Cuates 被译为 3 个好朋友，墨西哥当地的特基拉酒由于采用独特的原材料制成，深受墨西哥印第安人的喜爱。他们根据酒的特性，创造了举世无双、奇特无比的饮用方法。饮用特基拉酒时，左手拇指与食指中间夹一块柠檬，在两指间的虎口上撒少许盐，右手握着盛满特基拉的酒杯，首先用左手向口中挤几滴柠檬汁，一阵爽快的酸味扩散到口腔的每个角落，顿时感到精神一振，接着将虎口处的细盐送入口中，再举起右手，将特基拉一饮而尽。45% 的烈酒混合着酸味、咸味，如同火球一般从嘴里顺喉咙一直燃烧到肚子，十分精彩和刺激。喝特基拉时一般不再喝其他饮料，否则会冲淡其原始风味。

拓展知识

一、中国白酒概述

中国白酒有着悠久的酿酒历史，早在商代，古代中国人就用麦曲酿酒。宋代以后，开始出现制造白酒的酿酒工业。近年来，中国的酿酒技术不断提高，白酒品种众多，市场竞争激烈。但由于降度技术的成熟及人民健康意识地提高，白酒开始向低酒度方向发展

中国的白酒是以高粱、玉米、大麦、小麦、甘薯等为原料，经过发酵、制曲、多次蒸馏、长期贮存制成高酒度的液体，酒精度通常为 38°～ 60°。由于中国酒大多无色，因此称为白酒。因制曲方法的不同，发酵、蒸馏的次数不同及勾兑技术的不同，所以形成了不同风格的中国白酒。

二、中国白酒的种类

中国白酒按香型可分为酱香型、浓香型、清香型、米香型和兼香型等。

（一）酱香型

酱香型又称茅香型，以贵州茅台酒为代表。柔润是酱香型白酒的主要特点。酱香型的白酒

气香不艳，低而不淡，醇香优雅，不浓不猛，回味悠长，倒入杯中过夜香气久留不散，且空杯比实杯还香，令人回味无穷。

（二）浓香型

浓香型又称泸香型，以四川泸州老窖特曲、五粮液、洋河大曲为代表。浓香干爽是浓香型白酒的主要特点。浓香型的酒芳香浓郁，绵柔甘洌，香味协调，入口甜，落口绵，回味悠长，这也是判断浓香型白酒酒质优劣的主要依据。在著名的酒中，浓香型白酒的产量最大，四川、江苏等地的酒厂所产的酒基本都是浓香型白酒。

（三）清香型

清香型又称汾香型，以山西杏花村汾酒为主要代表。清香型白酒酒气清香纯正，口味干爽协调，酒味芬芳，醇厚绵柔。

（四）米香型

米香型是指以桂林三花酒为代表的一类小曲米酒，是中国历史悠久的传统酒种。米香型的酒米香轻柔纯正，优雅纯净，入口绵柔，回味悠长，给人以朴实醇厚的感觉。

（五）兼香型

兼香型又称复香型或混合型，即兼有两种以上主体香气的白酒。兼香型白酒之间风格相差较大，有的甚至截然不同。兼香型白酒的酿造会采用浓香型、酱香型或芬香型白酒中的一些酿造工艺，因此兼香型白酒的闻香、口味和回味各有不同，具有一酒多香的风格。兼香型酒以董酒、西凤酒、白沙液等为代表。

三、中国白酒的著名品牌

（一）茅台酒

茅台酒为大曲酱香型白酒，历史悠久，有近300年的历史。它产于贵州省仁怀市茅台镇，素以"低而不淡，香而不艳"著称于世，被尊为中国的国酒。1915年，在巴拿马国际博览会上，茅台酒被评为世界第二名酒，地位仅次于法国白兰地，获得金质奖章，从此驰名中外。与英国苏格兰威士忌、法国干邑白兰地并称为"世界三大名酒"。

茅台酒香气柔和优雅，郁而不烈，酒液晶莹透明，味感柔绵醇厚，回味悠长，饮后空杯留香不绝。茅台有46°、53°、55°的高度酒，也有38°的中度酒。

茅台酒之所以能成为名酒，这和它的生长条件有很大关系，茅台镇海拔400多米，四面群山环抱，气候温和，雨量充沛，终年无雪。夏天气温高，四面不透风，是一个天然的发酵场所。由山泉水汇合而成的赤水河，水清味美，是茅台酒品质特佳的一个重要因素。茅台镇的土壤为橘红色朱砂土，有利于微生物的繁殖，酿制茅台酒的发酵池底都是用朱砂土砌成的。

茅台酒酿工艺复杂，操作要求极严。它用优良小麦制曲，精选的高粱作糟，用曲数量相当于作糟的原料，而且酿造有季节性，每年必须在重阳节前后投料，称为"重阳下沙"。经8次下曲，8次蒸馏。每次蒸馏所得酒的品质都不相同，要分别进行处理，第一次蒸馏的酒全部回窖发酵，以后每次蒸馏的酒分别贮存，3年以后再进行勾兑，勾兑好后再贮存一年装瓶出厂。茅台酒的勾兑少则要用30～40种单型酒，多则要用70～80种单型酒。勾兑时分别采用不同生产轮次、不同贮存年份及不同酒精浓度的酒加以调配，使酒的主体香气更加突出。

（二）五粮液

五粮液为大曲浓香型白酒，产于四川宜宾市五粮液酒厂，以其独特的喷香而成为酒中举世无双的妙品。五粮液在全国名酒评比中连续三届被评为国家名酒，并三次荣获国家金质奖。

五粮液以红高粱、糯米、大米、小麦、玉米 5 种粮食为制造原料，开瓶时"喷香"是五粮液最大的特点。五粮液酒液清澈透明、浓郁扑鼻，饮用时满口溢香，盛杯时满室留芳，饮后余香不绝，在同类酒中有显著的风格。而且即使是高度五粮液酒沾唇触香，也无强烈的刺激性，可感觉到酒体柔和甘美，酒味醇厚净爽。五粮液有 52° 的高度酒，也有 38° 的中度酒。

（三）泸州老窖特曲

泸州老窖特曲为浓香型白酒，也经常被称为泸州老窖、泸州特曲，产于四川泸州市酒厂，是中国历史有酒，被誉为"浓香鼻祖"、"酒中泰斗"。

泸州市酒厂的产品有老窖特曲、老窖头曲、老窖低度特曲等 15 个品种，其中老窖特曲是泸州老窖大曲酒品中品级最高的一种，传统的有 60° 和 55° 两个品种，也生产低度酒。泸州老窖特曲具有无色透明、窖香优雅、绵甜爽净、柔和协调、尾净香长、风格典雅的特点，以独特的老窖发酵技术获得好评。

（四）洋河大曲

洋河大曲也是浓香型白酒中的名品酒，由江苏省泗阳县杨河镇酒厂生产。它以优质高粱为原料，以大麦、小麦和豌豆制曲，用当地美人泉泉水酿造，形成甜、绵、软、净、香的独特风格，酒液清澈，口感甜润、香醇。洋河大曲有 62°、55° 和 38° 等不同品种。

（五）古井贡酒

古井贡酒为大曲浓香型白酒，产于安徽省亳州古井贡酒厂。酒液清澈透明如水晶，香醇如幽兰，倒入杯中粘稠挂杯，酒味醇和、浓郁、甘润、味香悠长，经久不息。安徽省亳县有一古井泉，清澈甜美，古井贡酒以此古井泉水酿造，在明、清两代均为宫中贡品，故此而得名古井贡酒。

（六）汾酒

汾酒为清香型白酒，以地名命名，产于山西省汾阳县的杏花村酒厂。汾酒的酿造有悠久历史，是中国白酒的鼻祖，素以色、香、味三绝之称。晚唐时期，诗人杜牧的一首《清明》诗吟出了千古绝唱"借问酒家何处有？牧童遥指杏花村"，汾酒借此声明远播。

汾酒以高粱为主要原料，其最大的特点是香绵、爽烈，其酒液晶莹透明，清香纯正，优雅芳香，绵甜爽净，酒体丰满，回味悠长。汾酒的酒精度为 53°。

（七）剑南春

剑南春为大曲清香型白酒，产于四川省剑南春酒厂。酒液无色透明，芳香浓郁，醇和回甜，清洌净爽，余香悠长，并有独特的曲酒香味。剑南春具有芳、洌、醇、甘的特点，有 52° 的高度酒和 38° 的中度酒两种。早在明末清初时称其为绵竹大曲，后更名为剑南春。

（八）桂林三花酒

桂林三花酒为米香型白酒，早年就是广西名酒，远销东南亚国家和日本等国，以及中国香港、澳门地区。因在摇动酒瓶时只有桂林三花酒会在酒液面上泛起晶莹如珠的酒花,而且入坛堆花、入瓶堆花、入杯也堆花,故名"三花酒"。

桂林三花酒的特点是米香纯正,以桂北优质大米为原料,以小曲为糖化剂,配以漓江上游清澈澄碧、无怪味杂质的优良江水。陈贮于条件优越、冬暖夏凉的岩洞——象山岩洞内,加之工艺精湛,使酿得的酒香纯正无比。桂林三花酒酒液清亮透明,有浓郁幽兰的蜜香,入口香醇干爽,清洌回甜,饮后留香,酒精度为 56°。

(九)董酒

董酒为兼香型白酒,因产于贵州省遵义市北郊懂公寺而得名,现为遵义市董酒厂产品。董酒生产工艺非常独特,选用优质高粱为原料,小曲酒串蒸大曲酒,使董酒既有大曲酒的浓香,又有小曲酒的柔绵、醇和、回甜,董酒的香型介于清、浓之间,并带有奇特的使人心旷神怡的药香,因此被人们誉为兼香型白酒中独具一格的药香型或董酒型。

董酒酒液晶莹透亮,浓郁扑鼻,香气优雅舒适,饮用时甘美、满口醇香,还有淡雅舒适的药香和爽口的微酸,饮后回味香甜悠长。董酒的酒精度为 58°,其 38°的低度酒名为飞天牌懂醇。

(十)西凤酒

西凤酒为兼香型白酒,是由陕西省凤翔县柳林镇西凤酒厂出品。西凤酒历史悠久,是中国古老的名酒之一。

西凤酒以当地高粱为原料,以大麦、豌豆制曲。其特点是酒液无色,清凉透明,醇香芬芳,入口甘润、醇厚、丰满,有水果香,尾净味长,为喜欢烈性酒的人们所喜爱。西凤酒具有"凤型"酒的独特品格。它清而不淡,浓而不艳,酸、甜、苦、辣、香,诸味皆调,把清香型和浓香型两者的优点融为一体。

著名的中国白酒还有北京二锅头、白沙液、杜康、长沙白沙液、孔府家酒、双沟大曲、郎酒、全兴大曲、酒鬼酒等。

四、中国白酒的饮用与服务

(一)饮用

1. 净饮

中国人引用白酒的习惯是净饮,这样便于细细品味中国白酒的色、香、味等特色。

2. 兑饮

随着鸡尾酒在中国的推广,酒吧行业逐渐开始使用中国白酒作为基酒,调制各种鸡尾酒。中国马天尼、长城之光、太空星等一些鸡尾酒应运而生。

(二)服务

1. 杯具

中国白酒的饮用常常使用无柄利口酒杯和古典酒杯。

2. 标准分量

中国白酒饮用的标准分量为 28 mL(1 oz)。

完成任务

一、中国白酒的著名品牌认知

序号	品牌	产地	类型	特点	其他

二、独立完成"龙舌兰炸弹"的调制及服务

（一）分组练习

每 3 ～ 5 人为一小组，分别扮演调酒师、吧员、客人等不同角色，然后按顺序完成调酒任务并提供对客服务。练习过程中仔细观察每个人的动作及服务效果。

（二）讨论、对比

对每个人的表现进行组内分析讨论、组间对比互评，加深对整个对客服务步骤、方法及要求的理解与掌握。

能力拓展及评价

一、其他搅和法鸡尾酒的调制

（一）水果炸弹

（二）白酒炸弹

二、综合评价

教师对各小组的制作过程、成品、酒水服务进行讲评，然后把个人评价、小组评价、教师评价简要填入评价表中。

被考评人				
考评地点				
考评内容				
考评标准	内　　容	分值 / 分	自我评价 / 分	小组评议 / 分	实际得分 / 分
	熟知鸡尾酒的分类和基本结构	10			
	熟悉掌握鸡尾酒的调制方法及原则	20			
	熟记调制鸡尾酒的步骤及注意事项	10			
	掌握品尝、鉴别鸡尾酒的步骤及技巧	20			
	掌握鸡尾酒及基酒相关知识	20			
	鸡尾酒促销能力	10			
	鸡尾酒规范服务	10			
合　　计		100			

**课后任务**

1. 巩固练习以"龙舌兰炸弹"为代表的情趣气氛鸡尾酒的调制与服务。
2. 练习中国鸡尾酒的调制。

任务十二　自创鸡尾酒

任务描述

鸡尾酒的创新是调酒师应具备的重要能力，自创鸡尾酒成为酒吧的新卖点。调酒师要能够根据季节、客人需求等自创鸡尾酒并能够进行有效促销。

情境引入

童江老师是中国调酒界最为资深的高级讲师之一，他自创的鸡尾酒多次在全国调酒大赛上获得大奖，备受关注，下面就以童老师为榜样，合理创新，为客人提供自创鸡尾酒的调制及服务。

任务分析

完成自创鸡尾酒，应熟练掌握：

• 鸡尾酒创新原则
• 鸡尾酒的命名
• 鸡尾酒推销能力

必备知识

一、鸡尾酒创新的原则

随着调酒师技术水平地不断完善和提高，鸡尾酒的创新又是调酒师们面临的一个新课题。目前酒吧中非常风行的"特其拉爆"、"深水炸弹"、"山地"、"红酒 + 雪碧"等鸡尾酒，就是调酒师们的匠心创造，而闻名世界的"红粉佳人"、"血腥玛丽"、"亚历山大"等鸡尾酒，更是前辈调酒师心血的结晶。鸡尾酒的创新或称创新鸡尾酒，其目的不只是着眼于消费者，为消费者提供更多、更新、更满意的酒品，就调酒师的发展而言，这也是一项不可缺少的内容，无论是 I.B.A. 的调酒师大赛，还是国内的调酒师等级考核（中级以上）或大赛，创新鸡尾酒都是必做的项目之一，在分数上占有很大比例。那么，作为一个调酒师在鸡尾酒的创新上应如何入手，又如何遵循某些原则呢？

首先，在鸡尾酒的创造中，应遵循酒名及配方内容新颖别致，操作简单、配方易于记忆，易于推广，创意独特，配方书写完整且中、英文对照这 5 项基本原则。

在此基础上，根据调酒器（如摇酒壶、电动搅拌机等）的操作、作用原理及步骤来确定调制手法。

在酒水的选择上应参考"酒水搭配原理"的有关内容。装饰物的制作也应按照"鸡尾酒装饰原理"来确定和实施。

在酒杯的使用上，不仅要使酒水与载杯、装饰物与载杯浑然一体，交相辉映，而且要在符合上述 5 项基本原则的基础上，开发创造力，选择独特的、具有创意义的酒杯，最大限度地体现创新鸡尾酒的特点与魅力。

在此需要特别强调的是，当创新一款鸡尾酒时，所调制的酒品应尽量避免出现"混浊不堪"、"味道怪异"、"该冷不冷"、"该热不热"、"主客不分"、"喧宾夺主"这几种情况，这些都是导致创新失败的重要因素。总之，只要按照创新鸡尾酒的基本原则予以发挥和创造，鸡尾酒的创新并不是一件非常难的事情。

二、鸡尾酒的命名

（一）以酒的内容命名

以酒的内容命名的鸡尾酒虽然不是很多，但却有不少是流行品牌，这些鸡尾酒通常都是由一两种材料调配而成，制作方法相对简单，多数属于长饮类饮料，而且从酒的名称就可以看出酒品所包含的内容。

常见的有：金汤力（Gin and Tonic，由金酒加汤力水调制而成），伏特加 7（Vodka 7，由伏特加加七喜调制而成），此外还有金可乐、威士忌可乐、伏特加可乐、伏特加雪碧、葡萄酒苏打等。

（二）以时间和事件命名

以时间命名的鸡尾酒在众多的鸡尾酒中占有一定数量，这些以时间命名的鸡尾酒有些表示了酒的饮用时机，但更多的则是在某个特定的时间里，创作者因个人情绪、身边发生的事或其他因素的影响有感而发，产生了创作灵感，创作出一款鸡尾酒，并以这一特定时间来命名鸡尾酒，以示怀念、追忆。

常见的有：忧虑的星期一、六月新娘、夏日风情、九月的早晨、开张大吉、最后一吻等。

（三）以自然景观命名

创作者通过游历名山大川、风景名胜，徜徉在大自然的怀抱中，尽情享受创作出一款款著名的鸡尾酒，并用所见所闻来给酒命名，以表达自己憧憬自然、热爱自然的美好愿望，当然其中也不乏叹人生之苦短，惜良景之不再的忧伤之作。因此，以自然景观命名的鸡尾酒品种较多。

酒品的色彩、口味，甚至装饰等都具有明显的地方色彩，如雪乡、乡村俱乐部、迈阿密海滩等，此外还有红云、牙买加之光、夏威夷、翡翠岛、蓝色的月亮、永恒的威尼斯等。

（四）以颜色命名

以颜色命名的鸡尾酒占鸡尾酒的大部分，它们基本上是以伏特加、金酒、朗姆酒等无色烈性酒为基酒，加上各种颜色的利口酒调制成形形色色、色彩斑斓的鸡尾酒品。鸡尾酒的颜色主要是借助各种利口酒来体现的，不同的色彩刺激会使人产生不同的情感反映，这些情感反映又是创作者心理状态的本能体现，由于年龄、爱好和生活环境的差异，创作者在创作和品尝鸡尾酒时往往无法排除感情色彩的作用，并由此而产生诸多的联想。

1. 红色

红色是鸡尾酒中最常见的色彩，它主要来自于调酒配料红石榴糖浆。通常人们会从红色联想到太阳、火、血，享受到红色给人带来的热情、温暖，而红色同样又能营造出异常热烈的气氛，为各种聚会增添欢乐、色彩，因此，红色无论是在现有的鸡尾酒中，还是各类创作、比赛中都得到广泛使用，如著名的红粉佳人、新加坡司令、日出特基拉、迈泰、热带风情等。

2. 蓝色

蓝色常用来表示天空、海洋、湖泊、河的自然色彩，由于著名的蓝橙酒的酿制，蓝色便在鸡尾酒在频频出现，如忧郁的星期一、蓝色夏威夷、蓝天使、青鸟等。

3. 绿色

绿色主要来自于著名的绿薄荷酒。薄荷酒有绿色、透明色和红色3种，但最常用的是绿薄荷酒，它用薄荷叶酿成，具有明显的清凉、提神作用。用它调制的鸡尾酒往往会使人联想到绿茵茵的草地、繁茂的大森林，使人感受到春天的气息、和平的希望。特别是在炎热的夏季，饮用一杯碧绿滴翠的绿色鸡尾酒，使人暑气顿消，清凉之感沁人心脾。著名的绿色鸡尾酒有蚱蜢、绿魔、青龙、翠玉、落魄的天使等。

4. 黑色

黑色来自各种咖啡酒，其中最常用的是一种名为甘露（又称卡鲁瓦）的墨西哥咖啡酒，其色浓黑如墨，味道极甜，带浓厚的咖啡味，专用于调配黑色的鸡尾酒，如黑色玛丽亚、黑杰克、黑俄罗斯等。

5. 褐色

褐色来自可可酒，由可可豆及香草做成，由于欧美人对巧克力偏爱异常，所以配酒时常常大量使用。或用透明色淡的，或用褐色的，如调制白兰地亚历山大、第五街、天使之吻等鸡尾酒。

6. 金色

金色来自带茴香及香草味的加里安奴酒，或来自蛋黄、橙汁等，常用于金色凯迪拉克、金色的梦、金青蛙、旅途平安等的调制。

带色的酒多半具有独特的味道，一味注意调色而不知调味，可能会调出一杯中看不中喝的手工艺品，反之，只注重味道而不讲色泽，也可能成为一杯无人敢问津的杂色酒。颜色和味的搭配需要经耐心细致的摸索、实践，不可操之过急。

（五）以其他方式命名

上述4种命名方式是鸡尾酒中较为常见的命名方式，除了这些方式外，还有很多其他命名方法：

① 以花草、植物来命名鸡尾酒，如白色百合花、郁金香、紫罗兰、黑玫瑰、雏菊、香蕉芒果、樱花、黄梅等。

② 以历史故事、典故来命名，如血玛丽、太阳谷、掘金者等，每款鸡尾酒都有一段美丽的故事或传说。

③ 以历史名人来命名，如亚当与夏娃、哥伦比亚、亚历山大、丘吉尔、牛顿、伊丽莎白女王、丘比特、拿破仑、毕加索、宙斯等。将这些世人皆知的著名人物与酒紧紧联系在一起,使人时刻缅怀他们。

④ 以军事事件或人来命名，如海军上尉、自由古巴、深水炸弹、老海军等。

⑤ 以形象命名，如马颈、咸狗等。

三、鸡尾酒的推销

（一）服务是酒水推销的基础

酒水销售是通过一定的服务方式来提供给客人的，在一定的酒店文化的环境中，酒水推销可以使客人在服务过程中得到满足，从而增加酒水的消费数量。坚持以服务为基础，在遵循酒店 服务原则的前提下增加酒水的销售。

1. 以顾客为中心的原则

酒吧经营的一切服务活动和一切服务项目都必须从消费者的角度出发。因此，酒吧服务必须坚持以顾客为中心的原则，尊重顾客的人格、身份、喜好和习俗，避免同顾客发生争吵，把错留给自己，把对留给客人，坚持"顾客永远都是对的"的原则，在满足客人自尊的同时提供能满足消费动机的服务，增强顾客消费欲望。

2. 周全性原则

现代人消费日趋多样化、高档化，人们不仅要求酒店能提供丰富多彩、高质量的饮品与服务，而且还要求提供各种代表新潮流的娱乐项目和其他特色服务，提高客人的消费水平。

3. 体现人情的原则

酒吧作为客人满足精神需求和情感宣泄的理想场所，要在服务上体现出人情味。当客人感到空虚、寂寞、孤独或因繁忙的工作而疲倦、紧张时,要能在酒店中找到适合于自己的服务氛围,酒吧服务应尽量满足客人在情感上的需求,以使顾客再次光顾,提高消费能力。

4. 灵活性原则

酒吧服务不像餐饮服务那样呆板，酒吧服务是一个动态过程，应在服务中体现灵活性。一方面，客人在酒吧消费的随意性必须使酒吧服务采取相应的灵活性；另一方面，酒吧消费中经常会出现一些突发性事件，如客人醉酒等，酒吧服务必须采取随机应变的措施，要求在不损害客人的自尊或情感的条件下，灵活得体地进行处理。灵活性原则能使酒吧服务最大限度地满足客人的需求。

5. 效率性原则

酒吧的产品一般是即时生产，即时消费。客人所点的各种饮料是通过服务人员面对面的直接服务。同时，由于饮料本身的特征要求也必须提供快速服务。酒吧服务过程既是产品出售过程，又是消费过程。酒吧服务必须要突出高效率，保证高质量地完成酒水的服务。

6. 安全性原则

酒吧服务必须在一个安全的环境中完成。首先要求酒吧服务人员要保证酒水的质量和卫生安全；其次，要保证客人隐私权得到尊重；最后，要保证客人在酒店的消费过程中不受干扰和侵害。只有保证酒吧消费的安全，才能维持一个稳定的客源市场；只有保证了酒水质量和卫生安全，才能扩大和提高饮品推销的机会。

（二）服务人员是酒水推销的关键

酒水是通过服务人员向客人提供的。酒吧服务人员是酒吧的推销员，酒店生意的好坏与服务人员的推销技巧有直接的关系。酒吧服务人员通过向客人展示自己的礼貌、热情、友好的态度，给客人留下良好的印象。机智灵活的服务人员会不失时机地向客人进行推销。

酒水推销是一门艺术，要求服务人员具有必备的酒水知识，掌握酒水的特征，通过提供规范标准的服务，使客人享受到最佳的服务。在服务过程中，服务人员针对不同身份、习俗的顾客推销适合其口味的饮品。顾客对服务人员提供的合理建议是很难拒绝的。

（三）酒水的服务推销方法

酒水推销应掌握一定的方法，推销得法就能取得事半功倍的效果。每一个酒吧员工都是酒吧的推销员。

1. 服务人员的推销知识和技巧

要做好酒水推销，酒吧服务人员（尤其是调酒师和服务人员）先要详细了解酒吧饮品原料成分、调制方法、基本口味、适应场合等。酒水知识是服务人员做好推销工作的首要条件。同时，服务人员还应了解每天的特饮及酒水的存货情况。因为酒吧饮品的名称诱人，顾客在点饮料时会带有盲目性，所以服务人员应根据顾客的需要进行详细介绍，顾客在了解饮品后再点饮料。

服务人员正确使用推销技巧，不仅能增加销售量，而且会使顾客享受到标准殷勤的服务。

2. 演示推销

酒吧酒水的配置都是调酒师在客人面前完成的。调酒师优美的动作、高超的技艺，在向客人展示其自信的同时，给客人一种可信赖感。酒品艳丽的色彩、诱人的味道、精美的装饰都刺激着人们对酒水的消费欲望。演示性推销是一种最可靠、最有效的手段，其原因有以下3点：第一，调酒师直接接触顾客。调酒师衣着整洁、举止文雅、礼貌稳重、面带微笑，向客人充分展示自身的形象。第二，调酒师直接向顾客展示饮品。顾客感到可信并有好印象就会很容易地接受调酒师推荐的饮品。第三，调酒师面对客人，有机会同顾客聊天，能随时回答顾客提问。

3. 服务推销

服务推销要从真正了解顾客开始。服务强调以顾客为中心，以满足顾客的需求为首要任务，要做到这一点，就必须从了解顾客的真实需求、真实感受开始。了解顾客需要什么样的饮品和服务，而不是把自己的产品强行推销给客人。

（1）注意瞬间推销

注意服务的瞬间效应，服务人员在与顾客接触的过程中的每一时刻、每个细节上，都应严格按照服务规范和标准，给顾客温馨体贴的服务。这种服务能给客人留下深刻的甚至是终身的印象。服务瞬间效应来自以下几个方面：

第一，服务语言规范化。在特定的酒吧经营环境下，服务人员用的语言都有较明确的规定。除礼貌用语外，还要注意语言的推销技巧，如"今天我们酒吧的特饮很受欢迎，您看是否来杯……"或"您已经点了王朝干白，我们还有一种与其相媲美的长城干白，价格又合理，我给您再来一瓶好吗？"等。

第二，语言简练、优美。服务人员谈吐清楚，快慢适宜，语音音质优美，表情自然。

第三，服务和蔼有礼貌。礼貌既能使服务人员与顾客保持适宜的距离，又能让顾客加深对服务人员的熟悉与信任。

第四，主动服务。它包括主动去迎接客人，主动去帮助客人，主动去询问客人，主动去服务客人。这种主动性表现了服务人员的服务热情、对顾客的尊重。主动服务要以征求顾客需要为前提，体现出热情与周到。

第五，全方位立体服务。对顾客来说，酒吧不能以送上酒单，提供完饮品就算完成了服务。全方位立体服务要使顾客在酒吧的任何一个活动都达到满意，从消费饮品、参加娱乐，甚至上卫生间等都应周到。只有在各个方面得到满足，客人才会感到物有所值。

（2）服务推销的方法

第一，从客人需要出发推销饮品。不同顾客光顾酒吧的目的不同，其消费需求也不同。对于摆阔、虚荣心强的客人要推销高档名贵的酒水；对于主要是为了消遣娱乐的客人，推销大众酒水；对于团体聚会，向客人推销瓶装酒水。

第二，从价格高的名牌饮品开始推销。价格高的饮品利润大，对酒吧贡献多。可以向顾客推荐"本酒吧最近从法国进了一批名贵的葡萄酒，有××和××，您要不要尝尝？"有一定身份或虚荣心的顾客一般是不会拒绝的。

第三，推销酒吧的特饮或创新饮品。向客人介绍特饮的独特之处，如由著名的调酒师调制，该饮品在××比赛中获一等奖，以及从味道、色彩等方面向客人介绍，引导客人点饮料。

第四，主动服务，制造销售机会。当顾客正在犹豫或不想购买时，服务人员只要略加推销，就可能促成客人消费。这些机会在服务中经常可见，当客人环顾四周或当客人酒杯已空时，只要适时推销即可抓住机会。

完成任务

自创鸡尾酒及推销。

一、分组练习

每3～5人为一小组，根据客人不同要求创新鸡尾酒，边操作边讲解鸡尾酒创作的灵感、特点、方法等，然后按顺序完成调酒及推销任务并提供对客服务。练习过程中仔细观察每个人的动作及服务效果。

二、讨论、对比

对每个人的表现进行组内分析讨论、组间对比互评，加深对创作鸡尾酒的步骤、方法及要求的理解与掌握。

能力拓展及评价

一、鸡尾酒的品鉴

根据对酒吧常见著名鸡尾酒的品鉴，准确辨别鸡尾酒的配方及特点等。

序号	鸡尾酒名称	英文名称	基酒	配方	特点	适合人群

二、综合评价

教师对各小组的制作过程、成品、酒水服务进行讲评，然后把个人评价、小组评价、教师评价简要填入评价表中。

被考评人					
考评地点					
考评内容	鸡尾酒创作及推销能力				
考评标准	内　　　容	分值 / 分	自我评价 / 分	小组评议 / 分	实际得分 / 分
	熟知各种酒的酿制原料、制作工艺、口味特点、酒品分类、著名品牌和等级划分等相关知识	20			
	严格遵循鸡尾酒的创作原理和注意事项	20			
	创作鸡尾酒时，应控制好酒水份量，手法、动作应规范，用杯、装饰物搭设要合理	10			
	鸡尾酒创意新颖、合理	10			
	鸡尾酒色、香、味、体符合创意	20			
	结合鸡尾酒有效促销	10			
	酒品质量高，受欢迎、易流行	10			
	合　　　计	100			

课后任务

1. 总结鸡尾酒创新的原则及要求。
2. 鸡尾酒的品鉴要领。

任务十三　对客交流

任务描述

对客交流是酒吧服务的一项重要工作，也是拉近和客人关系、获得稳定客源、宣传酒水文化的重要方法。调酒师要能够提供中英文对客服务；能够根据不同客人的特点和需求，分析客人心理，调节客人情绪，促销酒水，推广酒吧文化。

情境引入

两位客人来到酒吧，一位坐在吧台前的中国客人饶有兴致地问起酒水文化，调酒师先为客人讲了几个有关酒水的小故事；另一位外国客人也饶有兴致地和调酒师聊了起来，调酒师用熟练的英语和客人交流着……

任务分析

引导学生以调酒师的角度进行合理的分析，应熟练掌握：
- 掌握每款酒水的相关文化
- 根据酒水的特征进行推销
- 能够运用流利的中英文为客人服务

必备知识

一、酒水知识及相关文化

（一）白兰地

最珍贵的干邑酒是由玻璃瓶装载的路易十三，而不是 Baccarat 水晶瓶路易十三。20 世纪 70 年代时发现水晶含铅，不宜用作酒瓶。当时一家玻璃厂用玻璃制造了 1 000 支路易十三酒瓶，向人头马毛遂自荐。人头马为测试市场反应，将 12 支玻璃酒瓶注入干邑，送到英国 Harrods 公司展览，可惜反应极差，指玻璃瓶不及水晶通透，而且玻璃瓶令路易十三失去尊贵地位，后来 Baccarat 水晶厂发展技术，以玻璃作内胆，外层依旧用水晶，解决了水晶含铅的问题。于是，人头马厂要求玻璃厂销毁所有路易十三玻璃瓶，而在英国展出的 12 支，其中 9 支意外打碎了，剩下 3 支流入收藏家手中。

Men's 以诚意和坚持不懈的精神，最终以 1 万美元从一名收藏家手中购入这支极为罕有的酒办，另外两支，分别落在另一名香港收藏家及一名美国收藏家手中。

（二）柏图斯红酒的名贵

柏图斯葡萄园的种植密度相当低，一般每公顷只种植 5 000 ～ 6 000 棵。每棵葡萄树的挂果也只有几串葡萄，以确保每粒葡萄汁液的浓度。使用的树龄都在 40 ～ 90 之间，摘择时全部统一在干爽和阳光充足的下午，以确保阳光已将前夜留在葡萄上的露水晒干。如果阳光不够或风不够，他们会用直升机在庄园上把葡萄吹干才摘。摘择时，会有 200 多人同时进行，一次性把葡萄摘完。在酿造的过程中，柏图斯也是与众不同。首先他们全部采用全新的橡木桶，在 1 ～ 2 年的木桶陈酿中，每 3 个月就换一次木桶，让酒充分吸收不同橡木的香气。这种不惜成本的做法至今为止还是无人能比。

曾经有这样一个故事，某银行的 6 位高管为了庆祝成功签约，在饭局上点了 3 瓶柏图斯，分别是 1945 年、1946 年和 1947 年份的，另外还点了两瓶同样出自名庄的白葡萄酒。但之后，参加这场饭局的高管几乎都被撤职了，和柏图斯的约会成了他们最难忘的回忆之一。

如果说花费巨资是爱上柏图斯的危险之一，那么买到假冒的柏图斯可以说是另一个风险。价格是必定要考量的因素，柏图斯价格不菲，遇到价格较低廉的酒款就要倍加小心，特别是极好年份的酒款，更是造假者的头号目标。其次一定要挑选信誉高的酒商购买，了解其购货渠道等也可以确保喝到的柏图斯货真价实。

英国《每日电讯》上就有过这样一个报道，2008 年 2 月的一天，两个英国人在伦敦一家餐厅点了瓶 1961 年份的柏图斯，却发现酒塞上没有年份和酒庄标志，他们立刻怀疑这瓶酒是个赝品。可以说这两个英国人的怀疑十分合理，当人们遇到了鱼目混珠的赝品时该如何凭着自己的火眼金睛让它无处遁形，真品柏图斯都有哪些特征呢？下面进行介绍。

1. 酒标

柏图斯的酒标颇具立体感，酒庄使用 UV 光防伪技术，通过紫外光线能够辨认出每瓶酒的特殊号码。1999 年之后的柏图斯酒标上也出现了细微的不同之处，圣彼得头像拿着通往天堂之门的钥匙，当把酒微微移动，在灯光的照射下，圣彼得心口上会出现闪闪发光的梅花图案。

2. 酒瓶

柏图斯以前的酒瓶采用的是普通波尔多瓶，并没有什么特别之处。但 1997 年开始，酒瓶使用了特殊工艺来制作，酒瓶上印有凸出的 PETRVS 字样。假如人们购买的是 1997 年之后的酒款却没有凸出的 PETRVS 字样，那么这酒便是假冒的了。

3. 酒塞

顶级酒庄在酒塞的使用上当然也是毫不吝啬，天价酒当然要有与之相配的高品质酒塞。酒庄选用的橡木塞必定是整块橡木，橡木塞十分光滑，外表没有斑点或凹洞，并且有弹性，长度上也比一般红酒的酒塞长。柏图斯酒塞的一面标注有酒款的年份，另一面则是印有 PETRVS 的丝带盖在两把钥匙上。

4. 封瓶铁片

铁片为红色，铁片上压制有 PETRVS 和 POMEROL 的字母，同样刻有柏图斯的标志。印有 PETRVS 的丝带盖在两把钥匙上。

二、酒水的推销

（一）按特征推销酒水

酒店中所经营的酒类品种丰富，每种酒都有其自身的特征，拥有不同的颜色、气味、口感，在饮用上也有不同的要求，同类酒由于出产地和年份不同，其口味和价值也有差异。因此，酒水推销最直接、最关键的是服务人员要熟悉酒水及酒店经营知识，并根据各自的特点向客人推销，这种方法容易被客人接受。

1. 葡萄酒的推销

① 根据葡萄酒的饮用特点推销。葡萄酒的饮用非常讲究，首先不同颜色的酒，其饮用温度要求不同；其次，葡萄酒用杯容量不同；最后，葡萄酒与菜肴的搭配要求不同。只有服务人员掌握了葡萄酒的这些饮用特点，并根据这些特点向顾客推销，才能使顾客认识到服务人员的专业性和真诚的推销。

② 推销高档名贵的葡萄酒。首先，推荐酿制年份久远的葡萄酒，这类酒的品质上乘，味道好；其次，推荐世界著名产地的名品葡萄酒，这类酒品虽然价格昂贵，但能满足求新、求异、讲究社会地位的顾客的需求；最后，推荐当地人们熟悉的品牌，这类酒品容易被顾客认可和接受。

2. 香槟酒的推销

香槟酒奢侈、诱惑、浪漫，把人带进一种纵酒豪歌的豪放气氛中。香槟酒适合于任何喜庆的场合。服务人员或调酒师要善于察言观色，向在生意场上获得成功或有喜事的宾客不失时机地推销这类酒品。

调酒师或服务员还可利用香槟酒的特点来创造酒店活动的特殊气氛，如开香槟时发出清脆的"砰"声，以示胜利的礼炮。开瓶后，用拇指压住瓶口使劲摇后让酒喷酒，表达喜悦之情。

香槟酒推销的关键在于服务人员要掌握香槟酒的服务技巧和捕捉顾客的心理——与大家共享欢快的喜悦。

3. 啤酒的推销

啤酒是酒店中销量最大的酒品。推销啤酒首先要根据饮用特点推销。啤酒含有丰富的营养成分，素有"液体面包"之称，但啤酒很娇贵，不仅容易吸收外来的气味，易于受空气中细菌的感染，而且遇强光易变质。啤酒的最佳饮用温度是10℃左右。其次，要推销名品啤酒和鲜啤酒。鲜啤酒一般为地方性啤酒，与瓶装啤酒相比成本低，利润高。顾客在酒店饮用啤酒，一方面要品尝地方风味的啤酒，另一方面对名品啤酒兴趣更大，如青岛、百威、嘉士伯、皮尔森等。最后，要通过服务技巧来推销啤酒。啤酒中含有二氧化碳气体，酒体泡沫丰富，啤酒的斟倒更具有技巧性。啤酒泡沫不能太多，也不能太少。泡沫太多就会使杯中的啤酒较少，客人会不满意；太少又显得没有气氛。

4. 威士忌的推销

① 推销威士忌名品。威士忌因产地不同，品牌较多。最著名的威士忌产在苏格兰、爱尔兰、美国和加拿大等。最著名的品牌有苏格兰的红方、黑方、白马牌威士忌；爱尔兰的尊占臣、老布什米尔、帕地；美国的吉姆宾、老祖父、野火鸡、积丹尼、四玫瑰、七冠王；加拿大的加拿大俱乐部、施格兰特醇等。

② 按饮用习惯推销。威士忌一般习惯于用1.5 oz的酒加冰和加水（矿泉水、苏打水）后饮用。目前酒店大多按这种习惯来服务。

5. 白兰地的推销

① 根据产地推销。法国科涅克地区所产白兰地是目前世界上最好的，因为科涅克地区的阳光、温度、气候、土壤极适于葡萄的生长，所产葡萄的甜酸度用来蒸馏白兰地最好。另外，科涅克的蒸馏技术也是无与伦比的。

② 根据品牌推销。白兰地很多著名品牌人们都很熟悉，可以利用这一特点进行推销。著名

酒品有百事吉、奥吉尔、金花、轩尼诗、人头马、御鹿、拿破仑、长颈、大将军、金马等。

③ 根据酒龄锥销。白兰地酒是最具有传奇色彩的。尤其是与它那特殊的陈酿方法相呼应，酒陈酿的时间越长，纯酒精损失得越多，每年约为 2%～3%。白兰地的酒龄决定了白兰地的价值，陈酿时间越久，质量越好。

6. 鸡尾酒的推销

① 根据鸡尾酒的色彩推销。鸡尾酒的色彩是最具有诱惑力的，服务人员可根据其色彩的组合，向客人介绍色彩的象征意义等。

② 根据鸡尾酒的口味推销。鸡尾酒的口味对中国人来说，可能最初有不适应的地方，但是，可以让顾客了解当今世界上的各种流行口味，如偏苦味、酸甜味等，以促进鸡尾酒的消费。

③ 根据鸡尾酒的造型推销。鸡尾酒的造型表达不同的含义，突出酒品的风格，服务人员可通过对造型的说明向客人推销。

④ 推销著名的鸡尾酒品。尽管人们对鸡尾酒不太熟悉，但是可能都听说过一些著名的酒品，如马丁尼、曼哈顿、红粉佳人等，可以通过典故来描述其特征和特殊效果。

⑤ 通过调酒师的表演来推销。调酒师优美的动作、高超的技艺能给予顾客赏心悦目的感受。顾客在欣赏调酒师精彩的调酒技巧的同时，会对调酒师及鸡尾酒产生浓厚的兴趣和依赖感，这样就能达到推销的目的。

（二）节日酒水推销

节日为酒店酒水推销创造了良好的机会。很多酒店利用节日搞一些有特色的促销活动吸引更多的客人，有些酒店特制各种节日酒水，增加酒水销售。

1. 春节

春节是中华民族的传统节日。人们在这个节日亲朋好友聚会在一起，互相祝贺新年。酒店应利用这一节日举办守岁、喝春酒、谢神、戏曲表演等活动来渲染节日气氛，吸引顾客。春节期间顾客大多是以家庭团圆、亲朋聚会为主。酒店酒水推销应以经济实惠为主，价格适中，如果汁、软饮料、啤酒、葡萄酒及低酒精饮料。

2. 元宵节

元宵节是农历正月十五，我国各地都举办花灯、舞狮子、踩高跷、划旱船、扭秧歌等传统活动。酒店可利用自身的设施和场地举办元宵节卡拉 OK、舞会专场。元宵节光顾酒店的多以单位、公司同事为主，酒水推销也应考虑节日气氛，以低酒精饮料或软饮料为主。

3. 情人节

2 月 14 日是西方人较为浪漫的节日——情人节。现在我国也有较多的年轻人过此节日。酒店可以举办情人节舞会或化妆舞会，一方面可特制情人喜欢的鸡尾酒，另一方面增加鲜花的销售。

4. 复活节

每年春分月圆的第一个星期日为西方的复活节。复活节期间,酒店可绘制彩蛋出售或赠送,推销带有复活节气氛的饮品。

5. 中秋节

中秋是我国的传统节日。酒店可根据中秋节特点举办赏月、民乐演奏等活动推出思亲酒，让人们边赏月、边吃月饼、边饮酒，增加节日情趣。

6. 圣诞节

12月25日是西方的一大节日——圣诞节。在我国，一些公司、企业、机关利用这一时间举行年末聚会。酒店的圣诞活动一般持续到元旦，这是酒店经营的黄金时段。酒店应采取各种活动尽量推销各种酒水。

（三）酒水的季节推销

因季节的不同，人们对酒水的消费习惯也有差别，做好季节推销是酒店酒水销售的一个重要环节。

1. 夏季酒水推销

① 夏季最受欢迎的酒水。夏季天气炎热是酒水推销的黄金季节。清凉解渴的饮料是最受欢迎的，如碳酸饮料、啤酒等。

② 夏季酒水销售成本最低。在夏天，大部分饮料销售都需要加冰块。冰块既可以使酒水温度降低，口感增加，又可以降低酒水的成本。

2. 冬季酒水推销

冬季酒水推销一般以热、甜饮为主，如茶、咖啡、牛奶、热巧克力奶是冬季最常见的饮品。以热茶、咖啡、牛奶为基础的混合饮料，如皇家咖啡、爱尔兰咖啡、热蛋诺等也是冬天酒店最受欢迎的饮品。

三、酒吧常用服务英语

（一）领位

领位时常用的服务英语如下：

① Good afternoon /evening/morning.

下午好 / 晚上好 / 上午（早上）好。

② Welcome to the bar.

欢迎光临本酒吧。

③ Glad to meet you again.

欢迎再次光临。

④ Nice to meet you.

见到你很高兴。

⑤ Happy new year.

新年好。

⑥ Merry Christmas.

圣诞快乐。

⑦ How many people are there in your party?

一共几位客人?

⑧ Which table would you like?

随意入座。

⑨ This way, please.

这边请。

⑩ I will show you the table.

我引路。

⑪ This is your table.

这是你的座位。

⑫ Do you like this table ?

这个座位如何 ?

⑬ Would you like a table, near the bar or the window ?

你是坐在吧台旁还是坐在窗口旁?

⑭ Take you seat, please.

请入座。

⑮ Sit down, please.

请坐。

⑯ I will lead the way.

我领路。

⑰ Follow me, please.

请跟我走。

⑱ We have a table reserved for you.

我们为你预留了位子。

(二)点酒

1. 客人点餐

A guest feels a little hungry and he asks for something.
客人觉得有点饿,想要吃东西。

(A: Guest,B: Barman,C: Jin)

A: Waiter!

服务员!

B: I am coming, sir.

来了,先生。

A: Is there something to eat here?

有吃的东西吗?

B: There are some sandwiches and cakes.What do you want ?

有三明治和蛋糕。你要什么?

A: Please take a sandwich.

请拿一个三明治。

B: With beef or chicken ?

牛肉的还是鸡肉的?

A: A beef one.Jim, what about you?

牛肉的。吉姆，你要什么?

C: I am not hungry.What any bits to nibble?

我不饿。服务员，还有其他小吃吗?

B: We have got puffed rice, peanuts and ice cream.

有爆米花、花生米和冰激凌。

C: I would like puffed rice please.

我要爆米花。

B: Then one beef sandwich and some puffed rice.

好的，你要的是三明治和爆米花。

A: Yes.

是的。

简单注释如下：

① Something to eat.

To eat 动词不定式修饰 something。

例：Something to drink. 喝的东西。

② Any bits to nibble?

有零食吗? 仍是 Nibble 动词不定式修饰 any bits。

2．征询所需饮品

① Can I help you?

你需要什么?

② What can I do for you?

我能帮你吗?

③ What would you like to have?

你想喝点什么?

④ What are you favorite?

你喜欢什么?

⑤ What do you usually drink?

你常喝什么?

⑥ What is your special please?

你喜欢喝什么?

⑦ What do you feel like having?

你想要什么?

⑧ What wine would you prefer?

你最喜欢喝什么?

⑨ Is there anything I can do for you?

我能帮你做什么?

3. 推荐饮品

① This is our menu.

这是菜单。

② We have got good drinks.

我们有上好的饮品。

③ We have some new wine.

我们刚进了一批酒。

④ They taste very good /excellent.

它们口感相当好。

⑤ They are very popular.

它们很受欢迎。

⑥ They are not so bitter.

它们不那么苦。

⑦ They look nice.

它们看上去很不错。

⑧ Our special is the local beer.

本地啤酒很有特色。

⑨ They are a little sour.

这酒有点酸。

⑩ They can not go to you head.

这酒不醉人。

⑪ They have a long history.

它们历史悠久。

⑫ They are rice wines made from rice.

这是用米酿造的米酒。

⑬ They are made in China.

这是中国产的。

⑭ We have got some new arrivals.

我们有新到得产品。

⑮ You will feel comfortable.

您将感到舒适。

⑯ People like it very much.

大家都很喜欢它。

⑰ It sells well.

它的销路很好。

⑱ It is the best one we have.

它是我们最好的品牌。

⑲ They look nice.

它们看上去很好。

⑳ They smell fresh.

它们闻起来很清新。

㉑ It sounds very interesting.

这个听起来很有意思。

㉒ The taste of it is sweet.

它的味道有点甜。

㉓ The name of it is romantic.

它的名字很浪漫。

㉔ There is difference between them.

它们之间有不同点。

㉕ They are difference from each other.

它们互不相同。

㉖ They are similar.

它们完全一样。

㉗ They look similar.

它们看上去相同。

㉘ The quality of it is guaranteed.

它的质量有保障。

㉙ Take it easy, please.

尽管放心。

㉚ It is exported to many countries.

它被出口到很多国家。

㉛ They will do you good.

它对您有好处。

㉜ You can believe it.

您可以相信它的质量。

㉝ This is the right choice.

您的选择是正确的。

㉞ Different people have different ideas.

仁者见仁，智者见智。

㉟ It helps you keep fit.

它有益于您的健康。

㊱ You will enjoy it.

您可以尽情享受。

㊲ It is our custom.

这是我们的风俗。

㊳ You can find it almost everywhere.

这个产品到处可见。

㊴ We have got soft drinks and alcoholic drinks.

我们有饮料和酒品。

㊵ We would better drink more green tea in summer.

夏天我们最好饮绿茶。

㊶ It appeals to Asian people.

它适合亚洲人的口味。

㊷ They are form Europe.

它们来自欧洲。

㊸ It is American style.

这是美国风格。

㊹ Everyone knows it.

众人皆知。

㊺ So far as I know, it is one of the best Chinese spirits.

据我所知，它是中国名酒之一。

㊻ People here are fond of strong drinks.

这儿的人喜欢烈酒。

（三）客人被上错酒

1．情景对话

（A: Waiter，B: guest）

A: Hello, this is you wine, sir. Enjoy, please.

您好。这是您的酒，请用。

B: Oh no, this is not the wine I ordered. What I want is Dynasty, not Great Wall.

不对，这不是我要的酒。我要的是王朝葡萄酒，而不是长城。

A: I am sorry，terribly sorry. I will change it for you immediately. (A minute later) Sir，here you are. I hope I am right this time.

对不起，实在对不起。我马上去换酒。（片刻之后）先生，您的酒。这次不会错了。

B: Let me have a look. Dynasty white wine, that is right .You know, both of them are Chinese wine, but Dynasty tastes more like European one. By the way, are there other Chinese wines？

让我看看。王朝白葡萄酒，对了。你知道王朝、长城都是中国葡萄酒，但王朝更接近欧洲口味。你们还有其他中国葡萄酒吗？

A: Yes. I think there is Dragon Seal wine.

有的。有龙威葡萄酒。

B: It must be as Dynasty. I like Chinese white wine.

它一定和王朝一样的好。我喜欢中国的白葡萄酒。

A: I am glad to hear it. Here are some peanuts, and they are free. Please enjoy.

很高兴您能喜欢中国白葡萄酒。这是您的花生米，请免费享用。

简单注释如下：

① What I want…

名词性从句在句中作主语，也可以作表语。

例：This is what I want. 这是我想要的。

② Let me have a look…

Let 的句式为 let sb. do sth. 相同句式的动词有 make、see、hear、help 等。

2．英语实例

① Here you are, sir.

您的酒，先生。

② Your wine, please.

您的酒。

③ Please enjoy your drink.

请饮用。

④ I am sorry.

对不起。

⑤ I am very/terribly sorry.

非常对不起。

⑥ We apologize for it.

我们对此表示歉意。

⑦ Sorry to keep you waiting.

对不起，让您久等了。

⑧ Let me check it again.

我再核实一遍。

⑨ We will change it.

我们将改正。

⑩ I hope there would not be any mistake next time.

我希望下次不会在出错。

⑪ There is something wrong with the computer.

计算机出了故障。

⑫ We have a new menu.

我们有新的酒单。

⑬ I am glad to hear it.

很高兴听到您的评论。

⑭ I am sure we will do better next time.

我保证下次做得更好。

⑮ I like Chinese white wine.

我喜欢中国的白葡萄酒。

（四）结账

情景对话 1：

A guest asks for the bill

客人要求结账。

（A: Guest, B: Waiter）

A: The bill，please.

买单。

B. Please wait a moment．(After a while) Here is the bill, sir. The total amount is RMB 250.

请等一下。（片刻之后）这是您的账单，总共 250 元人民币。

A: What is it for?

这项是什么？

B: For the beer, sir.

是啤酒的消费，先生。

A: I see.

明白了。

B：Would you like to sign the bill?

签单吗？

A: Yes please.

签单。

B：Your room number please？

请问房间号码是多少？

A: Room 1011.

房间号是 1011。

B: Room 1011. Sign here please.

房间号是 1011。请签到此处。

A: Sure.

好的。

B: Thanks. I hope you have enjoyed your drink.

谢谢。祝您愉快。

简单注释如下：

For the beer. 是 It is for the beer 的简略形式。

情景对话 2：

A guest pays with a personal cheque.

客人付支票。

（A: Water，B: Guest）

A: Can I get you anything else?

您还需要什么？

B: No thanks．The bill please.

不要了，买单。

A: Yes sir.

好的。

B: Will you take cheques ?

可以用支票吗?

A: Certainly please. Just put your address on the back of it. Have you got your passport please ?

可以,请在支票上写上您的地址。您带护照了吗?

B: Yes. Here you are.

是的,这是护照。

A: Thanks.

谢谢。

简单注释如下:

cheque=check 支票。

例: personal cheque 个人支票, traveller 是 cheque 旅行支票。

情景对话 3:

A guest wishes to pay in cash.

客人付现金。

(A: Barman, B: Guest)

A: This is the bill sir. How would you like to pay?

先生,您的账单。您用哪种方式结账?

B: I have got U.S dollars. Can I?

我只有美金,行吗?

A: Sorry sir. You would better exchange it for many.

对不起,您最好把它兑换成人民币。

B: Could you do it for me?

你能帮我对吗?

A: Yes. I could. Your total is RMB 150 and here you pay USD 20. Please wait a moment. (A few minutes later) Sorry to keep you waiting. Today is exchange rate is $1 to RMB 8.27. So your drink is USD 18. Here is your change.

可以,您总共付人民币 150 元,现在您付了 20 美金,请稍等。(片刻之后)对不起让您久等了。今天美金兑换人民币的汇率是 1:8.27,您的酒钱是 18 美金。这是找给您的钱。

B: Thanks.

谢谢。

A: My pleasure. Welcome to our bar next time.

不用谢。欢迎您再来。

简单注释如下:

① Can I 是 Can I pay USD 的简略形式。

② change 译为"买东西找回的零钱"。

情景对话 4:

A guest pays by credit card.

客人用信用卡付费。

（A: Guest，B: Barman）

A: The check please. Here is my credit card.

买单。这是我的信用卡。

B: Yes sir. It is Visa card. No problem. Can I have your identity card?

好的。这是 Visa 卡，可以在这儿用。您带身份证了吗？

A: Here is my passport.

这是我的护照。

B: Thanks. Just a moment please. (A minute later) Sorry for the delay. Here is your passport , credit card and receipt. Would you sign it here?

谢谢。请稍等。（片刻之后）对不起，让您久等了。这是您的护照和信用卡，还有收据。请在这儿签字。

A: Sure.

好的。

B: Thanks you. Have a good night.

谢谢。晚安。

简单注释如下：

① Visa card.

Visa 卡在我国可使用。在我国的信用卡还有 Express card 和 Master card。

② No problem 没问题。

③ identity card 有时简写为 ID card。

情景对话 5：

There are mistakes in the bill.

账单上有错误。

（A: Guest，B: Barman）

A: How much is the bill?

需要付多少？

B: The total is RMB 210.

人民币 210 元。

A: Let me have a look. What about this item?

我看一下。这是什么项目？

B: It is for three whiskeys.

这是 3 杯威士忌的费用。

A: Is it? It must be wrong. We only had two whiskeys.

是吗？一定有误。我们只喝了两杯威士忌。

B: Sorry. I will check again. (A moment later) I am very sorry for the mistake. It should be RMB 170.

对不起。我查一下。（片刻之后）真对不起，我搞错了。应该是 170 元人民币。

A: Good. Here is the money.

好的，给你。

B: Thank you very much. I am sure there would not be any mistake next time.

谢谢，我保证下次不会出错。

情景对话 6：

A guest tips the barman.

客人付给酒吧服务员小费。

（A: Guest，B: barman）

A: The bill please.

买单。

B: I am coming sir. All together it is RMB 90.

来了。先生，请付 90 元人民币。

A: Here is a hundred.

给你 100 元。

B: Yes I will be back soon.

请稍后。

A: No you keep the change. Thank you for your lovely tea.

不用找钱了，你们的茶太好了。

B: That is kind of you. Thanks. Welcome to our bar again.

您真客气，十分感谢。欢迎再来。

简单注释如下：

① I am coming.

现在正在进行时表示将要发生的事情。

例：I am leaving. 我将要离开。

② That is kind of you. It is nice/good of you.

您真好。表示感激。

完成任务

一、酒水推销

被考评人					
考评地点					
考评内容	酒吧推销能力				
考评标准	内　容	分值 / 分	自我评价 / 分	小组评议 / 分	实际得分 / 分
	掌握酒吧经营、生产、销售的特点	20			
	学会揣摩酒吧客人的消费心理，及时提供相应原服务	30			
	掌握酒吧酒水与服务项目推销的方法	10			
	熟知酒吧推销技巧的内容	20			
	熟知成为一名优秀酒吧推销员应具备的专业知识及技能	20			
合　计		100			

二、英文对客服务

（一）分组练习

每 3～5 人为一小组，分别扮演调酒师、吧员、客人等不同角色，然后按顺序完成调酒任务并提供英文对客服务。练习过程中仔细观察每个人的动作及服务效果。

（二）讨论、对比

对每个人的表现进行组内分析讨论、组间对比互评，加深对整个对客服务步骤、方法及要求的理解与掌握。

能力评价

教师对各小组的制作过程、成品、酒水服务进行讲评，然后把个人评价、小组评价、教师评价简要填入评价表中。

被考评人					
考评地点					
考评内容	酒吧英语在酒水服务中的训练				
考评标准	内　　容	分值/分	自我评价/分	小组评议/分	实际得分/分
	熟悉酒吧英语常用专业词汇，包括用具名称、酒水饮料名称、配方名称及调配方法用语	20			
	熟练掌握酒吧各场景的基本用语和表达法	30			
	会用英语进行口语交际，根据不同场景的需要及真实的交际情景，熟练应用恰当的语言和表达法	30			
	能用简单的英语向顾客介绍酒水饮料的知识和文化、鸡尾酒的调配方法	20			
合　　计		100			

课后任务

1. 巩固练习酒水推销服务。
2. 情景模拟英文对客服务。

项目四

酒吧管理

 导言

　　酒吧科学的管理是酒吧销售额的一个有力保证。高素质的员工、高质量的服务才能使酒吧在竞争激烈的市场环境下，保持永久的竞争力，立于不败之地。

学习目标

- 独立完成酒会的策划及实施
- 能够做好客户管理工作，维系良好的客户关系
- 科学合理处理特殊事件

任务一　酒会策划

任务描述

　　酒会成为人们各种聚会越来越多的选择形式，也是考察酒吧服务与管理水平的重要方面。通过各类酒会的策划与实施，要具有计划、组织、协调、决策、控制等能力；要能够独立进行酒会合理的创意、会场布置、人员安排、成本核算等工作，并提供相应服务。

情境引入

　　一位风度绅士的外联客人与酒吧主管洽谈酒会运作事宜，该酒会为某企业策划 5 周年庆功酒会，人数 120 人，要求价格低廉、品种多样，采取定额制酒会。该如何策划呢？

任务分析

　　要完成此次酒会策划，应熟练掌握：

- 了解酒会类型：定额制酒会
- 掌握酒会主题：商务酒会
- 了解酒会目的：周年庆功
- 根据客人需求做好酒会策划书
- 熟悉酒会工作程序

必备知识

一、酒会策划书

完成酒会策划，应做好以下几点：

① 酒会策划要有创意、成本合理。

② 酒会主题清晰明了。

③ 酒会地点。

④ 酒会时间。

⑤ 酒会布局合理。

⑥ 酒会具体内容安排。

⑦ 酒会工作人员安排。

⑧ 酒会收费方式。

⑨ 酒会成本核算。

二、酒会的类型

（一）根据酒会主题划分

酒会一般都有较明确的主题，如婚礼酒会、开张酒会、招待酒会、庆祝庆典酒会，产品介绍、签字仪式、乔迁、祝寿等酒会。

这种分类对组织者很有意义，对于服务部门来说，应针对各种不同的主题配以不同的装饰、酒食品种。

（二）根据组织形式划分

根据组织形式来分，酒会分为两大类：一类是专门酒会，一类是正规宴会前的酒会。

专门酒会单独举行，可分为自助餐酒会和小食酒会。

宴会前的酒会相对比较简单，其功能是为了宴会前召集客人，也可联络感情。

（三）根据收费方式划分

根据收费方式划分，酒会可分为定时消费酒会（包时酒会）、计量消费酒会、定额消费酒会、现付消费酒会。

计量消费酒会是根据酒会中客人所饮用的酒水数量进行结算。

定额消费酒会是指客人的消费额已固定，酒吧按照客人的人数和消费额来安排酒水的品种和数量。

现付消费酒会多使用在表演晚会中，客人主要是观看演出，而不是酒水。这种酒会在许多大饭店中经常举行，如时装表演、演唱会、舞会等。

除此之外，还有外卖式酒会。由于有的客人希望在自己的公司或者家里举行酒会，以显示自己的身份和排场，酒吧就要按收费的标准类型准备酒水、器皿和酒吧工具，运到客人指定的地方。

三、酒会工作程序

（一）酒会的准备工作

① 根据主办人的要求与饭店的设计布置酒会标准。

② 准备好小方桌或小圆餐桌，数量要合适，餐桌上铺好台布。准备好餐巾纸、杯、烟缸、牙签筒、鲜花、花瓶等，全部餐桌的摆设要一致。

③ 根据酒会通知单备足、备齐各类酒品饮料，布置好酒台。

④ 各种调酒专用工具准备齐全。

⑤ 检查参加酒会服务人员的着装仪表。

⑥ 酒会开始前，服务员托带有酒水的托盘，站在宴会厅入口处，准备欢迎宾客并送上迎宾酒。

（二）酒会中的服务

1. 酒品饮料服务

① 各种酒品饮料由服务员托让（鸡尾酒由宾客在吧台直接向调酒师提供，先要现调）

② 当宾主祝酒时，托让酒水一定要及时，如有香槟，要保证祝酒时人手一杯香槟。

③ 托让酒水要注意配合，服务员不要同时进入场地，又同时返回，造成场内无人服务。

④ 要有专人负责回收空酒杯，以保持桌面清洁。

2. 上菜服务

① 在酒会开始前半小时，把各种干果摆在小桌上，前 10 min 把各式面包托摆在小桌上。

② 酒会开始后，陆续上各种热菜热点，并随时注意撤回空盘。由于酒会的桌面小，冷、热食品较多，服务中要抓紧时间清理桌面保持桌面清洁。

③ 在酒会结束前，在每张小桌上摆放一盘香巾，香巾的数量不少于该桌宾客数。

3. 小吃服务

① 让小吃的服务员最好跟在让酒水服务员的后面，以便宾客取食下酒。

② 要注意多让距小桌较远的宾客，特别是坐在厅堂两侧的女宾和年老体弱者。

③ 酒会结束，仍有宾客未离开时，应留有专人继续服务。

（三）酒会的结束工作

① 酒会结束时，服务人员应热情礼貌地欢送宾客，并欢迎宾客再次光临。

② 如有宾客自带酒品，应马上点数，请宾客过目。

③ 清洗餐用具，清扫场地。

拓展知识

一、酒会的定义

酒会又称鸡尾酒会（Cocktail Party），酒会形式较灵活，以酒水为主，略备小吃，不设座椅，仅置小桌或茶几以便宾客随意走动。酒会通常准备酒类品种较多，有鸡尾酒和各种混合饮料，以及果汁、汽水、矿泉水等，一般不用或较少用烈性酒。

举行酒会的时间较为灵活，中午、下午、晚上均可。

二、酒会的特点

酒会进行的时间较短，约为 1 小时。

服务方法灵活，服务员各负其责，分工合作。

三、酒水成本的种类及核算

（一）酒水成本种类

酒水成本是指酒水经营所发生的各项费用和支出。根据成本的构成因素，酒水成本可以分为原料成本、人工成本和经营费用。根据成本性质分类，酒水成本可以分为固定成本和实际成本。一些管理人员认为酒水经营成本还存在半变动成本和酒水成本。酒水成本控制点多，泄露点多，需要认真控制。

1. 原料成本

原料成本是指直接销售给顾客的各种酒、咖啡、茶、果汁和各种食品的原料成本。

2. 人工成本

人工成本是指参与酒水经营的管理人员、技术人员和服务人员的工资和其他支出。人工成本包括酒吧或餐厅经理、调酒师、服务人员及辅助人员的工资、餐费、奖金和其他支出。

3．经营费用

经营费用是指酒水经营中，除原料成本、人工成本外的其他费用和支出。经营费用包括营业税、房屋租金、设施与设备折旧费、燃料和能源费、餐具、用具、酒具和低值耗品费、采购费、绿化费、清洁费、广告费、交际和公关费。

4．固定成本

固定成本是指在一定经营范围内，不随销售量增减而变化的成本。无论酒水销售量高、低或几乎没有，这种成本都必须按计划支出。例如，设备折旧费、大修理费、管理人员和技术人员的工资等。固定成本并不是绝对不变的，当酒水经营数量和经营水平超出企业现有经营能力时，企业需要购置新设备，招聘新管理人员和技术人员，这时固定成本会增加。正因为固定成本在一定的经营范围内保持不变，当酒水销售量增加时，单位酒水所负担的固定成本相对减少。

5．变动成本

变动成本是指随销售量成正比例变化的成本。例如，原料成本、临时职工和实习生工资、能源与燃料费、餐具和洗涤费等。这类成本总量随酒水销售量地增加而增加。但变动成本总额增加时，单位酒水变动成本不变。例如，某酒吧营业收入增加时，它的原料总成本会相应增加，而每一杯酒水的原料成本没有任何变化。

6．半变动成本

许多有经验的管理人员认为能源费和职工工资属于半动成本。这些成本尽管随酒水销售量的变化而变化，但这些变化不一定与产品销售量成正比例。如加强管理和提高工作效率可以节省能源费，降低人工成本，因此半动成本是指随着销售量变化而部分变化的那些成本。

7．可控成本

可控成本是指酒水经验管理人员在短期内可以改变或控制的变动成本。可控成本包括原料成本、燃料和能源成本、临时职工工资和费用、广告与公关费等。管理人员可通过调整酒水配方改变酒水成本，通过加强管理降低经营费用。

8．不可控制成本

不可控制成本是指企业管理人员在短期内无法改变的固定成本，如房租、固定资产折旧费、大修理费、贷款利息及管理人员工资等。因此不可控制成本的有效管理方法有加强酒水经营、不断开发新产品、增加营业收入、减少固定成本在单位产品中的比例。

9．标准成本

标准成本是指一定时期内及正常经营情况下所应达到的目标成本，也是衡量和控制企业实际成本的一种预计成本。标准成本的制定是根据过去几年经营成本的记录，预测当年原料成本、人工成本和经营费用的变化，制定出有竞争力的各项成本。

10．实际成本

实际成本是指根据企业报告期内（通常为 1 年）实际发生的原料成本、人工成本和经营费用。它是酒水经营企业进行财务成本核算的基础。

（二）酒水成本核算

1．原料成本组成

原料成本是指餐厅和酒吧销售给顾客的酒或饮料的原料成本。鸡尾酒成本不仅包括其基酒（主要使用的酒）的成本，还包括所有辅助原料成本。

2．零杯酒成本核算

在酒水经营企业，烈性酒和利口酒以零杯方式出售，每杯烈性酒和利口酒的容量常为 1 oz。因此，计算每一杯酒的成本前先要计算出每瓶酒可以销售多少杯酒，然后每瓶的成本除以销售的杯数就可以得到每杯酒的成本。

$$每杯酒成本 = \frac{每瓶酒成本}{(每瓶酒容量 - 每瓶酒标准流失量)/每杯酒容量}$$

例 1：某品牌金酒每瓶成本 180 元，容量是 32 oz。企业规定在零杯销售时，每瓶酒的流失量为 1 oz 内，零售每杯金酒的容量是 1 oz。计算每杯金酒的成本。

$$每杯金酒成本 = \frac{180}{(32-1)/1} \approx 5.81（元）$$

3．鸡尾酒的成本核算

计算鸡尾酒的成本不仅要计算它使用的基酒（主要使用的酒）成本，而且要加入辅助酒、辅助原料和装饰品的成本。

$$每杯鸡尾酒的成本 = \frac{每瓶烈性酒成本}{(每瓶酒容量 - 每瓶酒标准流失量)/每杯鸡尾酒标准容量} +$$
$$每份鸡尾酒配料成本 + 装饰品成本$$

例 2：计算一杯哥连士的成本。

哥连士配方如下：

原料名称	重量（数量）	成 本
威士忌酒	1.5 oz（约 45 ml）	某品牌威士忌酒每瓶采购价格为 262 元，容量为 32 oz，每瓶烈性酒标准流失量为 1 oz
冷藏鲜柠檬汁 20 ml、糖粉 10 g、冷藏的苏打水 90 ml、冰块		配料成本为 1.70 元

$$1 杯哥连士 = \frac{262}{(32-1)/1.5} +1.70 \approx 14.38 = 14.40（元）$$

4．酒水原料成本率

酒水原料成本率是指单位酒水产品的原料与它售价的比。鸡尾酒成本包括基酒、调味酒、果汁、冰块及装饰品的成本。

$$酒水原料成本率 = \frac{酒水成本}{酒水售价} \times 100\%$$

例3：某咖啡厅王朝干红葡萄酒的成本是27元，售价是90元。计算销售整瓶王朝干红葡萄酒的成本率。

$$整瓶王朝干红葡萄酒的成本率 = \frac{27}{90} \times 100\% = 30\%$$

5．酒水产品毛利率额

酒水产品毛利率额是指酒水售价减去原料成本后的剩余部分。例如，1杯鸡尾酒的售价是52元，它的成本是10.4元，那么它的毛利率额为41.6元。毛利率不是纯利润，它是未减去经营中的人工成本、房屋租金、设备折旧费、能源费用等各项开支的剩余额。

$$产品毛利率额 = 酒水售价 - 酒水原料成本$$

例4：某咖啡厅每杯红茶的售价是10元，每杯红茶的茶叶成本为0.30元，糖与鲜牛奶的成本是1.00元，计算每杯红茶的毛利额。

$$每杯红茶的毛利额 = 10 - (0.30 + 1.00) = 8.70（元）$$

6．酒水产品毛利率

水产品毛利率是指产品毛利额与产品售价的比。

$$酒水产品毛利率 = \frac{酒水毛利额}{酒水售价} \times 100\%$$

例5：某五星级饭店的西餐厅，一瓶售价为880元的法国某品牌红葡萄酒，其成本是160元，计算这瓶葡萄酒的毛利率。

（1）计算出毛利额

$$葡萄酒的毛利额 = 880 - 160 = 720（元）$$

（2）计算出毛利率

$$葡萄酒的毛利率 = \frac{720}{880} \approx 0.82 = 82\%$$

7．企业每日成本核算

酒水经营企业应当每日对酒水进行清点和核算。首先对每日入库的酒水及其他原料进行统计，然后统计当日酒水销售情况及库存酒水数量，再根据各种统计的数据计算出当日酒水原料成本、成本率、毛利、毛利率额等，这样每天可以将本企业的实际成本与标准成本进行比较，以达到成本控制。

四、酒水成本控制

酒水成本控制是指在酒水经营中，管理人员按照企业规定的各项标准成本，对酒水经营的各项成本进行严格的监督和调节，及时揭示偏差并采取措施加以纠正，将酒水经营的各项实际成本控制在计划范围之内，保证企业成本目标。此外，酒水成本控制应保证本企业的酒水原料不低于相同级别的企业水平，经营费用不高于相同级别的企业，以提高市场竞争力。

在酒水经营成本中，变动成本占绝大部分。尽管大众餐厅和普通酒吧的酒水成本率平均在40%以下，然而加上人工成本、能源成本和各项低值易耗品的支出，变动成本仍然占有酒水经营总成本的较大份额。在酒水经营中，可控成本占绝大部分。例如，酒水原料成本、临时工作人员工资和支出、燃料与能源成本、餐具、酒具和低值易耗品成本都是可控成本。这些成本通过加强经营管理完全可以控制。酒水经营企业成本控制以贯穿于产品成本形成的全过程。这个过程包括原料采购、贮存、发放、生产和销售。所以酒水经营企业成本控制点多，而每一个控制点都应有控制措施，否则这些控制点就变成了泄漏点。

（一）酒水经营成本控制意义

酒水经营企业实施成本控制可以提高经营水平，减少物质和劳动消耗，使企业获得较大的经济效益。酒水经营成本控制的效果关系到酒水质量和价格，关系到企业经营收入和利润。酒水经营还关系到产品质量和顾客利益。因此，成本控制对酒水经营企业有举足轻重的作用。

（二）酒水经营成本控制环节

酒水经营企业实施有效的成本控制除了控制方法和控制内容外，还必须制定科学的控制环节或程序。通常成本控制包括4个环节：制定标准环节、实施成本控制、确定成本差异和消除成本差异。

1．制定标准成本

在成本控制环节中，企业应首先制定经营中的各项标准成本，如标准酒水原料成本、标准人工成本等。标准成本是对各项成本和费用开支所规定的数量界限。此外，制定的标准成本必须是科学的、可实施的、有竞争力的。

2．实施成本控制

实施成本控制是依据企业制定的各项标准成本，对成本形成的全过程进行监督，并通过每日或定期的成本报告及现场考察信息及时揭示成本偏差，从而有效地实行成本控制。实施成本控制不能纸上谈兵，一定要落到实践上。管理人员不能只看报表，一定要对产品的实际成本进行抽查和定期评估。一些管理人员认为,实施成本控制就是使任何成本不高于企业规定的标准。实际上，这种观点是片面的、不合实际的。一些企业不严格遵守酒水原料标准成本，任意降低企业规定的标准，使产品质量达不到企业规定的水平，从而失去了市场竞争力。

3．确定成本差异

成本差异是标准成本与实际成本的差额。管理人员通过比较酒水产品实际成本和标准成本，计算出成本差额，包括高于实际成本或低于实际成本两方面差额。分析实际成本脱离标准成本的程度和性质，确定造成成本差异的原因和责任，以使为消除差异做好准备。

4．消除成本差异

管理人员通过挖掘潜力、提出降低经营费用或改进原料成本的新措施或修订原来某项标准成本的建议，以便将实际成本控制在标准成本的范围内。消除成本的差异必须对成本差异的责任部门和个人进行相应的考核和奖惩，使职工重视成本控制，以加强经营管理。

（三）酒水经营成本控制内容

1．原料成本控制

原料成本是酒水经营的主要成本，包括各种酒、果汁、咖啡、茶、碳酸饮料和制作鸡尾酒陪聊的各种成本。原料成本控制的主要内容包括原料采购控制、原料使用控制。在酒水经营中，首先原料应符合企业规定的质量标准，达到价廉物美。采购员应本着同价论质、同质论价、同价同质论费用的原则合理选择原料，严格控制因急需而购买的高价原料。从管理制度上规定原料价格，并且要求有效地控制采购运杂费。采购员应尽量在当地采购，就近取材，减少中转环节，优选运输方式和路线，提高装卸技术，避免不必要的包装，降低采购费。此外，原料使用控制是成本控制的第二个重要环节。企业应建立领料制度，规定领料数量，填写领料单。酒水仓库应根据领料制度发放酒水。调酒师应控制酒水使用数量，避免使用不当，做好使用记录。酒水经营企业应实施日报和月报成本控制，并要求按经营班次填报成本。通过各种措施对酒水原料成本经营控制。

2．人工成本控制

人工成本控制主要包括用工数量控制和职工工资总额控制。人工成本控制是对企业经营的总工时和工作人员的工资率控制。所谓用工数量，是指用于生产、服务和经营的工作时间数量。工资率是酒水经营的全部职工的工资总额除以工时数量。现在酒水经营管理应从实际经营出发，充分挖掘职工潜力，合理地进行定员定编，控制非生产和非经营用工，防止人浮于事，以先进合理的定员、定额为依据，控制服务和经营人数，使工资总额稳定在合理的水平上。

（1）用工数量控制

在人工成本控制中，管理人员应对企业职工数量进行控制。做好用工数量控制，应尽量减少缺勤工时、停工工时、非生产和非服务工时，提高职工出勤率、劳动生产率及工时利用率，严格执行劳动定额。

（2）工资总额控制

为了控制好人工成本，管理人员应控制好企业工资总额，并逐日按照每人每班的工作情况，进行实际工作时间与标准工作时间的比较和分析，做出总结和报告。

3．能源成本控制

能源成本是酒水经营企业不可忽视的成本。在酒水经营中，能源成本占有一定的数额。酒水经营企业的能源消耗主要是电和水。尤其是在电的消耗方面相当高。控制能源成本主要是教育和培训职工，使他们重视节约能源，懂得节约能源的方法。

4．经营费用控制

除了原料成本、人工成本和能源成本外，酒水经营企业还有许多支出项目，如固定资产折旧费、设备保养和维修费、酒具、用具与低值易消耗品费，绿化费及因销售发生的各项费用。这些费用有的属于不可控制成本，有的属于可控成本。经营费用的有效控制只能通过企业日常管理才能实现。

五、原料采购控制

原料采购控制是酒水经营成本控制的首要环节，它直接影响酒水经营企业的整体经营效益，影响酒水成本的形式。所谓原料采购，是指企业根据经营需要以理想的价格购得符合企业标准的酒水和配料。企业为达到最佳经营效果和控制成本，应对所需要的原料品种、质量、价格和采购数量进行合理的控制。

（一）采购员素质要求

采购员是负责采购酒水和配料的工作人员，包括专职或兼职采购员。合格的采购员应认识到原料采购的目的是为了销售，因此所采购酒水的种类、品牌、等级和产地应符合实际需要。采购员应熟悉酒水名称、规格、质量、产地和价格，重视酒水供应渠道，善于市场调查和研究、关心酒水储存情况，同时具备良好的外语阅读能力，能阅读进口酒水说明。此外，采购员必须严守财经纪律，遵守职业道德，不利用职务之便营私舞弊。

（二）质量与规格控制

酒水质量是指酒水的气味、味道、特色、酒体、酒精度、颜色等。而酒水规格是指酒水等级、产地、年限等。控制酒水质量与规格必须制定企业的酒水质量和规格标准。首先根据酒单需要做出具体采购标准规定。由于酒水品种与规格繁多，企业必须按照自己的经营范围，制定本企业酒水采购文件，达到预期使用目的，并作为供货商的依据。为了使制定的标准采购文件满足经营需求，管理人员应写明酒水名称、品牌、产地、品种、类型、等级、甜度、容量、浓度、酒精度、包装、添加剂含量等标准，文字应简明。

（三）采购数量控制

采购数量是采购的重要环节。采购数量是直接影响原料成本的构成和数额，因此管理人员应根据企业经营策略和市场因素制定合理的酒水采购数量。通常原料采购数量受销售量、贮存期、贮存条件及设施、便利条件、流动资金等影响。

1．最低贮存量

酒水经营企业贮存的各种酒水和食品都有一定的标准贮存量，当各种酒水或食品数量降至需要采购的数量而又能够维持至新的原料到来时，这个数量称为原料的最低贮存量。其计算方法是：

$$最低贮存量 = 日需要量 \times 发货天数 + 保险贮存量$$

2．采购数量

酒水或食品的采购数量是酒水经营企业采购控制的一个重要因素。采购过量的原料会占据仓库的空间，占压资金，影响质量。相反，过多的采购频率会增加采购费用，耽误经营。企业必须制定合理的采购数量。其计算方法是：

$$采购量 = 标准贮存量 - 现存量 + 日需要量 \times 发货天数$$

3．标准贮存量

标准贮存量是企业对某种酒水或原料的最高储存数量。其计算方法是：

$$标准贮存量 = 日需要量 \times 采购间隔天数 + 保险贮存量$$

4．保险贮存量

保险贮存量是为防止市场供货问题和采购运输问题预留的原料数量。企业某种原料保险贮存量的确定要根据市场供应情况和采购运输的方法程度而定。

5．日需要量

酒水日需要量是指餐厅或酒吧每天对某种酒水或原料需要的平均数。

例 7：某西餐厅每天平均销售各种品牌葡萄酒 120 瓶，该餐厅每隔 4 周采购 1 次葡萄酒。葡萄酒的保险贮存量是 240 瓶，企业采购葡萄酒需要 2 天时间。计算葡萄酒的标准贮存量、最低贮存量和采购数量。

$$葡萄酒的标准贮存量 =120 \times 28+240=3\ 600（瓶）$$
$$葡萄酒的最低贮存量 =120 \times 2+240=480（瓶）$$

例 8：根据例 7，若仓库中尚存 290 瓶葡萄酒，计算应采购多少箱葡萄酒（每箱 6 瓶葡萄酒）。

$$葡萄酒采购数量 =3\ 600-290+120 \times 2=3\ 550（瓶）\approx 592（箱）$$

（四）采购程序控制

采购程序控制是采购控制的重要内容，许多酒水经营企业都规定了标准采购程序，从而使采购员和服务人员明确自己的责任。不同的企业采购程序不同，这主要是根据企业的规模和管理模式而定。对于大中型企业，当仓库管理员发现库存的某种酒水达到最低贮存量时应立即填写采购申请单并交给采购员，采购员根据仓库的申请，填写订购单并向供应商订货。同时将订货单中的一联交仓库验收员，以备验货时使用。当验收员接到货物时，要将货物与订货单、供应商发货票一起进行核对，经检查合格后，采购员在发货票上签字盖章，交财务部，发货票经财务部负责人审核并签字后向供应商付款。小型酒水经营企业的采购程序比较简单，采购员仅根据业务主管或经理的安排进行采购。

仓库保管员申请 ➝ 采购员采购 ➝ 供应商送货

验收员验收 ➝ 货物送往仓库或吧台

盖章的票据 ➝ 财务部根据验收单付款 ➝ 供应商

六、贮存控制

贮存控制是酒水经营企业成本控制的关键。它包括原料验收控制、原料贮存控制和原料发放控制 3 项工作。

（一）原料验收控制

原料验收控制是指验收员或仓库保管员根据酒吧或餐厅制定的原料验收程序与原料规格标准检验供应商发送的或采购员购来的原料，同时还要进行检验货物品牌、产地、级别、质量、数量、单价和总额等，并将检验合格的各种原料送到仓库或吧台，记录检验结果。

1．选择优秀验收员

原料验收工作常由专职验收员或仓库保管员负责。验收员应既懂财务制度，又有丰富的酒水知识，诚实、精明、细心、秉公办事。在小型企业，验收员由仓库保管员兼任。酒吧经理或餐厅经理不适合做兼职的验收员。

2．严格遵守验收程序

在原料验收中，为了达到验收效果，验收员必须按照企业制定的验收程序进行验收。验收员通常根据原料订购单核对供应商送来或采购员购来的货物，防止接收未订购的货物，防止接收在数量和规格方面与订购单不符的任何货物。验收员应认真核对供应商发货票上的货物名称、数量、产地、规格、单价和总额与企业订购单及收到的货物是否相符，防止支付供应商过高的购货款，在货物包装上签上收货日期等有关数据，执行"先入库先使用"的原则。货物验收合格后，验收员应在发货单上盖上验收合格章，并将验收的内容和结果记录在每日验收报告单上。验收合格的酒水被送至仓库，水果、牛奶或果汁等被送至吧台。

验收日期	————
规格核对	————
价格核对	————
总计核对	————
批准付款	————
批准付款日期	————

3．验收日报表

验收员每日应当填写验收日报表，该表内容应包括发票号码、供应商名称、货物名称、货物数量、货物单价、货物总金额、货物分发部门、货物贮存地点、总计、验收人等。

酒水验收日报表							
发票号码	供应商	品名	数量	单价	金额	发送	贮存
				总计			
日期 ------- 验收员 ------------							

（二）原料贮存控制

仓库是酒水和其他原料的贮存区域，也是原料成本控制的重要部门。原料贮存是指仓库管理人员保持适当数量的酒水和其他原料以满足企业的需要。原料贮存控制是指通过科学的管理措施，保证各种原料的数量和质量，减少自然损耗，防止酒水丢失，及时接收、贮存和发放各种酒水并将有关数据送至财务部门。做好原料贮存工作，仓库管理人员应制定有效的防火、防盗、防潮、防虫害等管理措施，掌握各种原料日常使用的数量，合理控制酒水库存量，减少资金占用，加速资金周转，建立完备的货物验收、领用、发放、清仓、盘点制度和清洁卫生制度。科学地存放各种酒水，使其整齐清洁、井井有条，便于收发和盘点。贮存的酒水不应接触地面和内墙。非酒水或食物不能贮存在仓库内。货架应整齐、干净，应注明各种酒水入库日期，按入库日期顺序发放酒水或食品，执行"先入库先发放"原则。根据需要，仓库温度应保持在 $10 \sim 16℃$ 之间。非领料时间要锁门。

1．贮存记录

在贮存管理中除了保持原料质量和数量外，还应执行原料贮存记录制度。通常当某一货物入库时，应当记录它的名称、规格、产地、单价、供应商名称、进货日期、订购单编号。当某一原料领用后，要记录领用部门、原料名称、领用数量、结存数量等。贮存记录可以使管理人员随时了解存货的数量、金额，了解货架上的原料与记录之间的差异情况，有助于执行"先入库的原料先使用"原则，利于控制采购数量和质量。

2．定期盘存制度

定期盘存制度是餐厅或酒吧按照一定时间周期，通常为一个月，通过对各种原料的清点或其他计量方法确定存货数量。采用这种方法可定期了解企业实际原料成本，掌握实际原料成本率。通过与企业原料标准成本率比较，找出成本差异及其原因，采取措施，从而有效地控制原料成本。仓库的定期盘存工作一般由企业的会计师负责，由会计师与仓库管理人员一起完成这项工作。盘存工作的关键是真实和精确。

3．库存周转率控制

库存周转率可以反映原料的使用情况和周转情况。通常酒吧或餐厅酒水的平均周转次数是每年 12 ～ 16 次。不同的原料每月周转次数不同，主要根据原料的性能、采购的方便性、企业经营策略和仓库空间大小等决定。许多企业啤酒和碳酸饮料每月周转 2 ～ 4 次。烈性酒和葡萄酒每年周转 4 ～ 12 次，牛奶和果汁等要 3 ～ 7 天周转 1 次。原料库存周转率越大，说明仓库的库存量越小。当原料周转率快时，需要提高采购效率，可能会加大原料采购成本。原料周转率越低，说明原料占用资金越多。库存周转率公式为：

$$库存周转率 = \frac{月初库存额 + 本月采购额 - 月末库存额}{(月初库存额 + 月末库存额)/2}$$

4．干货贮存管理

干货是指茶叶、白糖、香料和小食品等物质。各种干货的贮存不应接触地面，不应接触库内的墙面；非食物不能贮存在食品库内，架子和地面应该整齐、干净；所有食品都应存放在有盖子和有标记的容器内；应写明各种货物的入库日期、按入库的日期顺序进行发放，执行"先入库先发放"原则；将常用的原料存放在距离仓库出口处较近的地方，将带有包装的、比较重的货物放在货架的下部；干货贮存温度应保持在 10 ～ 20℃，湿度保持在 50% ～ 60% 之间，以保持营养、味道和质地；非工作时间要锁门。

5．冷藏食品管理

酒水经营企业需要的冷藏食品包括新鲜果汁、牛奶、鸡蛋等原料。一些企业还销售一些熟的肉类和海鲜。熟的食品应放在干净、有标记、带盖的容器内，食品不要接触水和冰；不要将食品原料接触地面；要经常检查冷藏箱的温度；新鲜水果和果汁应保持在 6℃，奶食品保持在 3℃，湿度控制在 80% ～ 90%；要经常打扫冷藏箱和冷藏设备；标明各种货物的进货日期，按进货日期的顺序发料，遵循"先入库的原料先使用"原则；将气味浓的食品原料单独存放；要经常保养和检修冷藏设备；非工作时间应锁门。

食品原料参考贮存温度表	
啤酒与白葡萄酒温度	10℃
干货	10 ～ 20℃
蔬菜与水果	6℃
奶制品与熟制品	3℃
新鲜海鲜与畜肉	0℃
冷冻畜肉与海鲜	-18℃
冷冻家禽肉	-23℃
冰激凌	-29℃

6．冷冻食品管理

酒水经营企业最常使用的冷冻食品是冰激凌，应低

于 −29℃。此外，一些企业还兼营菜肴制作，需要购进海鲜和畜肉等，这些原料都需要冷冻贮存。要经常检验冷冻箱的温度；在各种食品容器上加盖子；用保鲜纸将食物包裹好；标明各种货物的进货日期，按进货日期的顺序发放，遵循"先入库的原料先使用"原则。

（三）原料发放控制

原料发放是贮存控制中最后一项管理工作。它是指仓库管理员根据业务主管人员发的领料单上的原料品种、数量和规格发放给吧台工作人员的过程。原料发放控制的关键在于仓库管理员必须有认真的工作态度，所发放的原料一定要按照领料单的品名和数量等执行。仓库保管员通常将刚验收过的新鲜水果、果汁和牛奶直接发放给吧台，由调酒师或吧台领班验收并签字。由于吧台使用的新鲜水果或果汁等原料在质量上很讲究，不宜长时间贮存，这些原料都是每天使用，因此几乎所有企业每周将采购的新鲜原料以直接发放形式向使用部门发放。对一次购买数月使用量的烈性酒、葡萄酒、咖啡、茶叶等原料则贮存在仓库中，待需要时，根据领料单的品种和数量发放至吧台。

吧台向仓库领用任何原料都必须填写领料单。领料单是成本控制的一项重要工具，通常一式三联。调酒师根据需要填写后，一联交仓库作为发放原料凭证，一联由吧台保存，用以核对领到的酒水，第三联交成本控制员保存。领料单内容应包括领用部门、领料品种和数量、单价和总额、领料日期、领料人等内容。吧台领用各种原料必须经业务主管人员在领料单上签字才能生效，贵重的酒水必须有酒吧或餐厅经理签字。

七、生产与销售控制

（一）生产控制

在酒水经营企业的成本控制中，酒水生产控制是很重要的，它关系到企业经营的成功与失败。酒水生产控制指企业制定各种酒水产品的标准配方、标准量器、标准生产程序与标准成本，并且严格执行这些标准以保证产品质量和增加企业信誉度，为企业获得合法利润。

1．标准配方

为了保证各种酒、鸡尾酒、咖啡、茶等质量标准和控制酒水成本，企业必须建立酒水标准配方。在酒水标准配方中规定酒水产品的名称、类别、产品标准容量、标准成本、售价、标准成本率、各种配料名称、规格、用量及成本、标准酒杯及配方制定日期等。

玛格丽特（Margarita）标准酒谱	
用料	特吉拉酒 30 ml、无色橙味利口酒 15 ml、青柠汁 15 ml、鲜柠檬 1 块、细盐适量、冰块 4 ～ 5 块
制法	① 用柠檬擦湿玛格丽特酒杯或三角形鸡尾酒杯的杯口，将杯口放在细盐上，转动，沾上细盐，杯边呈白色环形。注意不要擦湿杯子内侧，不要使细盐进入鸡尾酒杯中；② 将冰块、特吉拉酒、无色橙味利口酒和青柠汁放入摇酒器内，摇匀；③ 过滤，倒入玛格丽特酒杯或鸡尾酒杯内

2．标准量器

在酒水生产中，调酒师和服务员应使用量杯或其他量酒器皿测量酒水数量，以控制酒水产品质量及酒水产品成本，特别是对那些价格较高的烈性酒的控制更是非常必要。在配置酒水中，调酒师最常用的量具是量酒专用杯，使用量杯的优点是经济、工作效率高。

3．标准配置程序

企业必须制定标准配制程序以控制酒水产品质量，从而控制酒水产品成本，如酒杯的降温程序、鸡尾酒装饰程序、鸡尾酒配制程序、使用冰块数量、鸡尾酒配制时间、操作姿势等。一杯鸡尾酒的温度、勾兑方法及配制程序发生问题都会影响产品质量，造成顾客对原料投入发生误解。因此，企业对各种酒水产品生产程序都作了具体规定，包括果汁、咖啡、茶、鸡尾酒和零杯酒等。

4．标准成本

标准成本是酒水成本控制的基础。企业必须规定各种酒水标准成本。如果酒水没有统一的成本标准，随时随人更改，企业成本将无法控制，酒水产品的质量将无法保证，企业经营就会失败。酒水标准成本会影响酒水价格，业务管理人员一定要考虑市场接受能力后制定酒水标准成本。不考虑市场和顾客接受能力，只考虑企业赢利的产品价格没有竞争力。

（二）酒水销售控制

企业必须制定一系列控制营业收入措施，防止酒吧服务员虚报账单、多收客人现金、调酒师与服务员共同贪污营业收入等问题。通常企业会使用收银机收款，要求服务员或调酒师将售出的酒水名称、数量和金额等资料输入机器中，并打印出账单请顾客签字。一些大型餐厅和酒吧由专职收银员收款。服务员使用酒水订单，一式三份，将顾客选择的酒水、单价及总额全部记入酒水单中，一份交收银员，一份经收银员盖章后交调酒师，一份自己保留。每天营业结束时，根据客人订单控制营业收入。

完成任务

酒会策划书的制作。

一、分组练习

每 5 人为一小组，按要求做主题酒会策划。

二、讨论、对比

对每个人的表现进行组内分析讨论、组间对比互评，提高酒会策划的理解与掌握。

能力拓展及评价

一、酒会的实施

① 在所有酒会策划中选出一个可行、合理的酒会策划书，全班同学分工，完成酒会的具体实施。

② 总结酒会具体实施过程中发现的问题，提出改进措施，做出总结。

二、综合评价

教师对各小组的表现进行讲评，然后把个人评价、小组评价、教师评价简要填入评价表中。

评价内容	评价标准	个人评价	小组评价	教师评价
酒会策划书内容	根据酒会策划书内容全面、具体、合理性等情况可分为A优B良C一般			
酒会策划主题	根据主题明了、鲜明程度可分为A优B良C一般			
酒会创意	根据创意新颖、可实施程度可分为A优B良C一般			
酒会地点、环境	依据地点合理、环境切题程度可分为A优B良C一般			
酒会时间	根据时间安排紧凑、合理程度可分为A优B良C一般			
酒会布局	依酒会布局合理、环境布置情况可分为A优B良C一般			
酒会具体内容安排	依酒会内容安排合理、主题突出、烘托气氛等情况可分为A优B良C一般			
酒会工作人员安排	依酒会人员安排合理、具体情况可分为A优B良C一般			
酒会收费方式	依酒会收费方式合理情况可分为A优B良C一般			
酒会成本核算	依酒会人员成本、酒水成本、营销成本控制合理程度可分为A优B良C一般			
酒会实施与保障	依酒会实施保障措施及特殊事件预防情况可分为A优B良C一般			
酒会策划书可行性	依酒会策划的现实可行性程度可分为A优B良C一般			
酒会实施情况	A优B良C一般			
酒会实施总结	A优B良C一般			
综合评价		改进建议		

课后任务

1．酒会的策划要求。
2．酒水成本的核算及控制方法。
3．酒会服务及突发事件处理。

任务二 酒吧客户管理

任务描述

　　稳定的客源、良好的口碑和形象是酒吧的生命。要在激烈的竞争中立于不败之地，就要做好客户的开发、营销等管理工作。优秀的酒吧员工和管理者应具备酒吧营销的策划及实施能力；

做好客户信息的管理工作，提供满意的服务。

必备知识

一、酒吧客户管理的内容

　　通过提供产品和服务实现经营效益。客户作为产品和服务的接受者，对于酒吧至关重要。拥有客户的酒吧才拥有生存和发展的基础，而拥有稳定客户的酒吧才具有进行市场竞争的宝贵资源。为此，市场营销最根本、最大的挑战就是如何管理客户，如何跟随客户一起改变，如何建立稳定的客户关系。

　　很多酒吧都声称客户至上，但是却不了解客户的真正需求，特别是自己提供的产品和服务能为客户创造何种价值，更是心中无数。这样的营销很难引起客户的共鸣与认同，也无法建立良好的客户关系。只有与客户进行良好的沟通，推动客户的发展，才能实现酒吧的繁荣。

　　客户管理的实质是通过调查分析，进行客户开发、客户服务、客户促销、客户维护并促进客户价值的提升。包括：

（一）客户调查管理

　　客户调查是酒吧实施市场策略的重要手段之一。通过人口特征、生活态度、生活方式、消费历史、媒介消费等对目标客户进行分析，迅速了解客户需求，及时掌握客户信息，把握市场动态，调整、修正产品与服务的营销策略，满足不同的需求，促进产品及服务的销售。

（二）客户开发管理

　　在竞争激烈的市场中，能否通过有效的方法获取客户资源往往是酒吧成败的关键。况且客户越来越明白如何满足自己的需要和维护自己的利益，客户是很难轻易获得与保持的。因此，加强客户开发管理对酒吧的发展至关重要。客户开发的前提是确定目标市场，研究目标顾客，从而制定客户开发市场营销策略。营销人员的首要任务是开发准客户，通过多种方法寻找准客户，并对客户进行资格鉴定，使酒吧的营销活动有明确的目标与方向，使潜在客人成为酒吧的忠实客人。

（三）客户信息管理

客户信息管理是客户管理的重要内容和基础，包括客户信息的搜集、处理和保存。建立完善的客户管理系统，对于酒吧扩大市场占有率、提高营销效率、与客户建立长期稳定的业务联系，都具有重要意义。运用客户信息，区分准客户、新客户和老客户，区分大客户和一般客户，并实施不同的市场营销策略，进行客户关系管理。

（四）客户服务管理

客户服务是一个过程，是在合适的时间、合适的场合，以合适的价格、合适的方式向合适的客户提供合适的产品和服务，使客户合适的需求得到满足，价值得到提升的活动过程。客户服务管理是了解与创造客户需求，以实现客户满意为目的，酒吧全员、全过程参与的一种经营行为和管理方式。它包括营销服务、部门服务和产品服务等几乎所有的服务内容。客户服务管理的核心理念是酒吧全部的经营活动都要从满足客户的需要出发，以提供满足客户需要的产品或服务作为酒吧的义务，以客户满意作为酒吧经营的目的。客户服务质量取决于酒吧创造客户价值的能力，即认识市场、了解客户现有与潜在需求的能力，并将此导入酒吧的经营理念和经营过程中。优质的客户服务管理能最大限度地使客户满意，使酒吧在市场竞争中赢得优势，获得利益。

（五）客户促销管理

促销是营销人员将有关产品信息通过各种方式传递给客户，提供产品情报，增加消费需求、突出产品特点，促进其了解、信赖并使用产品及服务，以达到稳定市场销售，扩大市场份额，增加产品价值，发展新客户，培养强化客户忠诚度的目的。促销的实质是营销人员与客户之间进行有效的信息沟通，这种信息沟通可以通过广告、人员推销、营业推广和公共关系4种方法来实现。而促销管理是通过科学的促销分析方法进行全面的策划，选择合理的促销方式和适当的时机，对这种信息沟通进行计划与控制，以使信息传播得更加准确与快捷。

二、酒吧客户管理的途径

（一）建立顾客的信息资料库

在信息时代，信息传播的速度与广度使得企业营销环境发生了巨大的变化，网络即时互动的特点使顾客参与到营销管理的过程成为可能，这就使企业必须真正贯彻以顾客需求为出发点的现代营销理念，将顾客整合到营销过程中来，才能有效地迎合顾客千差万别的需求，最终取得酒店自身的发展。酒吧也必须适应时代的发展趋势，采用高科技成果，增加技术投资，即时搜集顾客需求信息，精心设计服务体系，按照顾客的特殊要求提供特定的、且是竞争对手不易模仿的服务，使顾客得到更多的消费利益和更大的使用价值，建立并保持企业与顾客的取向忠诚，相互信赖，相互获利。

酒吧可以用计算机建立数字化分布系统，通过数据保存顾客信息，把搜集顾客的需求信息分布到酒吧中每一个可能与顾客接触的地方，并将这些信息存入顾客资料库，以便对顾客进行直接的服务交流，电话营销和其他回访活动。另外即时调整服务策略，要有针对性地提供订制化的有效服务，达到顾客满意的最大化。例如，里兹饭店集团已经建立了近100万份顾客的个人档案，当顾客再次入住集团的任何一家成员饭店时，该饭店都可以迅速地从信息中心调取客人的资料，了解客人的消费偏好、禁忌、购买行为等特征，从而能够提供更有针对性的个性化服务，进一步强化顾客的满意度和忠诚度。

（二）加强对老顾客关系管理

客户管理的目的是创造"忠诚的顾客"。忠诚的顾客相信本酒吧尊重他们，能为他们提供最大消费价值。而顾客不断变化的酒吧则必须花费大量营销费用，劝说那些对本酒吧不太了解的新顾客购买自己的服务，并不断为新顾客提供启动性服务。有大批忠诚顾客的酒吧通常可极大地节省这些营销费用。此外，忠诚的顾客的口头宣传可增强饭店广告的影响，极大地降低饭店的广告费用。要认识到，吸引一名新顾客比保持一名老顾客要花更多的代价。

针对老顾客可以提供超值服务，例如，增加顾客的财务利益。那些忠诚的顾客只须支付相同的价格就可以享受更多、更好的产品。最通常的做法是对经常性的顾客给予优惠性奖励利益，如酒吧可对经常到酒吧消费的顾客提供"常客奖励方案"，即可以按消费的累积给予奖励积分，积分到一定数额后可以为顾客提供免费的消费奖励。虽然这类增加顾客财务利益的计划可以建立起顾客对酒吧产品的偏好，但是由于这类计划很容易被竞争对手模仿，因此酒吧难于通过这类计划拥有长期的竞争优势，酒吧还需要运用增加顾客社交利益的发放来强化自己的竞争优势。

（三）充分利用网络开展营销

网络营销是借助联机网络，计算机通信和数字交互式媒体的威力来实现营销目标的一种营销方式，目前已经受到人们的普遍关注，这是因为它能够将产品说明、促销、顾客意见调查、广告、公共关系、顾客服务、电子交易等各项营销活动通过文字、声音、图片及视频等手段有机地整合起来，进行一对一的及时沟通，强化顾客关系，进一步开发更多的顾客需求。

虚拟的网络世界使顾客的个性需求得到充分满足，既可以搜索到最佳价格，又可以方便地购买。同时，网络的实时性则为企业与顾客提供了一个全新的沟通方式。例如，利用电子布告栏和电子邮件提供网上售后服务或与消费者做双向沟通，提供顾客与顾客或企业与顾客在网络上的共同讨论区，从而了解顾客需求、市场趋势等，以作为企业改进产品和服务的参考。提供网上自动服务系统，可依据顾客需求，自动在适当时机通过网上提供有关产品和服务的信息等。就我国的酒吧而言，目前网络营销主要是网上预定和网上广告，酒吧可以根据更精细的个人差别将顾客进行分类，分别传递不同的信息，实现真正的个性化服务，而且最先进的虚拟现实界面设计带来的身临其境的效果将给顾客一种全新的感官体验。

（四）通过优质服务吸引顾客

优质服务可形成并强化顾客对酒吧的信任感，使酒吧取得有利的竞争地位。在酒吧里，顾客与服务人员直接接触，可直接观察服务过程。因此，优质服务比优质产品更能形成顾客的忠诚感。

许多顾客希望与酒吧建立关系伙伴，他们希望能长期从同一个企业获得个性化服务，希望服务人员熟悉他们、关心他们、主动与他们联系、为他们服务，这样，他们就不必每次主动向酒吧提出服务要求。

（五）妥善处理饭店顾客投诉

投诉发生之前重在防范，通过健全顾客投诉和建议制度及定期组织顾客调查，将顾客的书面、口头投诉和建议进行记录、整理，对调查结果进行统计、分析，可及早发现顾客态度的变化倾向，较早采取行动消除顾客的不满，为巩固市场份额提供早期预警。对于发生的投诉要认真分析其原因，科学合理地处理。

 拓 展 知 识

一、酒吧客户管理的重要性

由于消费者的消费意识逐渐加强，顾客已由过去的被动接受转变为主动寻求自我需求，因此注重满足个性差异的顾客需求将是酒吧间的竞争趋势。在顾客导向的时代，只有积极的个性化服务，才能提高顾客的忠诚度，抓住顾客的心。酒吧客户管理关注的就是如何通过不断的沟通，了解并影响顾客的行为，通过分析对顾客有效并可供参考的信息，增加新客户、留住老客户，根据顾客的个性化需求提供专为顾客量身定做的服务，以提高顾客的满意度。

（一）拓展新老顾客市场

酒吧进行客户管理时，通过定期或不定期与关系方或顾客联系，为顾客服务，并为顾客提供最大的消费价值，使其感受到本酒吧最关心和最尊重他们，从而乐于从众多的酒吧中选择本酒吧作为他们忠诚的伙伴关系户。顾客对这家企业的信任感、好感，尤其是对企业的"忠诚"，会强烈地感染和打动人，达到良好的口碑宣传效果，从而吸引新的、忠实的顾客。

（二）树立酒店企业良好形象

重视企业与关系方的接触和联系，并将企业识别系统的理念识别、行为识别、视觉识别引入到企业中，以便在公众中树立良好的形象，有助于关系方或顾客对酒店企业产生满意感、忠诚感，建立长期共存共荣的伙伴关系。

（三）增强企业的竞争优势

酒吧客户管理可以提高酒店在新经济环境中的竞争，发展成酒吧的独特优势，倘若酒吧经营具有自己的特点，不易为竞争对手模仿，就可以为酒吧营造很好的市场进入壁垒，使其享受创新的垄断收益，并使酒吧具有很强的市场竞争力。在信息技术的支持下，酒店与顾客之间的关系是建立在充分沟通的基础上，酒店可以充分利用这种沟通的机会，来满足顾客的个性化服务的需求，并以此来建立对顾客而言是独一无二、充满个人色彩的产品和服务价值。

（四）提高饭店企业效益

酒吧忠诚地履行自己对各关系方的诺言，把大批忠诚的关系方或顾客吸引到本酒吧周围，长期购买本酒吧的产品和服务。即使本酒吧产品和服务价格比竞争对手同类产品和服务高，他们也愿意购买，由于忠诚的老顾客的"口碑效应"，可以大大地降低饭店企业的促销费用，从而提高企业效益。

二、客史档案的内容

客史档案应包括以下几方面的内容：

（一）常规信息

客史档案中的常规信息包括客人姓名、性别、年龄、出生日期、婚姻状况及通讯地址、电话号码、公司名称、头衔等，收集这些资料有助于了解目标市场的基本情况，了解"谁是我们的客人"。

（二）预定信息

预定信息包括客人的预定方式、介绍人、预定的季节、月份和日期，以及预定的类型等，掌握这些资料有助于酒吧选择销售渠道，做好促销工作。

（三）消费信息

消费信息包括客人的信用、账号、喜欢何种产品等，从而了解客人的消费水平、支付能力，以及消费倾向、信用情况等。

（四）习俗、爱好信息

习俗、爱好信息是客史档案中最重要的内容，包括客人的爱好、生活习惯，宗教信仰和禁忌，消费期间要求的额外服务等。了解这些资料有助于为客人提供有针对性的个性化服务。

（五）反馈意见信息

反馈意见信息主要包括客人在住店期间的意见、建议、表扬、赞誉，投诉及处理结果。

三、酒吧营销方法

在我国众多的酒吧经营销售中，一直存在这样的现象：酒吧经营方案千篇一律，缺乏经营的灵活性和创新意识，经营成效并未达到最佳状态，现代的酒吧经营销售问题越来越受关注和重视。

（一）酒吧的内部营销方法

内部营销工作是以客人一进门便开始的，客人进来后能否让客人留下并主动消费是非常重要的。内部营销的成功可以加倍扩大自己的生意。有位精明的管理者这样说："不向现有的客人宣传，几乎是有罪的。"因此，千万不要错过这个机会，这个机会能同时为酒吧造就三重机会：其一，使客人在酒吧逗留期间最大限度地消费；其二，邀请客人再来；其三，请客人代为宣传酒吧的酒水和服务。

服务人员秀丽的外表、可爱的笑容、亲切的问候、主动热情的服务对留住客人是至关重要的。同时，酒吧的环境和气氛也左右着客人的去留。客人坐下后，行之有效的营销手段及富有导向性的语言宣传是客人消费多少的关键。当客人离座时，服务员赠给客人一份缩样酒单或一块小手帕、一个打火机、一盒火柴，当然这上面都印有本酒吧的地址和电话，请客人作为纪念，欢迎其下次光顾或转送给他的朋友。

1．酒吧的环境"推销"

一个高品位的酒吧应该营造高品位的环境气氛。酒吧是供人们休闲娱乐的场所，应该营造出温馨、浪漫的情调，使顾客忘记烦恼和疲惫，在消费的过程中获得美好的感受。

氛围和情调是酒吧的特色，是一个酒吧区别于另一个酒吧的关键因素。酒吧的氛围通常是由装潢和布局、家具和陈列、灯光和色彩、背景音乐及活动等组成。酒吧的氛围和情调要突出主题，营造独特的风格，以此来吸引客人。

2．酒单"推销"

（1）酒单上的酒应该分类，以便顾客查阅与选择

如果大多数顾客对酒不太熟悉，那么在每一类或每一小类之前附上说明，就可以帮助顾客选择他们需要的酒。

（2）准备几种不同的酒单

具有多种酒类存货的餐厅通常有两种不同的酒单：一种为一般的酒单，一种为"贵宾酒单"。前者放在每一张桌子上，通常整顿饭的时间都留在那儿；而后者只有当顾客要求，或是顾客无法在一般酒单上找到想喝的酒时才展示出来。

（3）注意拼写错误

注意不要拼错酒名及酒厂名，也不要把酒的分类弄错，印刷之前应仔细校对，以免日后顾客提出质疑。努力将顾客的注意力吸引到几种特别的酒上，以便刺激消费。最常用的方法是从现有的酒单中挑选出几种酒加强宣传，不过提高顾客对酒的认知才是长远之计。

3．服务员的服务水平

每一个员工都是推销员，他们的外表、服务和工作态度都是对酒吧产品的无形推销。酒吧的良好气氛也有利于酒水的推销。如果讲究装潢，勤于检查清洁，而调酒师仪容却不端正，一切努力都是白费。所以，酒吧调酒师要讲究个人卫生与外表。

4．借机开展营业推广活动

营业推广是酒吧为了促使目标顾客加快购买决策、增加购买数量而采取的一系列鼓励性的销售措施。酒吧往往通过某种活动来变换产品销售的方式，以达到促销和宣传的目的。这种变换的销售形式适用于特定时期或特定任务下的短期特别推销，目的是在短期内强烈刺激市场需求，迅速取得销售效果。酒吧营业推广的形式包括各种庆典活动、节假日促销、主题销售、文化表演、美食节、名人讲座、展览等。通过这一类的活动形式，酒吧获得了效益，展示了形象，扩大了影响。

例如，近年来郑州中州假日酒吧每年圣诞节和中秋节都会举办丰富多彩的节日集会活动，并借机推出节日客房和餐饮产品，每次都产生轰动效应，成为新闻焦点，引起了很好的市场反响，取得丰厚的经济收益。

酒吧在重要的日子不失时机地举办各种文化品位高、艺术氛围浓、内容独特新颖、形式活泼健康的销售活动，不仅能直接增加酒吧收入，更能扩大酒吧知名度，树立酒吧良好的市场形象。

（二）酒吧的外部推销方法

酒吧的外部推销主要有这几点：

1. 店名推销

店名推销必须适应目标顾客的层次，适合酒吧的经营宗旨和情调。店名推销应取易记和易读的文字，应该符合笔画简洁，字数少，文字排列要避免误会，字体设计要美观大方，要具有独特性；使用的店名应好听和易念；多数顾客通过电话预定餐桌，所以应该避免使用易混淆的词语、发音困难或在一起念不顺口的词汇。特别是不能为了追求独具一格而选用一些人们不认识的或生僻的字，造成模糊性。

2. 招牌推销

招牌推陈出新促销是餐厅最重要的宣传工具，招牌大则醒目，可见性大，易吸引人的注意力。晚上招牌要有霓虹灯照明，使其易于辨识。

3. 酒吧广告宣传

酒吧销售产品不能只等客上门，同样需要宣传，但必须慎重选择宣传媒介。如今，传播媒介呈现多样化，不同媒介所针对的受众和辐射范围有所不同。电视、广播、报纸、杂志、商业信函、宣传品、户外广告、流动交通广告等众多媒体和宣传途径往往让酒吧难以选择，无所适从。通过调查不难发现，一些酒吧虽然经常在某些媒体广告上出现，但真正起到的效果却并不理想。

原因是酒吧的目标顾客一般比较分散，而媒体的受众又相对集中，这就像在湖广鱼稀的水面上撒网捕鱼，费力费神而收获不大。对于覆盖整个市场的宣传，酒吧应该通过制造新闻宣传自己，如设法吸引名人、政要入住酒吧，以及举办社会反响较大的活动等，频频在媒体亮相，借助新闻宣传扩大酒吧影响。或者根据酒吧的主流顾客进入城市关口，如机场、车站、码头设立户外广告，以及有针对性地给老客户和潜在客户散发信函、纪念品、宣传品，上门促销，才能取得较好的效果。

4. 短信营销

近几年，短信营销已经被很多行业认识、接受并开始使用，服务行业采用这种关系营销方式，细水长流式地维护着与新老顾客的关系，成本小、效果理想。

（1）新顾客——体验营销之道

短信营销的基础是客服分析，首先要分门别类，酒吧会很重视新顾客的开发，对于没有来过本店的潜在客户群体，要做细致分析：年龄、收入、职业、区域等属性进行筛选。锁定目标客户群体之后，开始策划短信的内容，一般来说，对于新客户采用免费体验的方式比较合适，可以到店或邮寄体验券。

（2）较长时间未到店客户——主动询问、优惠推荐

对于3个月或更长时间未到店的顾客，酒店可以采用问候或优惠推荐的方式，进行短信营销，可以询问客户对于酒吧的建议和意见，同时告知酒吧最新的优惠活动，这样可以增加顾客和酒店之间的联系密度，更好地维护客户。

（3）节日问候

节日问候是最常用的短信营销策略。虽然现在的问候短信确实比较泛滥，但在节日里，酒吧送上的真诚、温馨的祝福，顾客还是不会反对的，在这里要注意短信内容的编辑策划。

完成任务

情景模拟：建立良好的客户关系。

一、分组练习

每 5 人为一小组，情景模拟训练建立良好的客户关系。

二、讨论、对比

对每个人的表现进行组内分析讨论、组间对比互评，掌握建立良好的客户关系的途径与技巧。

能力拓展及评价

一、酒吧营销策划

（一）分组练习

每 5 人为一小组，按要求做酒会营销策划并进行讲解。

（二）讨论、对比

对每个人的表现进行组内分析讨论、组间对比互评，提高酒会策划的理解与掌握。

二、综合评价

教师对各小组的表现进行讲评，然后把个人评价、小组评价、教师评价简要填入评价表中。

内　　　容		评　　价	
学习目标	评价项目和要求	小组评价	教师评价
知识	掌握酒吧客户管理的内容		
	掌握酒吧客户管理的途径		
	认识到酒吧客户管理的重要性		
	掌握客史档案的内容		
	掌握酒吧内外部营销方法		
专业能力	信息收集、处理和管理能力		
	对客沟通、协调能力		
	灵活处理问题的应变能力		
	常见问题预防和处理能力		
	营销能力		

续表

内　　　容		评　　　价	
学习目标	评价项目和要求	小组评价	教师评价
社会能力	组织能力		
	沟通能力		
	解决问题能力		
	自我管理能力		
	创新能力		
	敬业精神		
	服务意识		
态度	爱岗敬业		
	态度认真		
整体评价		改进建议	

课后任务

思考：如何做好酒吧客户管理工作？

任务三　特殊事件的处理

任务描述

突发事件在酒吧经营管理过程中是常有的事，优秀的酒吧员工和管理者应具备灵活处理突发等各类特殊事件的能力；总结工作中醉酒客人、客户间矛盾处理、违法行为等特殊事件及投诉的处理；具有及时、合理处理突发事件的能力；具有特殊事件预防的意识及有效措施。

情景引入

世界杯期间，有两位客人来到酒吧，坐在酒吧的中心位置，每人点了一杯可乐（每杯 20 元），之后两人准备外出就餐，询问服务员是否可将其座位保留，领班表示需要先交 100 元押金，其中包括已经消费的 40 元，客人同意。

半小时后，陆续来了很多客人，除预订座位外，均已坐满。此时，酒吧又来了 8 位客人，要求坐在外出两人预定的空座位上。领班很为难，如果同意，有失诚信，预订的客人也会不满；如果不同意，酒吧的经济损失会很大，因为根据领班的经验，这 8 位客人预计会消费 3 000 多元。

该如何处理呢？

实例处理参考

领班同意这 8 位客人入座,他们共消费了 4 000 多元。但预定座位的两位客人回来之后,发现自己预定的座位被占了,很不满,找到领班,愤怒的表示商家没有信誉,要找经理投诉……

经理又该如何处理呢?

经理对客人表示是因为一时之间客人太多,没有照顾过来,导致原预定的座位被占,询问客人是否可以坐在角落出的加桌。客人表示那观看电视屏幕的角度不好,此时经理提出为表示此次工作疏忽给客人带来的困扰,可以送客人一瓶价值 600 元的芝华士和一个大果盘,客人欣然同意了。

启示

一瓶价值 600 元的芝华士和一个大果盘,巧妙地向客人表示是工作上的疏忽而非存心不保留座位,也没有使酒吧失去诚信,客人对处理方式也很满意。8 位后到的客人也在满意的位置收看了世界杯,也很满意。

一瓶芝华士进价 168 元,果盘 10 元,换回一个 4 000 元的大单,为酒吧创收,灵活巧妙地解决了看似无法解决的矛盾。

任务分析

要处理好此次事件,应具备以下素质:

- 充分了解客人需求及特点
- 灵活运用"让顾客满意"的服务理念
- 处理好客人利益与酒吧利益的关系
- 具有灵活应变能力
- 具有果断决策能力
- 对客人投诉预防及处理的能力

必备知识

酒吧服务和管理人员经常遇到令人头疼的问题就是客人投诉、如何接待客人投诉,如何处理好客人投诉,是酒吧工作人员重要的工作,处理是否合理,也是综合能力的重要体现。

酒吧工作的目的是使每一位客人满意,但事实上,无论是何种类型、多高档次的酒吧,即使管理者在服务质量方面下了很大工夫,总会有某些客人,在某个时间,对某件事、物或人表示不满,因此,投诉是不可避免的。这时,客人可能直接向服务员发泄心中的不满,或找领班、主管甚至经理投诉。因此,无论是服务员还是管理人员,在接待投诉客人和处理接待投诉方面都应该训练有素。

掌握接待投诉客人的要领和处理客人投诉方法和技巧,正确处理客人投诉,不仅会使工作变得轻松、愉快,而且对于提高酒吧服务质量和管理水平,赢得回头客,具有重要意义。

一、投诉的产生及预防

根据日常工作经验,投诉的产生通常有以下几方面的原因:

（一）作为硬件的设施、设备出现故障

例如，空调、桌椅、电梯等酒吧的设施设备是为客人提供服务的基础，设施设备出现故障，往往会给客人带来不便，甚至伤害，所以说酒吧设施设备保养不善，不仅造成酒店经营成本的上升，而且严重影响酒吧对客人的服务质量，常常引起客人投诉。

为预防此类投诉的发生，应对酒吧的设施设备进行科学合理的保养和定期维修。

（二）客人对作为软件的无形的服务不满

例如，服务员、调酒师等在服务态度、服务效率、服务意识及技巧等方面达不到酒吧或客人的要求与期望，导致客人投诉。

为预防此类投诉的发生，应对酒吧员工有计划、有目的地进行培训，提高员工综合素质。

（三）酒吧管理不善

例如，客人的隐私不被尊重、财物丢失等。

为预防此类投诉的发生，应加强日常工作的管理及安全设施和制度的保障。

（四）客人对酒吧的有关政策规定不了解或误解引起的

有时候，酒吧方面并没有什么过错，之所以投诉是因为他们对有关政策规定不了解或误解造成的，在这种情况下，就要对客人耐心的解释，并热情帮助客人解决问题。

根据美国休斯顿大学酒店管理学院院长 Alan.T.Stutts 教授的调研，结果表明：96% 的不满意的客人不会提出投诉。这说明，客人一般是在迫不得已或"忍无可忍"的情况下才会投诉。因此，对于客人的投诉，管理者要格外重视。

二、对客人投诉的认识

投诉是酒吧管理者和顾客之间的沟通桥梁。对客人的投诉应该正确认识。投诉是坏事也是好事，它可能会使被投诉的对象（有关人员）感到不愉快，甚至受惩，接待投诉客人也不是一件愉快的事，对很多人来讲，是一种挑战。但投诉又是一个信号，可以告知酒吧在服务和管理中存在的问题。形象地说，投诉的顾客就像一位医生，在免费为酒吧提供诊断，以使管理者能够对症下药，改进服务和设施，吸引更多的客人。因此，管理阶层对客人的投诉必须给予足够的重视。具体而言，对酒吧来说，客人投诉的意义表现在以下几个方面：

（一）可以帮助管理者发现服务与管理中存在的问题与不足

酒吧的问题是客观存在的，但管理者不一定能发现。原因之一是："不识庐山真面目，只缘身在此山中。"管理者在酒吧工作，对本酒吧的问题可能会视而不见，而客人则不同，他们付了钱，期望得到与他们所付的钱相称的服务，他们也可能去过很多酒吧，对某个酒吧存在的问题，在他们眼里可能一目了然。原因之二是：尽管酒吧要求员工"管理者在或不在一个样"，但事实上，很多员工并没有做到这一点。管理者在与不在截然不同。因此，管理者很难发现问题。而客人则不同，他们是酒吧产品的直接消费者，对服务中存在的问题有切身的体会和感受，因此，他们也最容易发现问题，找到不足。

（二）为酒吧提供一个改善宾客关系的机会

顾客的投诉为酒吧提供一个改善宾客关系的机会，使其能够将"不满意"的客人转变为"满

意"的客人，从而有利于酒吧良好口碑的宣传和酒吧的市场营销。

研究表明："使 1 位客人满意，就可招揽 8 位顾客上门，如因产品质量不好，惹恼了 1 位客人，则会导致 25 位客人从此不再登门。"酒店如此，酒吧更是如此，因为酒吧的经营更要靠稳定的客源和良好的口碑，因此，酒吧要力求让每一位顾客满意。客人有投诉，说明客人不满意，如果这位客人不投诉或投诉没有得到妥善解决，客人将不再光顾本酒吧，同时也将意味着失去 25 位潜在客人。无疑，这对酒吧是个巨大的损失。通过客人的投诉，酒吧了解到客人的"不满意"，从而为酒吧提供了一次极好的机会，使其能够将"不满意"的客人转变为"满意"的客人，消除了客人对酒吧的不良印象，减少了负面宣传。

（三）有利于酒吧改变服务质量，提高管理水平

酒吧可通过客人的投诉不断地发现问题，解决问题，进而改善服务质量，提高管理水平。

三、处理客人投诉的程序和方法

接待投诉客人，无论对服务人员还是管理人员，都是一个挑战。既要使接待投诉的客人的工作不再那么困难，变得轻松，同时又使客人满意，就必须掌握处理客人投诉的程序、方法和艺术。

（一）做好接地投诉客人的心理准备

为了正确、轻松地处理客人投诉，必须做好接待客人投诉的心理准备。

首先，树立"客人总是对的"的信念。

一般来说，客人来投诉，说明酒吧的服务和管理有问题，而且不到万不得已或忍无可忍，客人是不愿前来当面投诉的，所以首先要替客人着想，树立"客人总是对的"信念，换一个角色想一想：如果服务员是这位客人，在酒吧遇到这种情况，是什么感觉？更何况在酒吧行业，乃至整个服务行业，都提倡在很多情况下"即使客人错了，也要把'对'让给客人"。只有这样，才能减少与客人的对抗情绪。这是处理好客人投诉的第一步。

其次，要掌握投诉客人的 3 种心态，即求发泄、求尊重、求补偿。

投诉客人通常有 3 种心态，一是求发泄，客人在酒店遇到令人气愤的事，怨气回肠，不吐不快，于是前来投诉；二是求尊重，无论是软件服务还是硬件设施，出现问题，在某种意义上对客人来说都是不尊重客人的表现，客人前来投诉就是为了挽回面子，求得尊重（有时即使酒吧方面没有过错，客人由于心情不好或是为了显示自己的身份与众不同或在同事面前"表现表现"，也会投诉）；三是为了求补偿，有些客人无论酒吧有无过错，或问题是大是小都可能前来投诉，其真正的目的并不在于事实本身，也不在于求发泄或求尊重，而在于求补偿，尽管客人可能一再强调"并不是钱的问题"。因此，在接待投诉客人的时候，要正确理解客人、尊重客人，给客人发泄的机会，不要与客人进行无谓的争辩。如果客人投诉的真正目的在于补偿，则要看看自己有无权利这样做，如果没有这样的授权，就要请上一级管理人员出面接待投诉客人。

（二）设法使客人消气

投诉的最终解决只有在"心平气和"的状态下才能进行，因此，接待投诉客人时，首先要保持冷静、理智，同时要设法消除客人的怒气。例如，可请客人坐下慢慢谈，同时为客人送

上一杯饮品。此时要特别注意以下几点，否则不但不能消除客人的怒气，还可能使客人"气"上加"气"，出现火上浇油的效果。

① 先让客人把话说完，切勿胡乱解释或随便打断客人的讲述。

② 客人讲话时（或大声吵嚷时）要表现出足够的耐心，决不能随客人情绪的波动而波动，不得失态。即使是遇到一些故意挑剔、无理取闹者，也不应与之大声争辩，或仗"理"欺人，要耐心听取其意见，以柔克刚，使事态不致扩大或影响他人。

③ 讲话时要注意语音、语调、语气及音量的大小。

④ 接待投诉客人时，要慎用"微笑"，否则会使客人产生"出了问题还幸灾乐祸"的错觉。

（三）认真倾听客人投诉，并注意做好记录

前面已经介绍过，要认真听取客人的投诉，勿随意打断客人的讲述或进行错误解释。此外，要注做好记录，包括客人投诉的内容、客人的要求及投诉时间等，以表示对客人投诉的重视，同时也是处理客人投诉的原始依据。

（四）对客人的不幸遭遇表示同情、理解和抱歉

在听完客人的投诉后，要对客人的遭遇表示抱歉（即使客人反映不完全是事实，或酒吧并没有什么错，但至少客人感觉不舒服、不愉快），对客人的不幸遭遇表示同情和理解。这样，会使客人感觉受到尊重，自己来投诉并非无理取闹，同时也会使客人感到服务人员和他站在一起，而不是站在他的对立面与他讲话，可以减少对抗情绪。

（五）对客人反映的问题立即着手处理

客人投诉最终是为了解决问题，因此，对于客人的投诉应立即着手处理，必要时，要请上级管理人员亲自出面解决。

在接到和处理客人投诉时，要注意以下几点：

1. 切不可在客人面前推卸责任

在接到和处理客人投诉时，一些员工自觉或不自觉地推卸责任，殊不知这样给客人的印象更遭，出现投诉的"连环套"。

【案例1】一日，甲、乙两位服务员分别为A、B两位客人服务，服务员甲为A客人上啤酒时，见A客人和他朋友正在谈事情，因此就没有打断他们的谈话，而此时旁边客人叫服务员甲，于是她将4瓶百威啤酒放在桌上转身离开了，一会儿，A客人发现酒上错了，刚好看到服务员乙，于是对乙服务员说：

"服务员，我要的是贝克，怎么上成百威了？"

"这不是我上的啊，不关我的事，你去找甲服务员说！"说完，乙服务员转身就走了。剩下气呼呼的客人……

最后，当然是客人找经理投诉了！

案例中，客人开始是对服务质量不满意，继而对服务员态度不满意，导致出现服务的"连环套"和投诉的一步步升级（当然，由于语言、态度等其他方式的对客人投诉的处理不当，也会导致客人投诉的进一步升级，"小事"也会变成大事，对此，应该加以注意）。

服务员应该记住，客人投诉时，所关心的是如何尽快解决问题，只知道这是酒吧的问题，

而并不关心这具体是哪个人的问题，所以接待投诉客人，首要的是先解决客人所反映的问题，而不是追究责任，更不能当着客人推卸责任。

2．给客人多种选择方案

在解决客人投诉中所反映的问题时，往往有多种方案，为了表示对人的尊重，应征求客人的意见，请客人选择，这也是处理客人投诉的艺术之一。

3．尽量给客人肯定的答复

处理客人投诉时，是否给自己留有余地是一个值得思考的问题。一些酒店管理人员认为，为了避免在客人投诉时，使自己陷入被动，一定要给自己留有余地，不能把话说死。例如，不应说："十分钟可解决。而应说："我尽快帮您办"或"我尽最大努力帮您办好"。殊不知，客人最反感的就是不把话说死，什么事情都没有个明确的时间观念。因此，处理客人投诉时，要尽可能告诉客人多长时间内解决问题，尽量少用"尽快"、"一会儿"、"等等再说"等时间概念模糊的词语。如果确实有困难，也要向客人解决清楚，求得客人的谅解。

（六）对投诉客人的处理结果予以关注

接待投诉客人的人，并不一定是实际解决问题的人，因此客人的投诉是否最终得到了解决，仍然是个问号。事实上，很多客人的投诉并未得到解决，因此必须对投诉的处理过程进行跟进，对处理结果予以关注。

（七）与客人进行再次沟通，询问客人对投诉的处理结果是否满意，同时感谢客人

有时候，客人反映的问题虽然解决了，但并没有解决好，或是这个问题解决了，却又引发了另一个问题。例如客人投诉酒水问题，结果酒水问题解决好了，却又因服务员态度问题引起客人新的不满，因此必须再次与客人沟通，询问客人对投诉的处理结果是否满意。这种"额外的"关照并非多余，它会使客人感到酒吧对其投诉非常重视，从而使客人对酒吧留下良好的印象。与此同时，应再次感谢客人，感谢客人把问题反映给酒吧，使酒吧发现更多问题，并有机会改正错误。

这样，投诉才算得到真正圆满的解决。

四、如何面对"找茬儿"的客人

服务行业是以"客人永远是对的"的理念约束自己。所以，酒吧员工在与客人的冲突中始终处于"不利"的地位，或者说是"不占优势"。那些故意来"找茬儿"的客人对这一点非常清楚。这些客人知道，无论自己说了什么，或做了什么，只要服务员稍稍有一点"出格"的言行，自己就可以去向经理投诉，而且那些被投诉的员工肯定会受到挨批、受到责罚。对于这种"不平等"，那些"找茬儿"的客人很清楚，而有些服务员却往往由于一时冲动，把它"忽略"了。一些服务员之所以在客人面前"吃亏"，就是因为忽略了自己与客人之间的这种"不平等"。

作为服务人员，要进行自我保护，就必须面对事实，承认在与客人的冲突中，自己始终是处在不利的、不占优势的地位。在客人面前，决不能有"你厉害，我比你还厉害"的想法。只有不让冲突发生，或是发生了也决不让它"升级"，才是最佳的选择。面对那些带有挑衅性的、故意来"找茬儿"的客人，服务员只有用正确的想法来控制自己的情绪和言行，才能使自己立于"不败之地"。

 拓 展 知 识

一、酒吧服务技巧

（一）辨认哪位客人买单的技巧

① 从预订人那里问一下，今晚谁是主人。

② 从服务员或比较容易沟通的客人那里问。

③ 察言观色从服务过程中知道。

④ 有客人主动询问酒水消费情况。

⑤ 从客人礼仪中或从客人的介绍讲话中看出来。

（二）为客人斟第一轮酒水的技巧

当客人刚刚到来，坐下饮第一杯酒时，服务员要首先请主客品酒认可后，把酒杯一字排列，全部斟满后，然后一杯一杯双手捧给客人（顺时针、先宾后主、先女后男）。

注意：不要斟一杯酒给客人，再斟第二杯给另一个客人……；斟第一杯酒不要过量（一般为 1/3 杯或少许）。

（三）中途进行第二次促销的技巧

在服务过程中，当客人所点的酒水或小食只剩余一两支或较少时，要轻轻地来到主客面前，礼貌小声地询问主客："酒水快喝完了，是否需要添加？"

注意：不要等客人所点酒水喝完后再询问；在不知道主客消费意图时，不要当着好多客人的面大声告诉主客"酒水没有了"，以免客人尴尬；要告诉主客账单此刻消费的情况；不要不询问客人是否同意，而私自帮客人下单、点取酒水。

（四）为冻饮或冰镇酒水提供杯垫服务的技巧

杯垫服务是夜场的一种高雅服务方式，反映了夜场的服务质量、档次及管理水平。当为客人上冷饮或冰镇酒水时，首先礼貌示意客人，然后先轻而优雅地放下杯垫，再把冻饮放在杯垫上，请客人慢用。

（五）对喝醉酒或饮酒过量的客人提供服务的技巧

服务人员除了关心慰问外，还要为醉酒客人提供热茶、热鲜奶等让客人醒酒的服务。必要时要为客人递上热毛巾或进行松骨服务。

（六）先知先觉、后知后觉和不知不觉

先知先觉指在夜场服务中，客人没告诉服务人员应该怎么做，但是服务人员看见了，没等客人开口就已经把该事圆满完成，也就是说各项服务在客人没提出之前，称为"醒目"。

后知后觉是指在服务过程中，客人要求的服务，是由客人发现或提出后，服务人员才去完成的服务。

不知不觉是指在服务过程中，客人要求的服务，是由客人发现或提出后，服务人员知道却没去做的服务。

（七）给客人提供"一见钟情"之感服务的技巧

① 当见到客人时，服务员应面带微笑，真诚欢迎客人到来。

② 酒吧空调温度舒适，空气清新，干净、整洁，物品摆放美观。

③ 为客人提供优质礼貌的服务，要有熟练的操作技巧。

（八）在酒吧服务中立于不败之地（即应做到哪些）的技巧

① 能合群，服众望。

② 学会赞扬别人，学会帮助别人，学会尊重别人，学会忍耐和坚持。

③ 遵守酒吧一切规章管理制度。

④ 工作勤奋、踏实、认真。

⑤ 熟练的业务知识、操作技能技巧。

⑥ 头脑灵活、醒目。

⑦ "微笑"是人际关系的润滑剂。

⑧ 做事小心谨慎，保持低调、谦虚。

⑨ 不要太过于聪明、表现自我，也不要过于老实、表现迟钝。

⑩ 要时刻关注客人。

（九）掌握客人称呼与爱好的技巧

① 向预订员或向服务过客人的服务员询问。

② 礼貌地向客人身边的朋友询问。

③ 细致观察。

④ 认真聆听客人相互介绍。

⑤ 从客人档案中了解。

⑥ 努力记住酒吧的每一位老顾客。

（十）向客人讲礼貌用语时要注意的问题

① 面带微笑。

② 态度温和，不要太刻板，缺少感情。

③ 使用礼貌用语，要注意不要千篇一律，这样会让客人心里不舒服。

④ 合理使用肢体语言。

（十一）服务员成功推销的技巧

① 熟悉各种食品、饮品的价格。

② 熟悉各种饮品的制作过程、准备时间和原料。

③ 熟悉各种饮品的制作方法。

④ 知道每日特别推荐项目。

⑤ 掌握酒水牌中的任何变化。

⑥ 语言技巧及微笑礼貌的沟通方式。

二、酒吧常见特殊事件的处理

从事服务行业的服务员们每天在工作中都有可能遇到各种各样的突发事件。应对这样的突发事件那么就要求服务员们掌握一定的服务技巧知识了。接下来了解一下酒吧服务员们处理如下突发事件的服务技巧：

（一）客人喝醉酒到处闹事

如果有客人喝醉酒到处闹事，主管应先稳定其情绪，并尽量将闹事者拉开，同时应马上通知喝醉酒客人的朋友，先把其送走，如能自行控制场面则不通知保安，以免事情再扩展恶化，但客人还是继续其行为不肯罢休，则要观察当时的情况会否恶化，通知领班。领班通知主管并迅速赶到现场，并与主管一起劝慰客人，以免把事情闹大，主管应视情节严重性当场决定是否通知经理及保安部人员到场（如需通知保安部应在处理事情之前让吧员电话通知保安值班室）。

（二）为患感冒的客人提供服务

如果有客人患感冒，服务人员要按如下 3 点提供服务：
① 为客人关小空调。
② 为客人提供披巾服务，处处关心客人。
③ 为客人点用"可乐煲姜"，让其饮用，或去医务室拿感冒药给客人服用。

（三）客人向员工敬酒

如果有客人向员工敬酒，员工应：
① 婉言谢绝并感谢客人。
② 主动为客人服务，避开客人注意力。
③ 借故为其他客人服务。

（四）客人对服务员不礼貌

如果有客人对服务员不礼貌，服务员不要指责客人，应借故避开客人，引开客人注意力，向主管申请调离工作岗位，更换另一名服务员提供服务。

（五）客人把脚放在台上

在服务过程中有时会出现经常把脚放在台上的客人，这时可以利用经常换烟灰缸或收拾台面来干扰客人，同时也礼貌地提醒客人把脚放低。

（六）客人之间发生口角、打斗

发现客人发生口角，应立即通知领班及主管马上出面调解；如发生打斗，应马上通知保安部人员到场，由保安部人员处理事件并且不要围观，以及劝阻其他客人不要围观以免误伤，还要另及时统计在此次事件中酒吧遭受的损失财物清单以方便向客人索赔；如需要配合公安机关调查应如实反映客观事实，不允许加入任何个人主观谁是谁非意识，以免误导。

（七）客人自带酒水和食物

发现客人自带酒水、食物时，应向客人解释酒店不接受客人自带酒水及食物，如客人一定要带入，应通知楼层领班解决。可收取相应的开瓶费，并在酒单上写明开瓶费及相应价钱，或

请客人将自带酒水、食物存放在吧台，

（八）服务员或客人自己将酒水倒在桌面上

如果服务员将酒水倒在桌面上，应马上说：“对不起，我马上帮您抹掉。”然后用干净抹布抹干桌面，换掉原先的酒杯，用新杯重新再倒酒水。如果是客人不小心自己倒酒的，应马上递上毛巾（纸巾）擦掉水迹，再递上纸巾，吸干污物。

（九）客人打破玻璃或将酒水倒洒在地上

如果客人打破玻璃或将酒水倒洒在地上，服务员应该马上站在现场，提醒过往客人注意，另一位服务员应立即清洁现场，有异味应喷空气清新剂。

（十）客人遗失物品

如果有客人遗失物品服务员应马上通知领班，负责该段的服务员要站在现场等主管，主管应协同客人仔细检查客人所使用过的地方，询问清楚客人到过的地方，以及和哪些朋友在一起，是否被朋友拿走，同时也检查该服务员，询问当时情况，并立即通知保安检查该员工储物柜，如果还没有找到就让保安做记录，以便以后有线索可以联系到该客人。

（十一）客人在洗手间跌倒或晕倒

如果有客人在洗手间跌倒或晕倒，服务员应马上扶起客人，通知领班及主管，如果客人受伤了，应将客人扶到安全的地方稍作休息，用药物稍作治疗，情况严重的应让保安将该名客人送到附近医院就医。为避免此类事情的发生，服务员要经常留意洗手间的卫生，保持地面干爽清洁。

（十二）客人在酒吧到处走动，到处张望不消费

发现有客人在酒吧到处走动，东张西望不消费时应上前询问客人有什么需要帮助的，如果没有合理的理由也没消费，应马上通知领班带位，让其消费。领班应通知主管及各岗位服务生注意客人动态，有可能是小偷。

（十三）服务员开爆啤酒

如果开爆啤酒，服务员应马上对客人说：“对不起，我帮你换另外一瓶。”把事情安排好后，再通知楼层领班到吧台处理。为避免此类事情的发生，服务员要注意开酒的技能和手势要正确，减少耗损。

（十四）客人在酒吧换桌消费

当客人在酒吧换桌消费时，服务员要点清客人人数，知会领班，通知吧台，把客人台面剩余的东西送到新的位置，然后马上返回岗位，清理台面、地面卫生，摆好台面，迎接下一批客人。

（十五）客人携带手提包及其他物品进入酒吧

当客人携带手提包或其他物品时，服务员应主动提醒客人，如果方便，请把东西拿去寄存；如果不需要，应提醒客人小心保管好自己的物品，以免遗失，造成不必要的麻烦，引起客人不开心，同时让客人感到服务员了良好的职业道德和服务态度。

（十六）客人不小心摔坏杯子

当客人不小心摔坏杯子时，服务员应以和蔼的语气安慰客人“没关系，请问有没有割伤？”

并请客人小心离开座位，立即清理现场，把碎杯扫干净后再请客人座回到座位，让客人感到服务员处处关心、帮助客人排忧解难的周到服务。

（十七）发生停电故障

若发生停电故障，应在台面增置蜡烛杯，点蜡烛的同时安慰客人："没事，很快就会有电，可能是有点小问题，我们的工程部正在抢修，请先稍等一会儿。"而后告知客人尽量不要离开房间到处走动，以免误伤，并在所辖服务区域内加强巡视。来电后应及时通知楼层领班对客人进行拜访，根据客人情绪程度给予不同赠送或折扣，以示歉意。

（十八）客人向服务员提出宝贵意见

若客人提出宝贵意见，服务员在表示虚心接受的同时，应说："非常抱歉！感谢你们的宝贵意见，我马上向经理汇报，希望下次能够使你们满意，谢谢！"最后将意见反馈给上司。

（十九）服务员不小心将酒水洒在客人身上或客人不小心将酒水洒在服务员身上

若服务员不小心将酒水洒在客人身上，应诚恳地向客人表示歉意，并想法进行补救，在客人允许的情况下为客人擦拭衣服，女客人应由女服务员擦拭，动作要轻，小心擦拭。如果客人都不是很满意，应该请上司出面，不能与客人发生冲突。如果是客人不小心将酒洒在服务员身上，服务员应大方地笑一笑说："没关系，我到外面擦擦就行了。"

（二十）客人不满意食物或饮品

当有客人不满意食物或饮品时，服务员应上前询问客人意见，找出问题所在。如果食物或饮品有质量问题，应马上跟客人道歉："不好意思，我马上帮您换。"撤走东西，然后通知楼层领班退回吧台检查；如果食品只是口味问题，应该跟客人解释："对不起，我们吧台的出品是这样的，如果您不满意，我会向经理汇报，希望下次能够使您满意。"然后设法补救，有必要时请上司出面。

（二十一）全部客人离开厅房而未买单

当全部客人离开厅房而未买单时，服务员应上前询问客人是否买单，当回答说不是，而是去看节目时，应找借口说"请问你们全部走开，是不是留下一两个人看包，避免贵重物品不见了。"而客人说不用时，应设法通知上司协助，看清客人去向，如果客人是看节目，应派人看住客人，如果客人离场，即时通知上司协助买单。

（二十二）客人在节目表演时间逃单

节目表演时间应记住客人的外貌特征、服饰打扮。是否留有贵重物品，是自然来客，还是司仪或司仪经理的订房客人，要加以注意与判断。如是包房消费客人，一定至少要留一位客人在房内。

（二十三）服务员下单时不小心写错了饮品的名称

服务员下单时不小心写错饮品的名称时，应及时跟踪查单，如果饮品已经到了房间，应向客人道歉，并询问客人是否更换。

（二十四）客人因事与邻桌客人发生争执打架，并损坏了物品

如果有客人因事与邻桌客人发生争执，并损坏了物品，服务员应迅速禀报楼层领班和主管，

以防事情恶化延续。注意安全,看客人有否受伤,是否需要急救;损坏的物品则根据上司的意见,按公司规定价格赔偿。

(二十五) 客人提出找管理人员

如果有客人提出找管理人员,服务员应礼貌地询问客人贵姓,了解客人找管理人员的意图,然后根据情况向客人要找的管理人员反映,看是否接见客人。如果管理人员不熟悉客人情况暂时不见,应告知客人该管理人员暂时不在,麻烦客人打电话给该人员。

(二十六) 发生火灾

当火灾发生时,不论事态严重与否,都必须采取如下措施:

① 保持镇静,不能惊慌失措、大喊大叫。

② 第一现场员工必须稳住客人情绪,对客人讲:"各位贵宾,我们酒吧正在扑灭火患,目前正得到控制,请诸位不要惊慌。"

③ 了解客人有无埋单,并知道消费情况。

④ 呼唤附近同事援助,帮助看好该区的客人动向,防止跑单。

⑤ 电话通知消控中心,说出火警发生的具体地点及火情。

⑥ 在安全的情况下,利用就近的灭火器配合保安尽力将火扑灭。电器起火用 1211 型号灭火器或干粉灭火器;香烟未熄灭而引起的火灾用 1211 型号灭火器;因漏电短路而引起的火灾,切记不能用水和泡沫液体型灭火器,一定要用 1211 型号灭火器干粉灭火器。

⑦ 关掉一切电源开关(含电器用具类)。

⑧ 如果火势蔓延,必须配合保安、酒吧领导及同事引导客人按正确的安全通道撤离火警现场,以免客人受到损伤。

(二十七) 客人发生打架斗殴

客人打架、斗殴时,根据事态情况,酌情分级处理:

① 第一时间通知就近的保安部工作人员,让其迅速赶到事发现场并控制场面,防止事态扩大。

② 详细了解争执原因,并尽快把事态经过上报主管、经理。由管理人员安排和协调,并视情况不同分级、分别处理。

- 轻度冲突的处理方法(一般打架、争执):如发现顾客之间发生轻度摩擦,应尽快加以劝阻,并以中间人的立场加以双方面的劝慰,避免事态升级。
- 中度冲突的处理:以最快的方法第一时间通知有关部门到现场,控制双方人员冲突的可能,并尽量将客人安排到相隔远些的位置。让保安留意客人行为,防止再度引发冲突。
- 极度冲突的处理:通过保安部门,尽量压制事态,如发生流血事件,则督促其迅速离开,并采取一些基本的急救措施。同时第一时间检查公司物品有无损坏,如有损坏,客人需要照价赔偿,通知收银打单,主管负责跟踪,确定客人的物品是否全部带齐离场。如有遗失,则上交所属部门经理处理,等候客人回来认领。

(二十八) 酒吧内突然有人因兴奋、过度刺激而引发自身死亡或饮酒过量导致休克

如果酒吧内突然有人因兴奋、过度刺激而引发自身死亡或饮酒过量导致休克,服务员应立即通知保安和管理人员维护现场,打 110 报警或打 120 急救电话(在安全情况下,不要移动现场物品和尸体或病人)。在发生意外的地方,加设标记防止他人进入。

知 识 链 接

　　酒吧要获得稳定的客源、良好的口碑，其员工就要与客人建立良好的宾客关系，对客人要有正确的认识，正确理解酒吧员工与客人的关系，掌握客人的心理和客人的沟通技巧。

一、正确认识客人

正确认识客人是建立良好宾客关系的前提条件。

（一）客人是"人"

把客人当"人"对待，有以下 3 层意思：

　　① 要把客人当"人"来尊重，而不是当"物"来摆布。服务员在工作时，常常会有意无意地将客人当"物"来摆布。例如，一位心情烦躁的服务员觉得客人"妨碍了自己的工作"，无疑会使客人觉得服务员不是把他当做一个人，而是当做一件物品来随意摆布。有时，服务员在一些细节问题上不注意，也会使客人产生同感。例如，服务员要是伸出食指，对着客人指指点点地去点人数，客人便会不禁要问："你这是干什么呢，数桌椅板凳才这样，对人能这样吗？"

　　② 要充分理解、尊重和满足客人作为"人"的需求。尤其要尊重和满足客人作为"现代人"的各种"人之常情"。

　　③ 对待客人的"不对之处"，要多加宽容、谅解。客人作为"人"，也是有缺点的，因此，我们对客人不能苛求，而要抱有一种宽容、谅解的态度。

（二）客人是服务的对象

　　在酒吧的客我交往中，双方扮演着不同的"社会角色"。服务人员是"服务的提供者"，而客人则是"服务的接受者"，是"服务对象"。员工在工作中始终都不能忘记这一点，不能把客人从"服务的对象"变成其他对象。所有与"提供服务"不相容的事情都是不应该做的，特别是不能去"气"自己的客人。道理很简单：客人来到酒吧，是来"花钱买享受"，而不是来"花钱买气受"的。

　　酒吧员工在工作中，尤其要注意以下几点：

1．客人不是评头论足的对象

　　任何时候，都不要对客人评头论足，这是极不礼貌的行为。如下是一位客人的经历和反应：

　　"当我走进这家酒吧时，一位服务员颇有礼貌地走过来领我就座，并送给我一份酒单。正当我看酒单时，我听到了那位服务员与另一位服务员的对话：'你看刚才走的那个老头，都快骨瘦如柴了还舍不得吃喝，抠抠搜搜的……''昨天那一位可倒好，胖成那样儿，还生怕少喝一点，都快成大酒缸了！'听了他们的议论，我感觉很不舒服。他们虽然没有议论我，可是等我走了以后，谁知道他们会怎样议论我？我顿时觉得，他们对我的礼貌是假的！"

2．客人不是比高低、争输赢的对象

　　不要为鸡毛蒜皮的小事与客人比高低、争输赢，因为即使"赢"了，也得罪了客人，使客人对酒吧不满意，实际上还是输了。

3．客人不是"说理"的对象

　　在与客人的交往中，服务人员应该做的只有一件事，那就是为客人提供服务。所以除非"说

理"已经成为服务的一个必要的组成部分,或者能为酒吧赢得较大的利润(或避免很大的损失),作为服务人员,是不应该去对客人"说理"的。尤其是客人不满意时,不要为自己或酒吧辩解,而是立即向客人道歉,并尽快帮客人解决问题。如果把服务停下来,把本应该用来为客人服务的时间用去对客人"说理",其结果肯定是"吃力不讨好"。

4．客人不是"教训"和"改造"的对象

酒吧的客人中,"什么样的人都有",思想境界低、虚荣心强、举止不文雅的大有人在。但服务人员的职责是为客人提供服务,而不是"教训"或"改造"客人。如果需要教育客人,也只能以"为客人提供服务"的特殊方式进行。

【案例2】

某日,有几位客人在酒吧里吃西瓜,桌面上、地毯上吐得到处是瓜子。一位服务员看到这个情况,就连忙拿了两个盘子,走过去对客人说:"真对不起,不知道您几位在吃西瓜,我早应该送两个盘子过来。"说着就去收拾桌面上和地上的瓜子。客人见这位服务员不仅没职责他们,还这样热情周到地为他们提供服务,都觉得很不好意思,连忙自我批评:"真是对不起,给你添麻烦了!我们自己来收拾吧。"最后,这位服务员对客人说:"请各位不要客气,有什么事,尽管找我!"

这位服务员就不是用训斥的方式,而是用"为客人提供服务的方式"教育了客人。

二、掌握客人对酒吧产品的需求心理

在现代社会,高技术的采用的确给人们的生活带来了许多方便。但是,人们与那些刚性的、冷冰冰、硬邦邦的机器打交道的机会越来越多,就与柔性的、活生生、有血有肉、有感情的人打交道的机会越来越少,这就会产生未来学家约翰·奈斯比特所说的"令人烦恼的不协调现象"。

从社会心理的角度讲,现代人普遍感觉到生活在一种充满竞争的"无情"时代,活得很累、很辛苦、很无奈,各行各业全都变成了一部只求功能的大机器……个人在这部大机器中,只不过是一个随时可以更换的、小小的零件而已。生活在这样的社会,便缺少了亲切感、自豪感和新鲜感,而多了精神紧张的情绪。

酒吧的客人来到酒吧,往往是寻求一种放松,是从"第一现实",走进"第二现实",不管他们是否清楚地意识到,实际上都必然存在"求补偿"和"求解脱"心理。"求补偿"就是要在日常生活之外的生活中,求得他们在日常生活中未能得到的满足,即更多的新鲜感、更多的亲切感和更多的自豪感。"求解脱"就是要从日常生活的精神紧张中解脱出来。

要使客人"解脱",体验更多的新鲜感、亲切感和自豪感,作为酒吧员工不仅要为客人提供各种方便,帮助他们解决种种实际问题,而且要注意服务的方式,做到热情、周到、礼貌、谦虚,使其感受到一种几乎是从未有过的轻松、愉快、亲切、自豪。

三、掌握与客人的沟通技巧

(一)重视对客人的"心理服务"

酒吧为客人提供双重服务,即功能服务和心理服务。功能服务满足消费者的实际需要,而心理服务就是除了满足消费者的实际需要外,还要能使消费者得到一种经历。从某种意义上讲,客人就是花钱"买经历"的消费者。客人在酒吧的经历,其中一个重要的组成部分就是他们在这里所经历的人际交往,特别是他们与酒吧服务人员之间的交往。这种交往,常常对客人能否产生轻松愉悦的心情,能否带走美好的回忆,起着决定性的作用。所以,作为酒吧服务员,只要能让

客人经历轻松愉快的人际交往，就是为客人提供了优质的心理服务，就是产生了优质的经历产品。

总而言之，作为酒吧服务员，如果只会对客人微笑，而不能为客人解决实际问题，当然不行，但如果只能为客人解决实际问题，而不懂得要有人情味儿，也不可能赢得客人的满意。

（二）对客人不仅要斯文和彬彬有礼，而且要做到谦虚、殷勤

斯文和彬彬有礼，只能防止和避免客人"不满意"，而只有谦虚和殷勤才能真正使客人的满意。所谓殷勤，就是对待客人要热情周到，笑脸相迎，问寒问暖；而要做到谦恭，就不仅意味着不能和客人"比高低、争输赢"，而且要有意识地把"出风头的机会"让给客人。如果说酒吧是一座舞台，服务员就应自觉得去让客人"唱主角"，而自己则"唱配角"。

（三）对待客人，要"善解人意"

要给客人以安全感，除了要做"感情上的富有者"外，还必须"善解人意"，即能通过察言观色，正确判断客人的处境和心情，并能根据客人的处境和心情，对客人做出适当的语言和行为反应。

（四）"反"话正"说"

将反话正说，就是要讲究语言艺术，特别是掌握说"不"的艺术，要尽可能用"肯定"的语气，去表示"否定"的意思。例如，可以用"您可以到那边去吸烟"代替"您不能在这里吸烟"；"请稍等，您的桌子马上就收拾好"代替"对不起，您的桌子还没有收拾好"。在必须说 No 时，也要多向客人解释，避免用钢铁般生硬冰冷的 No 字一口回绝客人。

（五）否定自己，而不要否定客人

在与客人的沟通中出现障碍时，要善于首先否定自己，而不要去否定客人，例如，应该说："如果我有什么地方没有说清楚，我可以再说一遍。"而不应该说："如果您有什么地方没有听清楚，我可以再说一遍。"

（六）投其所好，避其所忌

如果客人有愿意表现出来的长处，要帮客人表现出来；反之，如果客人有不愿意让别人知道的短处，则要帮客人遮盖或隐藏起来。例如，当客人在假的"出洋相"时，要尽量帮客人遮盖或淡化之，决不能嘲笑客人。

完成任务

合理进行酒吧突发事件的处理。

【案例3】："钢丝球"事件

有几位客人在"爱吧"咖啡厅就餐时，在餐中发现一个钢丝球丝，便叫来服务员询问。领班了解情况后表示歉意，并提出可减免一半的餐费。但客人依然不依不饶，要求餐费全免否则不会罢休。领班无奈，只好答应。客人趾高气昂的离开餐厅。

这样处理合适吗？你认为该如何处理呢？

一、分组练习

每 2～5 人为一小组，情景模拟突发事件的处理。

二、讨论、对比

对每个人的表现进行组内分析讨论、组间对比互评，强化对突发事件的预防及处理能力。

能力拓展及评价

一、情景模拟突发事件的得理

参考案例：

酒吧里有两位情侣，要求听轻柔浪漫的音乐，服务员满足了其要求。之后来了一桌客人，这些人要为其中一位客人庆祝生日，要求播放热闹欢快的歌曲，该如何处理呢？

（一）分组练习

每 2 ～ 5 人为一小组，情景模拟突发事件的处理。

（二）讨论、对比

对每个人的表现进行组内分析讨论、组间对比互评，强化对突发事件的预防及处理能力。

二、综合评价

内　　　容		评　　　　　价	
学习目标	评价项目和要求	小组评价	教师评价
知识	正确认识客人投诉		
	掌握投诉预防方法、要求		
	掌握投诉处理原则、程序及沟通技巧		
	掌握其他突发事件预防及处理		
专业能力	具备突发事件独立处理能力		
	正确认识投诉的能力		
	快速分析、解决问题的能力		
	事件处理后总结的能力		
	常见问题预防能力		
社会能力	组织能力		
	沟通能力		
	解决问题能力		
	自我管理能力		
	创新能力		
	敬业精神		
	服务意识		
态度	爱岗敬业		
	态度认真		
整体评价		改进建议	

课后任务

1．总结酒吧常见突发事件处理方法。

2．总结酒吧常见突发事件预防措施。

附录 A 酒吧专业英语

1．酒吧用具（Utensils）

量杯	jigger	宾治盆	punch bowl
酒嘴	pourer	毡板	cutting board
调酒杯	mixing glass	吧刀	bar knife
调酒壶	shaker	装饰叉	relish folk
滤冰器	strainer	酒起子	bottle opener
吧勺	bar spoon	开塞钻（红酒起子）	corkscrew
茶匙	teaspoon	托盘	tray
冰勺（铲）	ice spoon	杯垫	coaster
冰夹	ice tongs	吸管	straw
水果挤压器	fruit squeezer	装饰签	cocktail picks
冰桶	ice bucket		

2．酒吧杯具（Bar Glasses）

古典杯	old fashioned glass	白兰地杯	brandy glass
鸡尾酒杯	cocktail glass（CKTL）	利口酒杯	liqueur glass
高脚杯	goblet glass	红（白）葡萄酒杯	red（white）wine glass
柯林杯	collins glass	烈酒杯	shot glass
酸酒杯	sour glass	啤酒杯	beer glass
雪利杯	sherry glass	爱尔兰咖啡杯	Irish coffee glass
香槟杯	champagne glass	彩虹酒杯	Pousse coffee cup
宾治酒缸	punch glass	玛格丽特	Margarita glass

3．酒吧设备（Bar Equipment）

冰箱	bar refrigerator	上霜机	glass chiller
吧台	bar counter	苏打枪	hang gun soda system
搅拌机	blender	制冰机	ice maker
电动饮料机	electronic dispensing system	制冰机	ice making machine
		冷藏柜（冰箱）	refrigerator

4．果汁 / 水果

果汁	juice	番茄汁	tomato juice
柠檬汁	lemon juice	苹果汁	apple juice
橙汁	orange juice	葡萄汁	grape juice
菠萝汁	pineapple juice	红醋栗汁	black currant juice
西柚汁	grapefruit juice	青柠汁	lime juice

红石榴汁	grenadine juice	水蜜桃	peach
西瓜汁	watermelon juice	黄瓜	cucumber
杨桃	carambola juice	香蕉	banana
梨	pear	芒果	mango
哈密瓜	honey dew melon	葡萄	grape
樱桃	cherry	西芹	celery
野莓	cranberry juice	鲜薄荷叶	fresh mint leaf
覆盆子	raspberry	冰激凌	ice cream
草莓	strawberry		

5．软饮料

汽水	sparkling water	苏打水	soda water
奎宁水	quinine water	矿泉水	mineral water
雪碧	Sprite	蒸馏水	distilled water
可口可乐	Coca Cola	干姜水	ginger water
百事可乐	Pepsi	依云矿泉水	Evian water

6．配料与装饰物

糖浆	syrup	黄瓜	cucumber
橄榄	olive	红樱桃	red cherry
丁香	clove	绿樱桃	green cherry
蜂蜜	honey	菠萝角	pineapple wedge
可可粉	cacao powder	橙角	orange wedge
奶油	cream	柠檬头	lemon head
牛奶	milk	柠檬角	lemon wedge
鸡蛋	egg	一束薄荷叶	sprig of mint
咖啡	coffee	扭曲的柠檬皮	twist lemon
玉桂枝	cinnamon stick	整个柠檬皮	whole lemon peel
玉桂粉	cinnamon powder	小樱桃挂杯	red cherry on glass rim
白砂糖	white sugar	酒签穿小樱桃	red cherry with pick
胡椒粉	pepper	酒签穿橄榄	olive with pick
安哥斯特拉比特酒（苦精）		酒签穿小洋葱	onion with pick
	Angostura bitter	杯边蘸上盐	rim glass with salt
盐	salt	杯边蘸上糖	rim glass with sugar
蛋清	egg white	西芹做成棒状	celery stick
蛋黄	egg yolk	吸管穿红樱桃	red cherry with straw
椰奶	coconut milk	面上撒上豆蔻粉	sprinkle with nutmeg on top
椰汁	coconut juice		
柠檬片（半片／一片）	lemon(slice/wheel)		

7．酒吧专用术语

兑和法	buildingstirring	短饮	short drinks
调和法	stirring	数量	quantity
摇和法	shaking	基酒	base
搅和法	blending	成分	ingredient
挤拧	twist	方法	mothod
抖／甩	dash	装饰	garnish
滴	drop	少许	some
漂浮	float	调酒师	bartender
飘在上面	float on top	女调酒师	barmaid
混合	mix	经理	manager
长饮	long drinks		

8．酒吧基酒中英文对照

白兰地	Brandy	百龄坛（12、17、21 年）	Ballantine's 12/17/21 years
干邑	Cognac		
雅文邑	Armagnac	爱尔兰威士忌	Irish Whisky
人头马 V.S.O.P	Remy Martin V.S.O.P	占美臣	John Jameson
人头马 X.O	Remy Martin X.O	黑麦威士忌	RYE Whieky
人头马路易十三	Remy Martin Louis XIII	加拿大俱乐部	Canadian Club
人头马拿破仑	Remy Martin Napoleon	施格兰 V.O	Seagram's V.O
人头马特级	Club De Remy Martin	波本威士忌	Bourbon Whieky
轩尼诗干邑 X.O	Hennessy X.O Cognac	占边	Jim Beam Whieky
轩尼诗 V.S.O.P	Hennessy V.O.S.P	杰克丹尼	Jack Daniel's
金牌马爹利	Martell Medaillon	四朵玫瑰	Four Roses Whieky
蓝带马爹利	Martell Corden blue	金酒	Gin
威士忌	Whisky	伦敦干酒	London Dry Gin
苏格兰威士忌	Scotch Whisky	哥顿	Gordon's
黑方	Johnnie Walker Black Lable	钻石	Gilbey's
		必富达	Beefeater
红方	Johnnie Walker Red Lable	施格兰金	Seagram's Gin
		朗姆酒	Rum
蓝方	Johnnie Walker Blue Lable	百家得	Bacardi Rum
		摩根船长	Captain Morgan B/W Rum
金方	Johnnie Walker Gold Lable		
		美雅士	Myers
芝华士	Chivas Regal	伏特加	Vodka
格兰菲迪	Glenfiddich	芬兰伏特加	Finlandia
皇家礼炮 21 年	Royal Salute 21 years	红牌伏特加	Stolichnaya

绿牌伏特加	Moskovskaya	蓝橙酒	Blue Curacao
皇冠伏特加	Smirnoff	白薄荷酒	Get 31 Pipper mint
绝对伏特加（瑞典产）	Absolut Vodka	绿薄荷酒	Get 27 Pipper mint
特基拉酒	Tequila	蛋黄白兰地	Advocat
豪帅快活（银快活）	Jose Cuervo White Tequila	苹果白兰地	Calvados
		黑加仑	Black Currant
豪帅快活（金快活）	Jose Cuervo Gold Tequila	紫罗兰	Parfait Amour
		哈密瓜	Melon Liqueur
啤酒	Beer	香蕉利口酒	Banana Liqueur
喜力	Heineken	黑加仑利口酒	Creme de Cassis
嘉士伯	Carlsberg	茴香酒	Anises
健力士黑啤	Guinness Stout	覆盆子利口酒	Raspberry Liqueur
虎牌	Tiger	香草利口酒	Vanilla Liqueur
巴斯啤酒	Bass	开胃酒	Aperitif
百威啤酒	Budweiser	味美思	Vermouth
贝克啤酒	Beck's	干仙山露（甜）	Cinzano Vermouth Dry(Sweet)
科罗娜	Corona		
利口酒	Liqueur	马天尼红威末	Martini Rosso
加利安奴	Galliano Liqueur	马天尼干（半干）	Martini Dry(Bianco)
君度	Ciontreau	潘诺	Pernod
飘仙一号	Pimm's No.1	杜本内	Dubonnet
咖啡蜜	Kahlua	波特酒	Port
添万利咖啡酒	TIA Maria	泰勒茶波特酒	Taylor's Tawny Port
当酒（法国修士酒）	Benedictine D.O.M	雪利酒	Sherry
爱尔兰百利甜	Baileys	葡萄酒	Wine
杜林标	Drambuie	赤霞珠	Cabernet Sauvignon
金万利	Grand Marnier	莎当尼	Chardonnay
马利宝	Malibu	佳美	Gamay
金巴利	Campari	黑比诺	Pinot Noir
迪她荔枝酒	Dita Lychee	薏丝琳（白）	Riesling
白可可	Cream de Cacao White	解百纳	Cabernet
棕可可	Cream de Cacao Brown	白苏维翁	Sauvignon Blanc
杏仁白兰地	Apricot Brandy	玫瑰红	Rose
樱桃白兰地	Cherry Brandy	年份	Vintage
樱桃酒	Kirschwasser	白橙皮酒	Triple Sec
香草酒	Marschino		

附录 B 鸡尾酒参考配方

调酒配方 1

酒品名称：（中文）莫斯科之骡　　　　　　（英文）Moscow Mule

项　　目	内　　　容	
	外　　文	中　　文
调酒配方	1 oz Vodka Ginger Beer	1 盎司伏特加酒 姜汁啤酒
装饰物	柠檬皮	
使用工具	量酒器、吧勺	
使用载杯	卡伦杯	
调制方法	对合法	
操作程序	① 向卡伦杯加水；② 倒入伏特加；③ 注满啤酒；④ 将 1 片旋装柠檬皮置于杯中	

调酒配方 2

酒品名称：（中文）完美曼哈顿　　　　　　（英文）Perfect Manhattan

项　　目	内　　　容	
	外　　文	中　　文
调酒配方	Dash of Vermouth Dash of Sweet Vermouth 2 oz Whisky	1 滴干味美思 1 滴甜味美思 2 盎司威士忌
装饰物	橄榄	
使用工具	量酒器、调酒杯	
使用载杯	鸡尾酒杯	
调制方法	调和法	
操作程序	① 将调酒杯内加入冰块；② 加入原料酒；③ 用吧勺搅和至冷后滤入鸡尾酒杯；④ 将 1 片柠檬皮挤油后放入杯中	

调酒配方 3

酒品名称：（中文）完美的马丁尼　　　　　　（英文）Perfect Martini

项　　目	内　　　容	
	外　　文	中　　文
调酒配方	1/4 oz Dry vermouth 1/4 oz sweet vermouth 1.5 oz Gin	1/4 盎司干味美思 1/4 盎司甜味美思 1.5 盎司金酒
装饰物	1/4 oz sweet vermouth	
使用工具	量酒器、调酒杯	
使用载杯	鸡尾酒杯	
调制方法	调和法	
操作程序	① 将调酒杯内加入适量冰块；② 将干甜味美思加入；③ 加入金酒；④ 用吧勺搅和均匀后用滤网滤入鸡尾酒杯；⑤ 用牙签串 1 支橄榄放于杯中	

调酒配方 4

酒品名称：（中文）得其利　　　　　　　（英文）Daiquiri

项　　目	内　　　　　容	
调酒配方	外　　文	中　　文
调酒配方	1 oz White Rum 2 oz Sweet lemon Juice	1 盎司白朗姆酒 2 盎司甜酸柠檬汁
装饰物	糖边	
使用工具	量酒器、摇酒壶	
使用载杯	鸡尾酒杯	
调制方法	摇和法	
操作程序	① 杯子做糖边后备用；② 将摇壶内放入适量冰块；③ 加入甜酸柠檬汁；④ 加入白朗姆酒；⑤ 大力摇匀后滤入带糖边的鸡尾酒杯中	

调酒配方 5

酒品名称：（中文）白兰地亚历山大　　　（英文）Brandy Alexander

项　　目	内　　　　　容	
调酒配方	外　　文	中　　文
调酒配方	1 oz Brandy 1 oz Greme de Cacao(Dark) 1 oz Milk	1 盎司白兰地 1 盎司黑可可酒 1 盎司牛奶
装饰物	豆蔻粉	
使用工具	量酒器、摇酒壶	
使用载杯	鸡尾酒杯	
调制方法	摇和法	
操作程序	① 将摇酒壶内加入适量冰块；② 按顺序加入牛奶、黑可可酒；③ 加入白兰地；④ 大力摇匀后滤入鸡尾酒杯；⑤ 在杯中撒入少许豆蔻粉装饰	

调酒配方 6

酒品名称：（中文）红粉佳人　　　　　　（英文）Pink lady

项　　目	内　　　　　容	
调酒配方	外　　文	中　　文
调酒配方	1 oz Gin 1/6 oz Grenadine 1 pc Egg White	1 盎司金酒 1/6 盎司红石榴糖浆 1 个鸡蛋白
装饰物	红色樱桃	
使用工具	量酒器、摇酒壶	
使用载杯	鸡尾酒杯	
调制方法	摇和法	
操作程序	① 将摇酒壶内加入适量冰块；② 加入鸡蛋白；③ 加入红石榴糖浆；④ 加入金酒；⑤ 大力摇匀后滤入鸡尾酒杯；⑥ 杯边用 1 支带把红樱桃装饰	

调酒配方 7

酒品名称：（中文）威士忌酸　　　　　（英文）Whisky Sour

项　目	内　　　　容	
	外　　文	中　　文
调酒配方	1/2 oz Lemon Juice 1/2 oz Syrup 1 oz Whisky	1/2 盎司柠檬汁 1/2 盎司糖水 1 盎司威士忌
装饰物	红樱桃	
使用工具	量酒器、摇酒壶、吧勺	
使用载杯	酸酒杯	
调制方法	摇和法	
操作程序	① 将摇酒壶内加入适量冰块；② 加入糖水柠檬汁；③ 加入威士忌；④ 大力摇匀滤入酸酒杯；⑤ 杯边用带把红樱桃装饰	

调酒配方 8

酒品名称：（中文）罗布罗伊　　　　　（英文）Rob Roy

项　目	内　　　　容	
	外　　文	中　　文
调酒配方	Dash of Sweet Vermouth 2 oz Scotch Whisky	1 滴甜味美思 2 盎司苏格兰威士忌
装饰物	红樱桃	
使用工具	量酒器、吧勺、调酒杯	
使用载杯	酸酒杯	
调制方法	搅和法	
操作程序	① 将调酒杯内加入适量冰块；② 加入味美思、苏格兰威士忌；③ 用吧勺搅拌至冷；④ 滤入鸡尾酒杯；⑤ 杯边用 1 支带把红樱桃装饰	

调酒配方 9

酒品名称：（中文）干曼哈顿　　　　　（英文）Dry Manhattan

项　目	内　　　　容	
	外　　文	中　　文
调酒配方	Dash of Bitter 1/4 oz Dry Vermouth 1.5 oz Gin	1 滴苦精 1/4 盎司干味美思 1.5 盎司金酒
装饰物	柠檬皮	
使用工具	量酒器、吧勺、调酒杯	
使用载杯	鸡尾酒杯	
调制方法	调和法	
操作程序	① 将调酒杯内加入适量冰块；② 加入 1 滴苦精后摇晃调酒杯几下；③ 加入干味美思；④ 加入金酒；⑤ 搅拌至冷后，滤入鸡尾酒杯；⑥ 加入 1 片柠檬皮	

调酒配方 10

酒品名称：（中文）干马天尼　　　　（英文）Dry Martini

项　目	内　容	
	外　文	中　文
调酒配方	3/4 oz Dry Vermouth 2 oz Gin	3/4 盎司干味美思 2 盎司金酒
装饰物	橄榄	
使用工具	量酒器、吧勺、调酒杯	
使用载杯	鸡尾酒杯	
调制方法	调和法	
操作程序	① 向调酒杯内加入适量冰块；② 按照先辅后主的原则倒入味美思和金酒；③ 用吧勺搅拌酒至冷；④ 用过滤网将酒滤入鸡尾酒杯中；⑤ 用牙签串 1 支橄榄放入杯中	

调酒配方 11

酒品名称：（中文）螺丝刀　　　　（英文）Screw Driver

项　目	内　容	
	外　文	中　文
调酒配方	1 oz Vodka Orange Juice	1 盎司伏特加 橙汁
装饰物	无	
使用工具	量酒器、吧勺	
使用载杯	卡伦杯	
调制方法	兑和法	
操作程序	① 卡伦杯中加入适量冰块；② 倒入 1 oz 伏特加酒；③ 注满橙汁；④ 用吧勺搅拌，插入 1 支吸管	

调酒配方 12

酒品名称：（中文）血玛丽　　　　（英文）Bloody Mary

项　目	内　容	
	外　文	中　文
调酒配方	1 oz Vodka Tomato Juice Dash Lee & Pinnling Dash of Worcestershine Sauce Little Salt and Pepper Lemin Juice	1 盎司伏特加 番茄汁 李派林 辣椒汁 盐和胡椒粉 柠檬汁
装饰物	芹菜杆	
使用工具	量酒器、吧勺	
使用载杯	卡伦杯	
调制方法	兑和法	
操作程序	① 将卡伦杯中加入冰块；② 倒入番茄汁、柠檬汁；③ 加入李派林、辣椒汁、盐、胡椒粉（根据个人不同口味）；④ 兑入伏特加酒；⑤ 插入 1 支切好的芹菜杆	

调酒配方 13

酒品名称：（中文）盐狗　　　　　　　　　　（英文）Salty Dog

项　　目	内　　　　　　　　容	
	外　　文	中　　文
调酒配方	1 oz Vodka Grapefruit Juice	1 盎司伏特加 西柚汁
装饰物	盐边	
使用工具	量酒器、吧勺	
使用载杯	卡伦杯	
调制方法	兑和法	
操作程序	① 载杯做盐边后备用；② 卡伦杯内加入适量冰块；③ 倒入 1 oz 伏特加酒；④ 注满西柚汁； ⑤ 用吧勺搅拌	

调酒配方 14

酒品名称：（中文）凯尔　　　　　　　　　　（英文）Kir

项　　目	内　　　　　　　　容	
	外　　文	中　　文
调酒配方	1 oz Greme de Cassis White Wine	1 盎司黑草莓酒 白葡萄酒
装饰物	无	
使用工具	无	
使用载杯	酸酒杯	
调制方法	兑和法	
操作程序	① 取 1 支酸酒杯加入 1、2 块冰块；② 加入白葡萄酒至 7 成满；③ 加入 1 oz 黑草莓酒	

调酒配方 15

酒品名称：（中文）金巴克　　　　　　　　　（英文）Gin Buck

项　　目	内　　　　　　　　容	
	外　　文	中　　文
调酒配方	1 oz Gin Ginger Ale	1 盎司的金酒 干姜汁汽水
装饰物	青柠角	
使用工具	量酒器、吧勺	
使用载杯	卡伦杯	
调制方法	兑和法	
操作程序	① 卡伦杯内加入适量冰块；② 将 1 oz 金酒倒入杯中；③ 注满姜汁汽水；④ 用 1 个青柠 角挤汁放入杯中；⑤ 用吧勺搅拌插入 1 支吸管	

调酒配方 16

酒品名称：（中文）金汤力　　　　　　　　　（英文）Gin Tonic

项　　目	内　　　　　　　　容	
	外　　文	中　　文
调酒配方	1 oz Gin Tonic Water	1 盎司金酒 汤力水

续表

项 目	内 容
装饰物	柠檬
使用工具	量酒器、吧勺
使用载杯	卡伦杯
调制方法	兑和法
操作程序	① 卡伦杯内加入适量冰块；② 将 1 oz 的金酒倒入杯中；③ 注满汤力水；④ 将柠檬放入杯中；⑤ 用吧勺搅拌，插入 1 支吸管

调酒配方 17

酒品名称：（中文）威士忌苏打　　　（英文）Whisky Soda

项 目	内 容	
	外 文	中 文
调酒配方	1 oz Whisky Soda Water	1 盎司威士忌 苏打水
装饰物	无	
使用工具	量酒器、吧勺	
使用载杯	卡伦杯	
调制方法	兑和法	
操作程序	① 卡伦杯内加入适量冰块；② 倒入 1oz 威士忌；③ 注满苏打水；④ 搅拌后插入 1 支吸管	

调酒配方 18

酒品名称：（中文）朗姆可乐　　　（英文）Rum Coke

项 目	内 容	
	外 文	中 文
调酒配方	1 oz Light Rum Coke	1 盎司白朗姆酒 可乐
装饰物	无	
使用工具	量酒器、吧勺	
使用载杯	卡伦杯	
调制方法	兑和法	
操作程序	① 卡伦杯内加入适量冰块；② 倒入 1 oz 白朗姆酒；③ 注满可乐；④ 用吧勺搅拌后插入 1 支吸管	

调酒配方 19

酒品名称：（中文）古巴自由　　　（英文）Cuba Libre

项 目	内 容	
	外 文	中 文
调酒配方	1 oz Light Rum 1/2 oz Fresh Lemon Juice Coke	1 盎司白色朗姆酒 1/2 盎司柠檬汁 可乐
装饰物	柠檬	
使用工具	量酒器、吧勺	

续表

项　目	内　容
使用载杯	卡伦杯
调制方法	兑和法
操作程序	① 将卡伦杯内加入适量冰块；② 将 1 oz 白色朗姆酒倒入杯中；③ 加入 1/2 oz 柠檬汁 ④ 注满可乐；⑤ 用 1 个柠檬角挤汁放入杯中；⑥ 用吧勺搅拌后插入 1 支吸管

调酒配方 20

酒品名称：（中文）爱尔兰库勒　　　　　（英文）Irish Cooler

项　目	内　容	
	外　文	中　文
调酒配方	1 Lemon peel 2 oz Irish Whisky Cold Soda Water	1 个柠檬皮 2 盎司爱尔兰威士忌 冷苏打水
装饰物	柠檬皮	
使用工具	量酒器、吧勺	
使用载杯	卡伦杯	
调制方法	兑和法	
操作程序	① 高杯中放入整条柠檬皮；② 加入冰块；③ 倒入威士忌；④ 注满苏打水；⑤ 以柠檬皮装饰	

调酒配方 21

酒品名称：（中文）雪球　　　　　　　　（英文）Snow Ball

项　目	内　容	
	外　文	中　文
调酒配方	1 oz Gin 1/4 oz Lemin Juice 1 pc Ice Cream Sprite	1 盎司金酒 1/4 盎司柠檬汁 1 勺冰激凌 雪碧
装饰物	吸管、樱桃	
使用工具	量酒器、吧勺	
使用载杯	卡伦杯	
调制方法	调和法	
操作程序	① 将适量的冰块倒入卡伦杯中；② 再将 1 oz 金酒、1/4 oz 柠檬汁、1 勺冰激凌倒入杯中；③ 调和匀后再将雪碧注入八分满；④ 插 1 支吸管，把樱桃放入杯中	

调酒配方 22

酒品名称：（中文）金色布朗士　　　　　（英文）Golden Bronx

项　目	内　容	
	外　文	中　文
调酒配方	1.5 oz Gin 1/2 oz Dry Vermouth 1/2 oz Sweet Vermouth 2 tsp Orange Juice 1 pc Egg Yolk	1.5 盎司金酒 1/2 盎司干味美思 1/2 盎司甜味美思 2 吧勺橙汁 1 个鸡蛋黄
装饰物	无	

项　目	内　　　　容
使用工具	量酒器、吧勺
使用载杯	鸡尾酒杯
调制方法	摇和法
操作程序	① 将冰块倒入摇酒壶中；② 将 1/2 oz 干味美思倒入摇酒壶中；③ 将 1/2 oz 甜味美思倒入摇酒壶中；④ 将 2 oz 勺橙汁和 1 个鸡蛋黄倒入摇酒壶中；⑤ 大力要勺后，倒入鸡尾酒杯中

调酒配方 23

酒品名称：（中文）吉布森　　　　　　（英文）Gibson

项　目	内　　　　容	
	外　　　文	中　　　文
调酒配方	Dash of Dry Vermouth 2 oz Gin	1 滴干味美思 2 盎司金酒
装饰物	小洋葱	
使用工具	量酒器、吧勺	
使用载杯	鸡尾酒杯	
调制方法	调和法	
操作程序	① 向摇酒壶中加入适量冰块；② 点 1 滴干味美思；③ 加入 2 oz 金酒；④ 大力摇和后滤入鸡尾酒杯；⑤ 用牙签串 1 支小洋葱放入杯中装饰	

调酒配方 24

酒品名称：（中文）彩虹　　　　　　（英文）Pousse Cafe

项　目	内　　　　容	
	外　　　文	中　　　文
调酒配方	1/4 oz Green Crème de Menthe 1/4 oz Yellow Chartreuse 1/4 oz Cherry Brandy 1/4 oz Cognac	1/4 盎司绿薄荷酒 1/4 盎司黄甘草酒 1/4 盎司樱桃白兰地 1/4 盎司白兰地
装饰物	无	
使用工具	量酒器、吧勺	
使用载杯	彩虹杯	
调制方法	兑和法	
操作程序	① 将绿薄荷酒倒入杯中；② 将黄甘草酒用勺兑入杯中；③ 将樱桃白兰地用勺慢慢地兑入杯中；④ 倒入白兰地；⑤ 点燃白兰地	

调酒配方 25

酒品名称：（中文）教父　　　　　　（英文）Godfather

项　目	内　　　　容	
	外　　　文	中　　　文
调酒配方	1.5 oz Scotch Whisky 1/2 oz Amaretto	1.5 盎司苏格兰威士忌 1/2 盎司杏仁甜酒
装饰物	无	
使用工具	量酒器、吧勺	

续表

项　　目	内　　　　　容
使用载杯	古典杯
调制方法	调和法
操作程序	① 将冰块放入古典杯中；② 倒入 1/2 oz 杏仁甜酒；③ 倒入 1.5 oz 苏格兰威士忌；④ 调和匀后即可完成

调酒配方 26

酒品名称：（中文）士天架　　　　　　　　（英文）Stinger

项　　目	内　　　　　容	
	外　　　文	中　　　文
调酒配方	1/2 oz white Greme de Menthe 1.5 oz Brandy	1/2 盎司白薄荷酒 1.5 盎司白兰地
装饰物	无	
使用工具	量酒器、吧勺	
使用载杯	古典杯	
调制方法	调和法	
操作程序	① 将冰块放入古典杯中；② 将白薄荷酒倒入古典杯中；③ 将白兰地倒入古典杯后调和完成	

调酒配方 27

酒品名称：（中文）生锈钉　　　　　　　　（英文）Rusty Nail

项　　目	内　　　　　容	
	外　　　文	中　　　文
调酒配方	1.5 oz Scotch Whisky 1/2 oz Drambuie	1.5 盎司苏格兰威士忌 1/2 盎司杜林标
装饰物	柠檬皮	
使用工具	量酒器、吧勺	
使用载杯	古典杯	
调制方法	调和法	
操作程序	① 将冰块放到古典杯中；② 将杜林标倒入古典杯；③ 加入苏格兰威士忌后，调和完成；④ 杯中加入 1 片柠檬皮	

调酒配方 28

酒品名称：（中文）白俄罗斯　　　　　　　（英文）White Russian

项　　目	内　　　　　容	
	外　　　文	中　　　文
调酒配方	1 oz Vodka 1/2 oz Kahlua 1/2 oz Cream	1 盎司伏特加酒 1/2 盎司咖啡蜜 1/2 盎司淡奶
装饰物	无	
使用工具	量酒器、吧勺	
使用载杯	古典杯	
调制方法	调和法	
操作程序	① 将伏特加酒倒入古典杯中；② 将咖啡甜酒倒入古典杯；③ 将入淡奶倒入杯中；④ 加入冰块，调和完成	

调酒配方 29

酒品名称：（中文）黑俄罗斯　　　　　（英文）Blank Russian

项　　目	内　　　　　容	
	外　　文	中　　文
调酒配方	1.5 oz Vodka 1/2 oz Kahlua	1.5 盎司伏特加酒 1/2 盎司咖啡蜜
装饰物	无	
使用工具	量酒器、吧勺	
使用载杯	古典杯	
调制方法	调和法	
操作程序	① 将 1.5 oz 伏特加酒倒入古典杯；② 将 1/2 oz 咖啡蜜倒入杯中；③ 加入冰块调和后即可完成	

调酒配方 30

酒品名称：（中文）长岛冰茶　　　　　（英文）Long Island Iced Tea

项　　目	内　　　　　容	
	外　　文	中　　文
调酒配方	1/2 oz Rum 1/2 oz Vodka 1/2 oz Gin 1/2 oz Tequila 1/2 oz Triple Sec 1.5 oz Sweet Lemon Juice Coke	1/2 盎司白朗姆酒 1/2 盎司伏特加 1/2 盎司金酒 1/2 盎司龙舌兰 1/2 盎司橙皮甜酒 1.5 盎司青柠汁、可乐
装饰物	柠檬角	
使用工具	量酒器、吧勺	
使用载杯	卡伦杯	
调制方法	调和法	
操作程序	① 在杯中加入适量冰块；② 加入白朗姆酒、伏特加酒、金酒、龙舌兰酒、青柠汁、橙皮甜酒；③ 倒入可乐调和后，取出 1 块柠檬角挤汁入杯中	

调酒配方 31

酒品名称：（中文）旁车　　　　　（英文）Side Car

项　　目	内　　　　　容	
	外　　文	中　　文
调酒配方	1 oz Brandy 1/2 oz Triple Sec 3/4 oz Sweetened Lemon Juice	1 盎司白兰地 1/2 盎司橙皮甜酒 3/4 盎司青柠汁
装饰物	无	
使用工具	量酒器、摇酒壶	
使用载杯	鸡尾酒杯	
调制方法	摇和法	
操作程序	① 将冰块加入摇酒壶中；② 将 3/4 oz 青柠汁倒入摇酒壶中；③ 将 1/2 oz 橙皮甜酒倒入摇酒壶中；④ 将 1 oz 白兰地倒入摇酒壶中；⑤ 大力摇匀后滤入鸡尾酒杯中	

调酒配方 32

酒品名称：（中文）尼克佳人　　　　　（英文）Nake Lady

项　目	内　容	
	外　　文	中　　文
调酒配方	1 oz Tequila 1/2 oz Tripe Sec 3/4 oz Lime Juice	1 盎司龙舌兰酒 1/2 盎司橙味甜酒 3/4 盎司青柠汁
装饰物	盐边	
使用工具	量酒器、摇酒壶	
使用载杯	鸡尾酒杯	
调制方法	摇和法	
操作程序	① 载杯做盐边后备用；② 将冰块加入摇酒壶中；③ 加入 3/4 oz 青柠汁；④ 加入 1/2 oz 橙味甜酒；⑤ 加入 1 oz 龙舌兰酒；⑥ 大力摇勾后滤入鸡尾酒杯中	

调酒配方 33

酒品名称：（中文）百加地鸡尾酒　　　　　（英文）Bacardi Codetail

项　目	内　容	
	外　　文	中　　文
调酒配方	1 oz Bacardi Rum 1/2 oz Lemon Juice 1/3 oz Grenadine	1 盎司百家得朗姆酒 1/2 盎司柠檬汁 1/3 盎司石榴汁
装饰物	无	
使用工具	量酒器、摇酒壶	
使用载杯	鸡尾酒杯	
调制方法	摇和法	
操作程序	① 将冰块加入摇酒壶中；② 将 1/3 oz 石榴汁加入摇酒壶中；③ 将 1/2 oz 柠檬汁加入摇酒壶中；④ 将 1 oz 百家得朗姆酒加入摇酒壶中；⑤ 大力摇勾后滤入鸡尾酒杯中	

调酒配方 34

酒品名称：（中文）酸杏　　　　　（英文）Apricot Sour

项　目	内　容	
	外　　文	中　　文
调酒配方	1 oz Apricot Brandy 2 oz Sweet Lemon Juice	1 盎司杏白兰地 2 盎司甜酸柠檬汁
装饰物	橙片、樱桃	
使用工具	量酒器、摇酒壶	
使用载杯	酸酒杯	
调制方法	调和法	
操作程序	① 将冰块加入摇酒壶中；② 加入 1 oz 甜酸柠檬汁；③ 加入杏白兰地；④ 大力摇勾后滤入酸酒杯中；⑤ 用牙签串 1 片橙片及红樱桃搞杯装饰	

调酒配方 35

酒品名称：（中文）金色的梦　　　　　（英文）Golden Dream

项　目	内　　　　　容	
	外　　　文	中　　　文
调酒配方	1/2 oz Galliano 1/2 oz Triple Sec 1/2 oz Orange Juice 1.5 oz Cream	1/2 盎司佳莲露酒 1/2 盎司橙味甜酒 1/2 盎司橙汁 1.5 盎司淡奶
装饰物	无	
使用工具	量酒器、摇酒壶	
使用载杯	鸡尾酒杯	
调制方法	摇和法	
操作程序	① 将冰块加入摇酒壶中；② 加入 1.5 oz 淡奶；③ 加入 1/2 oz 橙味甜酒；④ 加入 1/2 oz 橙汁； ⑤ 加入 1/2 oz 佳莲露；⑥ 摇和制作出品	

调酒配方 36

酒品名称：（中文）金色卡迪拉克　　　　（英文）Golden Cadillac

项　目	内　　　　　容	
	外　　　文	中　　　文
调酒配方	1 oz Galliano 1/2 oz Greme de Cacao 1/2 oz Cream	1 盎司佳莲露 1/2 盎司白可可甜酒 1/2 盎司淡奶
装饰物	无	
使用工具	量酒器、摇酒壶、吧勺、电动搅拌器	
使用载杯	鸡尾酒杯、古典杯、卡伦杯、酸酒杯、香槟杯	
调制方法	调和法、摇和法、搅和法、兑和法	
操作程序	① 将冰块加入摇酒壶中；② 加入 1/2 oz 淡奶；③ 加入 1/2 oz 白可可酒；④ 加入 1 oz 佳莲露； ⑤ 摇和制作出品	

调酒配方 37

酒品名称：（中文）青草蜢　　　　　（英文）Grasshopper

项　目	内　　　　　容	
	外　　　文	中　　　文
调酒配方	3/4 oz Greme de Menthe 3/4 oz Greme de Cacao 3/4 oz Cream	3/4 盎司绿薄荷酒 3/4 盎司白可可甜酒 3/4 盎司淡奶
装饰物	无	
使用工具	量酒器、摇酒壶	
使用载杯	鸡尾酒杯	
调制方法	摇和法	
操作程序	① 将冰块加入摇酒壶中；② 加入 3/4 oz 淡奶；③ 加入 3/4 oz 白可可酒；④ 加入 3/4 oz 绿薄荷酒；⑤ 摇和制作出品；⑥ 倒入鸡尾酒杯中	

调酒配方 38

酒品名称：（中文）布朗士　　　　　　　　（英文）Bronx

项　目	内　　　　容	
	外　　文	中　　文
调酒配方	1.5 oz Gin 1/2 oz Dry Vermouth 1/2 oz Sweet Vermouth 2 tsp Orange Juice	1 盎司金酒 1/2 盎司干味美思 1/2 盎司甜味美思 2 吧勺橙汁
装饰物	无	
使用工具	量酒器、摇酒壶	
使用载杯	鸡尾酒杯	
调制方法	摇和法	
操作程序	① 将冰块加入摇酒壶中；② 将 1/2 oz 干味美思加入摇酒壶中；③ 将 1/2 oz 甜味美思加入摇酒壶中；④ 加入 2 吧勺橙汁；⑤ 加入 1.5 oz 金酒；⑥ 大力要匀后滤入鸡尾酒杯中	

调酒配方 39

酒品名称：（中文）君度茶　　　　　　　　（英文）Coin Tea

项　目	内　　　　容	
	外　　文	中　　文
调酒配方	1 oz Cointreau Hot Black Tea	1 盎司君度 热茶
装饰物	橙片	
使用工具	量酒器	
使用载杯	带柄咖啡杯	
调制方法	兑和法	
操作程序	① 倒 1 杯 8 分满的热茶；② 倒入 1 oz 君度；③ 摇匀后加入 1 片橙片	

调酒配方 40

酒品名称：B&B

项　目	内　　　　容	
	外　　文	中　　文
调酒配方	1 oz Brandy 1oz Benedictine	1 盎司白兰地 1 盎司当酒
装饰物	无	
使用工具	量酒器、吧勺	
使用载杯	古典杯	
调制方法	兑和法	
操作程序	① 将适量冰块加入古典杯中；② 加入 1 oz 白兰地；③ 加入 1 oz 当酒后摇匀	

调酒配方 41

酒品名称：（中文）热托地　　　　　　　　（英文）Hot Toddy

项　目	内　　　　容	
	外　　文	中　　文
调酒配方	1 oz Whisky 1 tsp of Syrup Hot Water	1 盎司威士忌 1 吧勺糖水 开水

续表

项　目	内　　　　　容	
装饰物	柠檬皮	
使用工具	量酒器、吧勺	
使用载杯	古典杯、带把咖啡杯	
调制方法	调和法、兑和法	
操作程序	① 将 1 oz 威士忌加入杯中；② 加入汤粉入杯；③ 加入热开水调和；④ 以柠檬皮装饰	

调酒配方 42

酒品名称：（中文）重水　　　　　（英文）Heavy Water

项　目	内　　　　　容	
调酒配方	**外　　　文**	**中　　　文**
	1 oz Vodka	1 盎司伏特加
	1 oz Gin	1 盎司金酒
	1 tsp of Syrup	1 吧勺糖浆
	a little Bitter	几滴苦精
装饰物	柠檬片	
使用工具	量酒器、摇酒壶	
使用载杯	鸡尾酒杯	
调制方法	摇和法	
操作程序	① 将适量冰块加入摇酒壶中；② 加入 1 oz 金酒；③ 加入 1 oz 伏特加；④ 加入 1 吧勺糖浆和几滴苦精；⑤ 大力摇匀后滤入鸡尾酒杯中；⑥ 用柠檬片装饰	

调酒配方 43

酒品名称：（中文）红酒席布拉　　　　　（英文）Wine Cobbler

项　目	内　　　　　容	
调酒配方	**外　　　文**	**中　　　文**
	3 oz Wine	3 盎司红酒
	1 oz Syrup	1 盎司糖浆
装饰物	柠檬片、菠萝片、红樱桃	
使用工具	量酒器	
使用载杯	鸡尾酒杯	
调制方法	摇和法	
操作程序	① 将酒杯放入碎冰；② 加入红酒和糖浆；③ 用柠檬片菠萝片、红樱桃装饰	

调酒配方 44

酒品名称：（中文）新月　　　　　（英文）New Moon

项　目	内　　　　　容	
调酒配方	**外　　　文**	**中　　　文**
	1.5 oz White Rum	1.5 盎司白朗姆酒
	1/2 oz Creme de Banana	1/2 盎司香蕉利口酒
	1/4 oz White Creme de Cacao	1/4 盎司白可可酒
	1/4 oz Cherry Brandy	1/4 盎司樱桃白兰地
装饰物	绿樱桃	
使用工具	量酒器、吧勺	

续表

项　目	内　容
使用载杯	鸡尾酒杯
调制方法	调和法
操作程序	① 将上述材料加入鸡尾酒杯中；② 加入冰块调和匀；③ 滤入鸡尾酒杯；④ 用绿樱桃装饰杯口

调酒配方 45

酒品名称：（中文）月光　　　　　　（英文）Moonlight

项　目	内　容	
	外　文	中　文
调酒配方	3 oz Apple Brandy 3 tsp Lemon Juice 2 tsp Syrup Soda Water	3 盎司苹果白兰地 3 茶匙柠檬汁 2 茶匙糖浆 适量苏打水
装饰物	苹果	
使用工具	量酒器、摇酒壶	
使用载杯	古典杯	
调制方法	摇和法、兑和法	
操作程序	① 将适量冰块倒入调酒壶中；② 将上述材料（除苏打水）加入调酒壶中；③ 大力摇匀后滤入古典杯中；④ 加入少量苏打水；⑤ 用苹果装饰	

调酒配方 46

酒品名称：（中文）天使之吻　　　　　　（英文）Angel's kiss

项　目	内　容	
	外　文	中　文
调酒配方	1 oz kahlua 1/2 oz Greme	1 盎司咖啡甜酒 1/2 盎司淡奶
装饰物	无	
使用工具	量酒器、吧勺	
使用载杯	鸡尾酒杯	
调制方法	兑和法	
操作程序	① 将 1 oz 咖啡甜酒倒入杯中；② 慢慢地向杯中倒入淡奶	

调酒配方 47

酒品名称：（中文）白兰地柯林　　　　　　（英文）Brandy Collins

项　目	内　容	
	外　文	中　文
调酒配方	1.5 oz Brandy 2/3 oz Lemon Juice 3 tsp Syrup 4 oz Soda Water	1.5 盎司白兰地 2/3 盎司柠檬汁 3 吧勺糖浆 4 盎司苏打水
装饰物	柠檬片、樱桃	
使用工具	量酒器、吧勺	
使用载杯	卡伦杯	
调制方法	调和法	

项　目	内　容
操作程序	① 将适量冰块加入卡伦杯中；② 将上述材料（除苏打水）加入杯中；③ 调和匀后加入苏打水；④ 用柠檬片、樱桃挂杯装饰

调酒配方 48

酒品名称：（中文）酸金酒　　　　　　（英文）Gin Sour

项　目	内　容	
	外　文	中　文
调酒配方	1.5 oz Gin 1 oz Sweet Lemon Juice	1.5 盎司金酒 1 盎司酸甜柠檬汁
装饰物	红樱桃	
使用工具	量酒器、吧勺、摇酒壶	
使用载杯	鸡尾酒杯	
调制方法	摇和法	
操作程序	① 摇酒壶中加冰；② 置入酒水；③ 摇和均匀；④ 倒入酒杯后用红樱桃装饰	

调酒配方 49

酒品名称：（中文）波尔图菲力蒲　　　（英文）Porto Flip

项　目	内　容	
	外　文	中　文
调酒配方	1 oz Brandy 2 oz Red Port 1 pc Egg Yolk Nutmeg	1 盎司白兰地 2 盎司红酒 1 个鸡蛋黄 豆蔻粉
装饰物	豆蔻粉	
使用工具	量酒器、摇酒壶	
使用载杯	高脚杯	
调制方法	摇和法	
操作程序	① 摇酒壶内加冰；② 倒入原料；③ 大力摇匀；④ 倒入载杯；⑤ 酒杯上撒少许豆蔻粉	

调酒配方 50

酒品名称：（中文）尼格罗尼　　　　　（英文）Negroni

项　目	内　容	
	外　文	中　文
调酒配方	1 oz Gin 1 oz Sweet Vermouth 1 oz Campari	1 盎司金酒 1 盎司甜味美思 1 盎司干巴利
装饰物	半片橙片	
使用工具	量酒器、吧勺	
使用载杯	古典杯	
调制方法	兑和法	
操作程序	① 古典杯加 2 ～ 3 块冰；② 置入原料；③ 用吧勺搅拌；④ 放入半片橙片装饰	

调酒配方 51

酒品名称：（中文）美态　　　　　　　　　（英文）Mai Tai

项　目	内　　　　　　容	
调酒配方	外　　文	中　　文
	1 oz White Rum	1 盎司白朗姆酒
	1/2 oz Triple Sec	1/2 盎司橙味甜酒
	1/2 oz Almond Syrup	1/2 盎司杏仁甜酒
	2.5 oz Sweet Lemon Juice	2.5 盎司酸甜柠檬汁
	1/2 oz Grenadine	1/2 盎司石榴汁
装饰物	樱桃、橙片	
使用工具	量酒器、摇酒壶	
使用载杯	卡伦杯	
调制方法	摇和法	
操作程序	① 将适量冰块倒入摇酒壶中；② 将 1 oz 白朗姆酒、1/2 oz 橙味甜酒倒入壶中；③ 将 1/2 oz 杏仁甜酒、2.5 oz 酸甜柠檬汁倒入壶中；④ 将 1/2 oz 石榴汁倒入壶中；⑤ 大力要匀后滤入卡伦杯中；⑥ 用樱桃、橙片挂杯口装饰	

调酒配方 52

酒品名称：（中文）赞比　　　　　　　　　（英文）Zombie

项　目	内　　　　　　容	
调酒配方	外　　文	中　　文
	1/2 oz Dark Rum	1/2 盎司黑朗姆酒
	1/2 oz White Rum	1/2 盎司白朗姆酒
	1/2 oz Triple sec	1/2 盎司橙味甜酒
	1/2 oz Creme De Almond	1/2 盎司杏仁甜酒
	2 oz Sweet Lemon Juice	2 盎司甜酸柠檬汁
	1 oz Orange Juice	1 盎司橙汁
	Soda Water	苏打水
装饰物	无	
使用工具	量酒器、摇酒壶、吧勺	
使用载杯	卡伦杯	
调制方法	调和法、摇和法	
操作程序	① 将适量冰块倒入摇酒壶中；② 加入 1 oz 橙汁；③ 加入 2 oz 甜酸柠檬汁；④ 加入 1/2 oz 黑朗姆酒、1/2 oz 白朗姆酒；⑤ 加入 1/2 oz 橙味甜酒；⑥ 大力摇匀后滤入卡伦杯中；⑦ 将苏打水加入卡伦杯中	

调酒配方 53

酒品名称：（中文）爱尔兰咖啡　　　　　　（英文）Irish Coffee

项　目	内　　　　　　容	
调酒配方	外　　文	中　　文
	1 oz Irish Whisky	1 盎司爱尔兰威士忌
	1 tsp Syrup	1 吧勺糖浆
	Hot coffee	热咖啡
装饰物	漂浮奶油	
使用工具	量酒器、吧勺	
使用载杯	香槟杯、咖啡杯	
调制方法	调和法	

续表

项　目	内　　　　　容
操作程序	① 烧爱尔兰咖啡杯的外侧；② 加入爱尔兰威士忌；③ 加入糖浆；④ 加入热咖啡；⑤ 挤奶油花

调酒配方 54

酒品名称：（中文）白兰地亚历山大　　　（英文）Brandy Alexander

项　目	内　　　容		
	外　　文		中　　文
调酒配方	2/3 oz Brandy 2/3 oz Black Crème de Cacao 2/3 oz Cream		2/3 盎司白兰地 2/3 盎司黑可可酒 2/3 盎司淡奶
装饰物	豆蔻粉		
使用工具	量酒器、摇酒壶		
使用载杯	鸡尾酒杯		
调制方法	摇和法		
操作程序	① 将适量冰块加入调酒壶中；② 加入 2/3 oz 淡奶；③ 加入 2/3 oz 黑可可酒；④ 加入 2/3 oz 白兰地；⑤ 大力摇匀后撒入豆蔻粉		

调酒配方 55

酒品名称：（中文）香槟鸡尾酒　　　（英文）Champagne Cocktail

项　目	内　　　容		
	外　　文		中　　文
调酒配方	1 tsp Sugar Dash of Bitter Champagne		1 吧勺糖粉 1 滴苦精 香槟酒
装饰物	柠檬皮		
使用工具	吧勺		
使用载杯	香槟杯		
调制方法	调和法、兑和法		
操作程序	① 将 1 滴苦精先倒入杯中；② 将香槟倒入杯中；③ 加入 1 吧勺糖粉；④ 用柠檬皮擦杯口，放入杯中		

调酒配方 56

酒品名称：（中文）古典　　　（英文）Old Fashioned

项　目	内　　　容		
	外　　文		中　　文
调酒配方	1 tsp Sugar Dash of Bitter 1.5 oz Whisky a little Soda		1 吧勺糖粉 1 滴苦精 1.5 盎司威士忌 几滴苏打水
装饰物	樱桃、橙片		
使用工具	量酒器、吧勺		
使用载杯	古典杯		
调制方法	调和法		
操作程序	① 将适量冰块倒入杯中；② 加入 1 滴苦精；③ 加入 1.5 oz 威士忌；④ 加入几滴苏打碎；⑤ 将樱桃、橙片串好架在杯口装饰		

调酒配方 57

酒品名称：（中文）奇奇　　　　　　（英文）Chi Chi

项　　目	内　　　　　　　容	
调酒配方	外　　文	中　　文
	1 oz Vodka 2 oz Cream of CoConut Dyrup 3 oz Pineapple Juice	1 盎司伏特加酒 2 盎司椰浆力娇酒 3 盎司菠萝汁
装饰物	菠萝条	
使用工具	量酒器、摇酒壶、吧勺	
使用载杯	卡伦杯	
调制方法	调和法、摇和法	
操作程序	① 将适量冰块加入卡伦杯中；② 将适量冰块加入壶中；③ 将 1 oz 伏特加酒倒入壶中；④ 将 2 oz 椰浆力娇酒倒入壶中；⑤ 大力要匀后滤入卡伦杯中；⑥ 加入菠萝汁调和即可，用菠萝条挂杯装饰	

调酒配方 58

酒品名称：（中文）椰林飘香　　　　　（英文）Pina Colada

项　　目	内　　　　　　　容	
调酒配方	外　　文	中　　文
	1 oz White Rum 2 oz Cream of Cocount Syrup 3 oz Pineapple Juice	1 盎司白朗姆酒 2 盎司椰浆力娇酒 3 盎司菠萝汁
装饰物	菠萝条	
使用工具	量酒器、摇酒壶、吧勺	
使用载杯	卡伦杯	
调制方法	摇和法、搅和法	
操作程序	① 将适量冰块加入卡伦杯中；② 将适量冰块加入摇酒壶中；③ 加入 2 oz 椰浆力娇酒；④ 加入 1 oz 白朗姆酒；⑤ 大力摇匀后滤入卡伦杯中；⑥ 加入菠萝汁搅和即可，用菠萝条挂杯装饰	

调酒配方 59

酒品名称：（中文）种植者宾治　　　　（英文）Planters Punch

项　　目	内　　　　　　　容	
调酒配方	外　　文	中　　文
	1 oz Dark Rum 2.5 oz Sweetened Lemon Juice 1 oz Orange Juice 1/2 oz Grenadine Dash of Bitter	1 盎司黑朗姆酒 2.5 盎司甜酸柠檬汁 1 盎司橙汁 1/2 盎司石榴汁 1 滴苦精
装饰物	樱桃、橙片	
使用工具	量酒器、摇酒壶、吧勺	
使用载杯	卡伦杯	
调制方法	摇和法	
操作程序	① 将适量冰块加入摇酒壶中，再加入 1 滴苦精；② 加入 2.5 oz 甜酸柠檬汁；③ 加入 1 oz 橙汁；④ 加入 1/2 oz 石榴汁；⑤ 加入 1 oz 黑朗姆酒；⑥ 大力摇匀后滤入卡伦杯中，加入冰块即可	

调酒配方 60

酒品名称：（中文）新加坡司令　　　　（英文）Singapore Sling

项　目	内　容	
	外　文	中　文
调酒配方	1 oz Gin 1.5 oz Sweetened Lemon Juice 1/2 oz With Soda Soda Water Cherry Brandy	1 盎司金酒 1.5 盎司甜酸柠檬汁 1/2 盎司石榴汁 苏打水 樱桃白兰地
装饰物	柠檬片、樱桃	
使用工具	量酒器、摇酒壶、吧勺	
使用载杯	卡伦杯	
调制方法	调和法、摇和法、兑和法	
操作程序	① 将适量冰块倒入卡伦杯中；② 将适量冰块倒入摇酒壶中；③ 向摇酒壶中加入 1/2 oz 石榴汁；④ 向摇酒壶中加入 1.5 oz 甜酸柠檬汁；⑤ 向摇酒壶中加入 1 oz 金酒；⑥ 大力摇匀后滤入卡伦杯中，倒入苏打水至 8 分满；⑦ 在卡伦杯中加入樱桃白兰地；⑧ 将柠檬片、樱桃挂在杯口装饰	

调酒配方 61

酒品名称：（中文）香蕉得其利　　　　（英文）Banana Daiquri

项　目	内　容	
	外　文	中　文
调酒配方	1.5 oz Light Rum 1/2 oz Creme de Banana 1/2 Banana 1 oz Sweetened Lemon Juice 3 ～ 4 oz Grushed Ice	1.5 盎司白朗姆酒 1/2 盎司香蕉甜酒 1/2 根香蕉 1 盎司甜酸柠檬汁 3 ～ 4 盎司碎冰
装饰物	香蕉	
使用工具	量酒器、摇酒壶、吧勺	
使用载杯	鸡尾酒杯	
调制方法	摇和法、搅和法	
操作程序	① 将适量冰块倒入摇酒壶中；② 将 1 oz 甜酸柠檬汁倒入摇酒壶中；③ 向摇酒壶中加入 1/2 oz 香蕉甜酒；④ 加入 1.5 oz 白朗姆酒；⑤ 大力摇匀后滤入倒入碎冰鸡尾酒中；⑥ 用香蕉装饰	

调酒配方 62

酒品名称：（中文）波本柯林　　　　（英文）Bourbon Colling

项　目	内　容	
	外　文	中　文
调酒配方	1 oz Whisky 3 oz Sweetened Lemon Juice Soda Water	1 盎司威士忌 3 盎司甜酸柠檬汁 苏打水
装饰物	樱桃、柠檬片	
使用工具	量酒器、摇酒壶、吧勺	
使用载杯	卡伦杯	
调制方法	调和法、摇和法、搅和法	
操作程序	① 将适量冰块加入摇酒壶中；② 加入 3 oz 酸甜柠檬；③ 加入 1 oz 威士忌；④ 大力摇匀后滤入加有冰块的卡伦杯中；⑤ 加苏打水搅和至 8 分满；⑥ 将樱桃、橙片挂在杯口	

调酒配方 63

酒品名称：（中文）汤姆柯林　　　　　（英文）Tom Collins

项　　目	内　　　　　　容	
	外　　文	中　　文
调酒配方	1 oz Gin 3/4 oz Sweetened Lemon Juice Soda Water	1 盎司金酒 3/4 盎司甜酸柠檬汁 苏打水
装饰物	樱桃、橙片	
使用工具	量酒器、摇酒壶、吧勺	
使用载杯	卡伦杯	
调制方法	调和法、摇和法	
操作程序	① 将适量冰块倒入摇酒壶中；② 向摇酒壶中加入 3/4 oz 甜酸柠檬汁；③ 向摇酒壶中加入 1 oz 金酒；④ 大力摇匀后滤入加有冰块的卡伦杯中；⑤ 加苏打水至 8 分满；⑥ 将樱桃、橙片挂在杯口装饰	

调酒配方 64

酒品名称：（中文）白兰地柯斯塔　　　（英文）Brandy Crusta

项　　目	内　　　　　　容	
	外　　文	中　　文
调酒配方	3 Dash Maraschino Dash of Bitter 4 Dash Lemon Juice 1 oz Brandy 1/2 oz Curacao	3 滴樱桃酒 1 滴苦精 4 滴柠檬汁 1 盎司白兰地 1/2 盎司橙花酒
装饰物	1 片橙片	
使用工具	量酒器、摇酒壶	
使用载杯	小红酒杯或酸杯	
调制方法	摇制	
操作程序	① 将酒杯用橙片涂湿做糖边备用；② 将摇酒壶内加冰；③ 倒入原料；④ 大力摇匀；⑤ 将由糖边的杯内加满碎冰；⑥ 倒入做好的酒；⑦ 杯上加 1 片橙片	

调酒配方 65

酒品名称：（中文）玛格丽特　　　　　（英文）Margarita

项　　目	内　　　　　　容	
	外　　文	中　　文
调酒配方	1 oz Tequila 1/2 oz Triple Sec 3/4 oz Sweetened Lemon Juice	1 盎司得其拉 1/2 盎司橙味酒 3/4 盎司青柠汁
装饰物	盐边、青柠角	
使用工具	量酒器、摇酒壶	
使用载杯	鸡尾酒杯	
调制方法	摇和法	
操作程序	① 将杯口做盐边备用；② 将适量的冰块倒入摇酒壶中；③ 将 3/4 青柠汁倒入摇酒壶中；④ 加入 1/2 oz 橙味酒；⑤ 加入 1 oz 得其拉；⑥ 大力摇匀后，滤入鸡尾酒杯中	

调酒配方 66

酒品名称：(中文) 蓝色的玛格丽特　　　(英文) Blue Margarita

项　目	内　容	
	外　文	中　文
调酒配方	1 oz Tequila 1/2 oz Blue Curacao 3/4 oz Sweetened Lemon Juice	1 盎司得其拉 1/2 盎司蓝橙汁酒 3/4 盎司青柠汁
装饰物	盐边、青柠角	
使用工具	量酒器、摇酒壶、吧勺、电动搅拌器	
使用载杯	鸡尾酒杯、古典杯、卡伦杯、酸酒杯、香槟杯	
调制方法	摇和法	
操作程序	① 将杯口做盐边备用；② 将适量的冰块加入摇酒壶中；③ 将 3/4 oz 青柠汁倒入摇酒壶中；④ 加入 1/2 oz 蓝橙汁酒；⑤ 加入 1 oz 得其拉酒；⑥ 大力摇匀后滤入鸡尾酒杯中；⑦ 用青柠角装饰	

调酒配方 67

酒品名称：(中文) 两者之间　　　(英文) Between Sheets

项　目	内　容	
	外　文	中　文
调酒配方	1/2 oz Light Rum 1/2 oz Brandy 1/2 oz Triple Sec 1.5 oz Sweetened Lemon Juice	1/2 盎司白朗姆酒 1/2 盎司白兰地酒 1/2 盎司橙味酒 1.5 盎司青柠汁
装饰物	红樱桃	
使用工具	量酒器、摇酒壶	
使用载杯	鸡尾酒杯	
调制方法	摇和法	
操作程序	① 将适量冰块加入摇酒壶中；② 将 1.5 oz 青柠汁加入摇酒壶中；③ 将 1/2 oz 橙味酒加入摇酒壶中；④ 将 1/2 oz 白朗姆酒、1/2 oz 白兰地加入摇酒壶中；⑤ 大力摇匀后滤入鸡尾酒杯中；⑥ 用红樱桃装饰	

调酒配方 68

酒品名称：(中文) 黄金飞土　　　(英文) Golden Fizz

项　目	内　容	
	外　文	中　文
调酒配方	1 oz Gin 3 oz Sweetened Lemon Juice 1 pc Egg Yolk Soda Water	1 盎司金酒 3 盎司甜酸柠檬汁 1 个鸡蛋黄 苏打水
装饰物	樱桃、橙片	
使用工具	量酒器、摇酒壶、吧勺	
使用载杯	卡伦杯	
调制方法	摇和法、搅和法	
操作程序	① 将适量冰块倒入摇酒壶中；② 加入 3 oz 甜酸柠檬；③ 加入 1 oz 金酒和 1 个蛋黄；④ 大力摇匀后滤入加有冰块的卡伦杯中；⑤ 加苏打水搅和至 8 分满；⑥ 将樱桃、橙片挂在杯中装饰	

调酒配方 69

酒品名称：（中文）金飞土　　　　　　　　　　（英文）Gin Fiz

项　目	内　　容	
	外　文	中　文
调酒配方	1 oz Gin 3 oz Sweetened Lemon Juice Soda Water	1 盎司金酒 3 盎司甜酸柠檬汁 苏打水
装饰物	樱桃、橙片	
使用工具	量酒器、摇酒壶、吧勺	
使用载杯	卡伦杯	
调制方法	调和法、摇和法	
操作程序	① 将适量冰块倒入摇酒壶中；② 加入 3 oz 甜酸柠檬；③ 加入 1 oz 金酒；④ 大力摇匀后滤入加有冰块的卡伦杯中；⑤ 加苏打水搅和至 8 分满；⑥ 将樱桃、橙片挂在杯口装饰	

调酒配方 70

酒品名称：（中文）龙舌兰日出（英文）　　Tequila Sunrise

项　目	内　　容	
	外　文	中　文
调酒配方	1 oz Tequila 4 oz Orange Juice 1/2 oz Grenadine	1 盎司龙舌兰酒 4 盎司橙汁 1/2 盎司红糖水
装饰物	花伞、樱桃、柠檬角	
使用工具	量酒器、吧勺	
使用载杯	郁金香型香槟杯	
调制方法	兑和法	
操作程序	① 向郁金香杯中加入 2～3 块冰块；② 倒入 4 oz 橙汁；③ 用吧勺沿杯边倒入红糖水；④ 用吧勺搅和，使红糖水、橙汁半溶并呈分层；⑤ 在顶层加入龙舌兰酒；⑥ 用装饰物装饰	

调酒配方 71

酒品名称：（中文）B-52　　　　　　　　　　（英文）B-52

项　目	内　　容	
	外　文	中　文
调酒配方	1/3 oz Kahlua 1/3 oz Bailey`s 1/3 oz Cointreau	1/3 盎司咖啡甜酒 1/3 盎司百利甜酒 1/3 盎司君度
装饰物	无	
使用工具	量酒器、吧勺	
使用载杯	蜜酒杯	
调制方法	兑和法	
操作程序	① 将咖啡甜酒倒入杯中；② 将百利甜酒倒入杯中；③ 将君度倒入杯中调和	

调酒配方 72

酒品名称：（中文）哈维撞墙　　　　　　（英文）Harvey Wallbanger

项　　目	内　　　　　　容	
调酒配方	**外　　文**	**中　　文**
	1 oz Vodka 1/4 oz Galliano 4 oz Orange Juice	1 盎司伏特加酒 1/4 盎司佳莲露力娇酒 4 盎司橙汁
装饰物	无	
使用工具	量酒器、吧勺	
使用载杯	古典杯	
调制方法	调和法	
操作程序	① 将适量冰块倒入杯中；② 加入 1 oz 伏特加；③ 加入 4 oz 橙汁，调和；④ 加入佳莲露力娇酒	

调酒配方 73

酒品名称：（中文）美国佬　　　　　　　（英文）American

项　　目	内　　　　　　容	
调酒配方	**外　　文**	**中　　文**
	2/3 oz Sweet Vermouth 2/3 oz Campari Soda Water	2/3 盎司甜味美思 2/3 盎司金巴利 苏打水
装饰物	橙片、柠檬条	
使用工具	量酒器、吧勺	
使用载杯	卡伦杯	
调制方法	调和法	
操作程序	① 将适量冰块倒入卡伦杯中；② 加入 2/3 oz 甜味美思；③ 加入 2/3 oz 金巴利；④ 兑入苏打水调和；⑤ 用橙片、柠檬条挂杯装饰	

调酒配方 74

酒品名称：（中文）白夫人　　　　　　　（英文）White Lady

项　　目	内　　　　　　容	
调酒配方	**外　　文**	**中　　文**
	1 oz Gin 1/2 oz Cointreau 1/3 oz Lemon Juice	1 盎司金酒 1/2 盎司君度 1/3 盎司柠檬汁
装饰物	红樱桃	
使用工具	量酒器、摇酒壶	
使用载杯	鸡尾酒杯	
调制方法	摇和法	
操作程序	① 将适量冰块放入卡伦杯中；② 加入 1/3 oz 柠檬汁；③ 加入 1/2 oz 君度；④ 加入 1 oz 金酒；⑤ 大力摇匀后滤入鸡尾酒杯中；⑥ 用红樱桃装饰	

调酒配方 75

酒品名称：（中文）庄园宾治　　　　　　（英文）Planter`s Punch

项　目	内　　　　容	
	外　　文	中　　文
调酒配方	3 oz Orange Juice 2 oz Pineapple Juice 1/2 oz Grenadine 2/3 oz Lemon Juice Sprite 1oz Drak Rum	3 盎司橙汁 2 盎司菠萝汁 1/2 盎司石榴汁 2/3 盎司柠檬汁 雪碧 1 盎司黑朗姆酒
装饰物	橙角、樱桃	
使用工具	量酒器吧勺	
使用载杯	卡伦杯	
调制方法	调和法	
操作程序	① 将冰块放入卡伦杯中；② 将 3 oz 橙汁、2 oz 菠萝汁倒入杯中；③ 加入 1/2 oz 石榴汁、2/3 oz 柠檬汁；④ 加入雪碧至 8 分满搅拌；⑤ 加入 1 oz 黑朗姆酒；⑥ 用橙角、樱桃挂杯装饰	

调酒配方 76

酒品名称：（中文）白兰地费克斯　　　　　　（英文）Brandy Fix

项　目	内　　　　容	
	外　　文	中　　文
调酒配方	1 oz Brandy 1/2 oz Cherry Brandy 1/2 oz Lemon Juice 7 up 1/4 oz Syrup	1 盎司白兰地 1/2 盎司樱桃白兰地 1/2 盎司柠檬汁 七喜 1/4 盎司糖浆
装饰物	樱桃、凤梨角	
使用工具	量酒器、摇酒壶	
使用载杯	卡伦杯	
调制方法	调和法、摇和法	
操作程序	① 将适量冰块倒入壶中；② 将 1 oz 白兰地、1/2 oz 樱桃白兰地倒入摇酒壶中；③ 加入 1/2 oz 柠檬、1/4 oz 糖浆；④ 大力要匀后滤入加冰的卡伦杯中；⑤ 加入七喜至 8 分满；⑥ 用樱桃、凤梨角装饰	

调酒配方 77

酒品名称：（中文）好运气　　　　　　（英文）Good Fortune

项　目	内　　　　容	
	外　　文	中　　文
调酒配方	1 oz Gin 1/2 oz Apricot Brandy 1/2 oz Benedictine 1/4 oz Dry Vermouth	1 盎司金酒 1/2 盎司杏仁白兰地 1/2 盎司当酒 1/4 盎司干味美思
装饰物	红樱桃	
使用工具	量酒器、吧勺	
使用载杯	鸡尾酒杯、古典杯	

续表

项　　目	内　　　　　　容
调制方法	调和法
操作程序	① 用柠檬皮一块将鸡尾酒杯口擦一圈；② 将上述酒料加入调酒杯中，加入冰块；③ 调和完后滤入鸡尾酒杯中；④ 用红樱桃挂杯边装饰

调酒配方 78

酒品名称：（中文）环游世界　　　　　　　（英文）Around The World

项　　目	内　　　　　　容	
	外　　　文	中　　　文
调酒配方	1/2 oz Gin 1/2 oz Vodka 1/2 oz Rum 1/2 oz Tequila 1/2 oz Whisky 1/2 oz Brandy 1/2 oz Green Creme de Monthe 1/2 oz Syrup 3 oz Pineapple Juice	1/2 盎司金酒 1/2 盎司伏特加 1/2 盎司朗姆酒 1/2 盎司得其拉 1/2 盎司威士忌 1/2 盎司白兰地 1/2 盎司绿薄荷酒 1/2 盎司糖浆 3 盎司菠萝汁
装饰物	菠萝、绿樱桃	
使用工具	量酒器、摇酒壶	
使用载杯	卡伦杯	
调制方法	摇和法	
操作程序	① 将适量冰块倒入摇酒壶中；② 将所有材料倒入摇酒壶中；③ 大力摇匀后滤入卡伦杯中；④ 用菠萝、绿樱桃装饰	

调酒配方 79

酒品名称：（中文）酒神　　　　　　　（英文）Bacchus

项　　目	内　　　　　　容	
	外　　　文	中　　　文
调酒配方	1.5 oz Cognac Brandy 1/2 oz Triple Sec 1/2 oz Grenadine 1 pc Egg Yolk Anisette	1.5 盎司干邑白兰地 1/2 盎司橙味甜酒 1/2 盎司石榴汁 1 个蛋黄 茴香酒
装饰物	红樱桃	
使用工具	量酒器、摇酒壶	
使用载杯	香槟杯	
调制方法	摇和法	
操作程序	① 将所有材料（除茴香酒外）倒入摇酒壶中；② 加入冰块大力摇匀后滤入香槟杯中；③ 将茴香酒洒在酒上面；④ 用红樱桃挂在杯口装饰	

调酒配方 80

酒品名称：（中文）森比　　　　　　　　　（英文）Zombie

项　目	内　　容	
	外　　文	中　　文
调酒配方	1 oz Dark Rum 1 oz Light Rum 1 oz Apricot Brandy Juice of Lemon 1 oz Syrup	1 盎司黑朗姆 1 盎司白朗姆 1 盎司杏子白兰地 柠檬汁 1 盎司糖浆
装饰物	红樱桃、薄荷叶、菠萝角	
使用工具	量酒器、摇酒壶	
使用载杯	长饮杯	
调制方法	摇和法	
操作程序	① 向摇酒壶中加入冰块；② 倒入以上原料；③ 大力摇匀；④ 将长饮杯加冰；⑤ 滤入鸡尾酒中；⑥ 用红樱桃、薄荷叶、菠萝角装饰	

附录 C 调酒师国家职业标准

一、职业概况

1.职业名称

调酒师。

2.职业定义

在酒吧或餐厅等场所，根据传统配方或宾客的要求，专职从事配制并销售酒水的人员。

3.职业等级

本职业共设 5 个等级，分别为：初级（国家职业资格五级）、中级（国家职业资格四级）、高级（国家职业资格三级）、技师（国家职业资格二级）、高级技师（国家职业资格一级）。

4.职业环境

室内、室外，常温。

5.职业能力特征

手指、手臂灵活，动作协调；色、味、嗅等感官灵敏。

6.基础文化程度

高中毕业（含同等学力）。

7.培训要求

（1）培训期限

全日制职业学校教育，根据其培养目标和教学计划确定。晋级培训期限：初级不少于 160 个标准学时；中级不少于 140 个标准学时；高级不少于 120 个标准学时；技师不少于 100 个标准学时；高级技师不少于 100 个标准学时。

（2）培训教师

培训教师应具备饮料专业知识及相关知识，具有实际操作能力和教学经验，以及相应的职业资格证书。培训初级人员的教师应取本职业中级职业资格证书；培训中级人员的教师应取得高级职业资格证书；培训高级人员的教师应取得技师职业资格证书，培训技师的教师应取得高级技师职业资格证书；培训高级技师的教师应取得高级技师职业资格证书或具备高等院校相关专业的讲师职称证书。

（3）培训场地设备

培训场地应具备同时培训 25 名以上学员的理论学习标准教室及实际操作教室。各种教室应分别具有讲台、吧台及必要的教学设备、调酒工具设备；有实际操作训练所需的饮料、装饰物。教室采光及通风条件良好。

8. 鉴定要求

（1）适用对象

从事或准备从事本职业的人员。

（2）申报条件

初级申报条件（具备以下条件之一者）：

① 经本职业初级正规培训达到规定标准学时数，并取得毕（结）业证书。

② 在本职业见习 2 年以上。

中级申报条件（具备以下条件之一者）：

① 取得初级职业资格证书后并连续从事本职业工作 3 年以上，经本职业中级正规培训达到规定标准学时数，并取得毕（结）业证书。

② 取得本职业初级职业资格证书后，连续从事本职业 5 年以上。

③ 取得经劳动保障行政部门审核认定的、以中级技能培训为培养目标的中等职业学校本职业毕业证书。

高级申报条件（具备以下条件之一者）：

① 取得高级职业资格证书后并连续从事本职业工作 4 年以上，经本职业中级正规培训达到规定标准学时数，并取得毕（结）业证书。

② 取得本职业中级职业资格证书后，连续从事本职业 8 年以上。

③ 取得经劳动保障行政部门审核认定的、以高级技能培训为培养目标的高等职业学校本职业毕业证书。

技师申报条件（具备以下条件之一者）：

① 取得高级职业资格证书后并连续从事本职业工作 5 年以上，经本职业技师正规培训达到规定标准学时数，并取得毕（结）业证书。

② 取得本职业高级职业资格证书后，连续从事本职业 8 年以上。

③ 取得本职业高等职业资格证书的高级技工学校毕业生，连续从事本职业 2 年以上。

高级技师申报条件（具备以下条件之一者）：

① 取得技师职业资格证书后并连续从事本职业工作 3 年以上，经本职业高级技师正规培训达到规定标准学时数，并取得毕（结）业证书。

② 取得本职业技师职业资格证书后，连续从事本职业 5 年以上。

（3）鉴定方式

本职业鉴定采用理论知识考试（笔试）及技能操作考核两种方式。理论知识考试（笔试）采用闭卷笔试的形式，技能操作考核采用现场实际操作方式进行。理论知识考试和实际操作考核评分均采用百分制，两项皆达 60 分以上者为合格。技师和高级技师鉴定还须通过综合评审。

（4）考评人员和考生配比

本职业理论知识考试考生与考评员配比为 15:1，实际操作考核考生与考评员配比为 1:3。

（5）鉴定时间

各等级理论知识考试时间均为 90 min；初、中、高级调酒师技能操作考核时间为每人 20 min，技师、高等技师技能操作考核时间为每人 120 min。

（6）鉴定场所设备

理论知识考试场所不得少于 70m²、50 套课桌椅、讲台、黑板等设施齐备，并具有良好的照明和通风条件；实际操作鉴定场所的一次考核不得少于 3 个工作，每个工作不少于 5 m²，并符合环保、劳保、安全、消防等基本要求。需要设备及用具：调酒操作台（带上下水）、酒水展示柜、评定工作台、评定工作椅、立式冰箱、制冰机、碎冰机、奶昔机、摇酒壶、量酒器、吧匙、滤冰器、调酒杯、电动搅拌机、榨汁机、开罐器、白台布、百口面、砧板、果刀、冰桶、冰夹、冰铲、垃圾桶、调酒棒、鸡尾酒签、吸管、杯垫、调味瓶、糖盅、酒精灯、各种酒杯，以上设备可根据不同等级考核需要删减。

二、基本要求

1. 职业道德

（1）职业道德基本知识

（2）职业守则

① 忠于职守，礼貌待人。

② 清洁卫生，保证安全。

③ 团结协作，顾全大局。

④ 爱岗敬业，遵纪守法。

⑤ 钻研业务，精益求精。

2. 基础知识

（1）法律知识

劳动法、税法、价格法、食品卫生法、消费者权益保护法、公共场所卫生管理条例的基本知识。

（2）饮料知识

① 饮料知识概述。

② 饮料的分类。

③ 酒的基础知识。

④ 发酵酒、蒸馏酒、混配酒。

（3）就把管理与就把设备、设施、用具知识

① 酒吧的定义与分类。

② 酒吧的结构与吧台设计。

③ 酒吧的组织结构与人员构成。

④ 酒吧的岗位职责。

⑤ 酒吧设备。

⑥ 酒吧用具。

⑦ 酒吧载杯。

（4）酒单与酒谱知识

① 酒水服务项目与就单的内容。

② 酒单与酒水操作。

③ 酒单的设计与制作。

④ 标准化酒谱。

⑤ 酒水的标准计。

⑥ 酒水的操作原则。

（5）调酒知识

① 鸡尾酒的定义与分类。

② 鸡尾酒的调制原理。

③ 鸡尾酒的制作方法。

④ 鸡尾酒的创作原则。

（6）食品营养卫生知识

① 食品卫生基础知识。

② 饮食业食品卫生制度。

③ 营养基础知识。

④ 合理的餐饮搭配。

（7）饮食成本核算

① 饮食业产品的价格核算。

② 酒中的成本核算。

③ 酒会酒水的成本核算。

（8）公共关系与社交礼仪常识

① 公共关系。

② 社交礼仪。

③ 礼节礼貌。

④ 仪表仪容。

（9）旅游基础知识

① 旅游常识。

② 中外风俗习惯。

③ 宗教知识。

（10）外语知识

① 酒吧常用英语。

② 酒吧术语。

③ 外语酒谱。

④ 酒与原料的英语词汇。

⑤ 酒吧设备设施、调酒工具的英语词汇。

（11）美学知识

① 色彩在酒水出品中的应用。

② 酒吧的创意与布局。

③ 调酒艺术与审判原则。

④ 食品雕刻在鸡尾酒装饰中的作用。

三、工作要求

本标准对初级、中级、高级、技师及高级技师的技能要求依次递进，高级别包括低级别的要求。

1. 初级

职业功能	工作内容	技能要求	相关知识
一、准备工作	（一）酒水准备	1. 能够完成对盘存表格的辨别与查对 2. 能够完成饮料品种及数量的准备 3. 能够完成饮料的服务准备 4. 能够进行酒水品种分类	1. 酒水基础知识 2. 酒水服务知识
	（二）卫生工作	1. 能够完成对个人卫生、仪表、仪容的准备与调整 2. 完成酒吧基本的清洁卫生 3. 能够对餐、酒具进行消毒、洗涤	1. 酒吧清洁程序和方法 2. 餐、酒具消毒洗涤方法
	（三）辅料准备	辅料原料的准备	原材料准备程序与方法
	（四）器具用品准备	1. 能够完成调酒器具、器皿的准备 2. 能够完成酒单的摆放及酒架陈列	酒吧酒具摆放规范
二、操作	（一）调酒操作	1. 能够掌握鸡尾酒操作的基本方法 （1）搅合法（blending） （2）兑和法（building） （3）摇和法（shaking） （4）调和法（stirring） 2. 能够根据配方调制一般常用软饮料及简单的鸡尾酒20款 3. 能够正确使用酒吧的常用酒杯	1. 鸡尾酒调制步骤与程序 2. 酒谱的识读方法 3. 使用酒吧杯具的基本方法
	（二）饮料操作	1. 能够按照以下原则完成以下软饮料的制作与出品 （1）选用相应载杯 （2）按规范开瓶（罐） （3）按规范倒入 （4）根据品种要求加冰及柠檬片 （5）使用杯垫 2. 能够按以下原则完成啤酒的出品 （1）冷冻啤酒杯 （2）按规范开瓶（罐）或从机器中打酒 （3）按规范倒酒 （4）会安装拆卸生啤酒桶	1. 软饮料操作程序与标准 2. 啤酒出品程序与操作要求
三、服务	酒吧服务	1. 能够按规范完成酒吧饮料服务 2. 能够运用一门外语进行简单的接待服务 3. 能够完成酒吧的结账工作	1. 酒吧常用英语 2. 服务基本程序 3. 礼节礼貌服务

2. 中级

职业功能	工作内容	技能要求	相关知识
一、准备工作	（一）酒水准备	1. 能够完成对盘存表格等有关表格的填写 2. 能够完成对饮料品种的质量检查及饮料服务温度的检查 3. 能够完成一般酒会的准备服务	1. 酒水表格的填写与辨别 2. 酒水质量检查程序与方法 3. 酒会准备、服务程序准备

续表

职业功能	工作内容	技能要求	相关知识
一、准备工作	（二）卫生工作	1. 能够完成对个人卫生、仪容仪表的准备 2. 能够完成酒吧日常的清洁卫生工作 3. 能够熟练完成餐酒具消毒、洗涤	1. 酒吧卫生标准 2. 酒吧日常卫生操作程序
	（三）辅料准备	1. 能够完成鸡尾酒装饰物的准备 2. 能够完成一般果汁类的准备 3. 能够完成调酒专用糖浆的准备	1. 鸡尾酒装饰物的制作方法 2. 制作果汁、糖浆的方法
	（四）器具用品准备	1. 能够根据营业需要完成调酒器具、器皿的准备与调整 2. 能够正确完成酒单、酒架的摆放及更新 3. 能够根据操作需要完成酒吧用具摆放的调整	1. 酒吧器具、器皿、酒单、酒架 2. 摆放规范及原则
二、操作	（一）调酒操作	1. 能够熟练运用以下鸡尾酒操作方法调制鸡尾酒 （1）搅合法（blending） （2）兑和法（building） （3）摇和法（shaking） （4）调和法（stirring） 2. 能够熟练掌握常用鸡尾酒调制步骤及注意事项 3. 能够调制各类常用鸡尾酒 50 款 4. 能够正确使用及保养酒吧的设备、用具及器皿	1. 鸡尾酒制作程序 2. 调制原理 3. 酒吧设备、用具的保养及使用知识
	（二）饮料操作	1. 能够熟练掌握软饮料的制作与出品技巧 2. 能够按以下原则熟练掌握或完成烈酒服务、制作与出品 （1）选用相应载杯 （2）按规范开瓶用量酒器 （3）使用量酒器 （4）按规范倒酒 （5）根据品种要求加冰及装饰物、辅料 （6）使用杯垫	载饮料、烈酒的操作程序
三、服务	酒吧服务	1. 能够掌握酒吧饮料服务的程序并按规范进行操作 2. 能够掌握与宾客沟通的一般技巧和酒水推销技巧	1. 酒吧服务常识 2. 推销技巧

3. 高级

职业功能	工作内容	技能要求	相关知识
一、准备工作	（一）酒水准备	1. 能够完成对填写好的营业表格（盘存、进货、退货营业日报等）进行审核与分析 2. 能够根据营业需要，完成对品种及数量的准备检查 3. 能够准确完成饮料品种的质量、服务温度的检查 4. 能够设计、组织一般酒会，并能够进行基本的成本考核 5. 能够完成对酒吧所有准备工作的检查督导	酒吧服务与管理知识
	（二）卫生工作	1. 能够完成对个人卫生、仪容仪表的准备 2. 能够完成酒吧日常的清洁卫生工作 3. 懂得餐、酒具消毒原理，并熟练掌握各种不同类型餐酒具的消毒技巧 4. 能够完成对酒吧卫生工作的检查	1. 食品卫生要求 2. 仪容仪表标准 3. 饮料质量、卫生标准 4. 酒吧环境卫生标准
	（三）辅料准备	1. 能够制作较复杂鸡尾酒装饰物 2. 能够制作各类果汁 3. 能够完成调酒专用原料的制作及质量鉴别	1. 鸡尾酒装饰物的制作知识 2. 食品雕刻与鸡尾酒装饰物知识 3. 调酒专用原料的调制及果汁调配基础知识
	（四）器具准备	1. 能够对调酒器具、器皿的准备制作标准 2. 能够完成对酒单、酒架的摆放与陈列制定标准 3. 能够完成对吧台及酒吧用具的摆放制定标准	酒吧设备及用具规格标准
二、操作	（一）调酒操作	1. 能够掌握全面的调酒技术 2. 能够调制 80 款（含中级 50 款）以上的常见鸡尾酒 3. 能够根据命题创作鸡尾酒 4. 能够熟练使用酒吧各类用具、设备	鸡尾酒调制原理与创作法则
	（二）饮料操作	1. 能够完成所有软饮料的制作与出品，操作原则同初、中级 2. 能够完成所有烈酒服务的制作与出品，操作原则同初、中级 3. 能够完成葡萄酒、汽酒的出品 4. 能够完成各种茶饮料得制作	葡萄酒的服务知识与茶饮料的调制方法
三、服务	酒吧服务	1. 能够熟练进行酒吧饮料服务 2. 能够掌握一门外语 3. 能够熟练掌握与宾客沟通的技巧	1. 外语知识 2. 餐饮服务基本程序、技巧

4. 技师

职业功能	工作内容	只能要求	相关知识
一、操作	（一）鸡尾酒创作	能够根据宾客要求创作鸡尾酒	鸡尾酒的创作原理
	（二）插花	能够根据创意制作插花	花艺基本知识
	（三）酒吧布置	1. 能够根据酒吧的主题设计、布置酒吧 2. 能够根据酒吧特点设计酒水陈设	酒吧设计的基本要求及规范
	（四）酒会设计	能够设计、组织各类中、小型酒会	1. 餐台布置的基本要求及规范 2. 酒会设计知识
二、管理	（一）服务管理	1. 能够编制酒水服务程序 2. 能够制定酒水服务项目 3. 能够组织实施酒吧服务	服务管理知识
	（二）培训	能够实施酒吧的培训计划	培训技巧
	（三）控制	1. 能够对酒吧的服务工作进行检查 2. 能够对酒吧的酒水进行质量监督 3. 能够进行宾客投诉	1. 心理学知识 2. 服务管理知识 3. 法律知识

5. 高级技师

职业功能	工作内容	技能要求	相关知识
一、操作	（一）鸡尾酒创新	1. 能够根据宾客要求和经营需要设计创作鸡尾酒 2. 能够掌握对鸡尾酒调制技巧的综合利用	1. 鸡尾酒品种的创新与调酒技法、创新的基本原则 2. 酒水营养学知识
	（二）插花	能够根据环境设计的需要制作各类花卉制品	在不同环境下制作花卉制品的基本知识
	（三）酒会设计	能够设计组织大型酒会	1. 餐台布置技巧在大型酒会中的应用 2. 酒会设计的基本要求
二、经营管理	（一）酒单设计	1. 能够根据酒吧特点进行酒单设计 2. 能够根据要求对酒进行中、外文互译	酒单制作与设计基本要求
	（二）组织与管理	1. 能够制定酒吧经营管理计划 2. 能够设计制定酒吧运转表格 3. 能够对酒吧进行定员定编 4. 能够制定饮料营销计划并组织实施 5. 能够对酒吧进行物品管理 6. 能够对酒水合理定价，进行成本核算	1. 酒吧经营管理知识 2. 酒吧营销基本法则 3. 餐饮业酒水核算知识
三、研究	研究	能够研究开发特色鸡尾酒	国际酒吧业的发展状况和最新动态

四、理论知识

1. 理论知识

项目		初级 /%	中级 /%	高级 /%	技师 /%	高级技师 /%
基本知识	职业道德	5	5	5	5	5
	法律知识	5	5	5	5	5
	饮料知识	25	20	20	15	15
	酒单与酒谱知识	5	5	5	5	5
	酒吧知识	10	10	10	10	10
	食品营养卫生知识	5	5	5	5	5
	饮食成本核算	—	—	5	5	5
	公共关系与社交礼仪常识	5	5	—	—	—
	旅游基础知识	5	5	5	5	5
相关知识	准备工作 酒水准备	5	5	5	—	—
	餐具准备	5	5	5	—	—
	辅料准备	5	5	5	—	—
	饮料操作 调酒操作	5	5	5	10	5
	饮料操作	5	5	5	10	5
	设备使用维护	5	5	5	5	—
	管理工作	—	—	10	15	—
	外语应用	10	10	10	10	10
合计		100	100	100	100	100

2. 技能操作

项目		初级 /%	中级 /%	高级 /%	技师 /%	高级技师 /%
技能要求	准备工作 酒水准备	5	5	5	5	5
	器具准备	5	5	5	5	5
	辅料准备	5	5	5	5	5
	饮料操作 调酒操作	40	40	40	15	15
	饮料操作	30	30	30	15	15
	设备使用维护	5	5	5	—	—
	管理工作	—	—	—	40	40
	外语应用 工作对话	10	10	5	10	10
	外文书写	—	—	5	5	5
合计		100	100	100	100	100